混凝土结构耐久性及加固

主　编　李　果

副主编　杜健民　李富民

姬永生　耿　欧

中国矿业大学出版社

内容简介

本书第1～6章介绍了混凝土结构耐久性问题研究的重要性以及混凝土结构耐久性退化的基本理论，其中包括混凝土的碳化、氯离子在混凝土中的传输、混凝土的硫酸盐腐蚀、混凝土中钢筋的锈蚀以及锈蚀混凝土构件承载力计算，突出基础理论知识与当前研究进展；第7～9章介绍了目前所用的混凝土结构耐久性设计方法（规定）、混凝土原材料施工质量控制及硬化混凝土耐久性检测、劣化混凝土结构的修复和加固措施，突出工程应用。

本书可作为土木工程专业的本科生和研究生教材，也可供土木工程相关领域的建设、质检、设计、施工和监理等方面技术人员参考。

图书在版编目（CIP）数据

混凝土结构耐久性及加固/李果主编．—徐州：
中国矿业大学出版社，2018.8

ISBN 978-7-5646-3998-3

Ⅰ．①混… Ⅱ．①李… Ⅲ．①混凝土结构—耐用性—
高等学校—教材②混凝土结构—加固—高等学校—教材
Ⅳ．①TU37

中国版本图书馆CIP数据核字（2018）第119272号

书　　名 混凝土结构耐久性及加固
主　　编 李　果
责任编辑 陈　慧
出版发行 中国矿业大学出版社有限责任公司
（江苏省徐州市解放南路　邮编221008）
营销热线 （0516）83885307　83884995
出版服务 （0516）83885767　83884920
网　　址 http://www.cumtp.com　**E-mail**：cumtpvip@cumtp.com
印　　刷 徐州中矿大印发科技有限公司
开　　本 787×1092　1/16　**印张** 11.25　**字数** 280千字
版次印次 2018年8月第1版　2018年8月第1次印刷
定　　价 32.00元

前　言

混凝土是当前土木工程领域应用最广泛的建筑材料，同样混凝土结构也是混凝土结构中最主要的结构形式。混凝土结构的可靠性水平不仅影响广大人民群众的生命财产安全及使用体验，而且还影响整个国家社会经济发展的水平。同时，混凝土结构的可靠性不仅取决于其初建时所具有的安全性与适用性，还取决于整个设计使用周期内的耐久性与对其的维护加固。因此，本教材以混凝土结构作为主要研究对象，对其耐久性劣化的常见类型、机理以及基于混凝土结构耐久性性能的设计、施工和维护加固等作一简明的介绍。

当前有关“混凝土结构耐久性及加固”研究领域的学术专著、科研论文等已有很多，但是专著、论文普遍偏重专业性和学术性，系统性和应用性较弱，不适合高校学生以及普通工程技术人员阅读。因此，出版一本内容较为全面、系统、应用性强、通俗易懂且能够适用于本科生和研究生教学用的“混凝土结构耐久性及加固”的教材，是非常必要的。然而，当前情况下，国内尚难找到这样一本教材。因此，本教材的编写恰好契合了上述需求。

本教材编写目的在于向土木工程相关专业的学生介绍混凝土结构耐久性的基础理论和设计、鉴定和修复加固等方面的相关知识及工程应用技术，从而让学生既能掌握混凝土结构耐久性相关的基础理论知识，又能结合工程实践掌握正确的应用方法，实现理论与实践的结合，达到培养土木工程专业全能型、应用型人才的目的。其主要特色在于，在介绍混凝土结构耐久性科学的基本原理、破坏方式、退化过程等基础理论知识的基础上，结合我国工业与民用建筑、道路桥梁、港口码头、隧道和城市地下工程等各行业的规范和标准，介绍混凝土结构耐久性有关的设计、施工、原材料检测、加固和改造等方面的相关规定。

本教材编写者均为多年从事“混凝土结构耐久性及加固”相关领域科学研究的高校教师，均撰写过相关“混凝土结构耐久性”的学术专著和科研论文，并为本科生、研究生多次主讲“混凝土结构耐久性”课程，具有丰富的教学和科研经验。在本书的编写中，根据每位编写人的学术专长分别负责教材的一部分章节，其中：第 1 章、第 5 章、第 6 章由李富民教授编写；第 2 章、第 3 章由姬永生教授编写；第 4 章由杜健民副教授编写；第 7 章由耿欧教授编写；第 8 章、第 9 章由李果副教授编写。全书由李果副教授统稿。

本书在编写过程中，除了参阅书后所列出的部分参考文献外，还参阅了其他国内外众多的学术专著、教材和论文等，限于篇幅未能一一列出，在此一并感谢。同时，由于编者水平有限，书中不可避免存在一定的错误和疏漏，望读者不吝指正。

编　者
2018.7

目　　录

第1章　绪　　论

1.1　混凝土结构耐久性定义

自钢筋混凝土结构(简称混凝土结构)问世以来,鉴于混凝土具有原材料来源丰富、可塑性强、施工方便等特点,并通过在混凝土中配置钢筋,克服了混凝土抗拉强度低的缺点,充分发挥了混凝土和钢筋两种材料的长处,使钢筋混凝土成为土木工程中最重要的建筑材料。今天,一栋栋高楼拔地而起,一座座桥梁横亘天堑,一条条隧道穿越山水,一道道大坝截断云雨……混凝土结构正承载着人们的空间梦想驰骋纵横。

长久以来,钢筋混凝土一直被认为是一种耐久性很好的土木工程材料,但是,随着混凝土结构使用范围的扩大以及使用年限的增长,它的另外一个事实逐渐被人们发现:正如人类自身一样,混凝土结构也逃脱不了生老病死的宿命,尤其在恶劣的服役环境下,混凝土结构的使用寿命大幅缩减。混凝土结构的耐久性问题充分暴露出来。

美国 *Guide to Durable Concrete*(ACI 201.2R-08)对普通硅酸盐水泥混凝土这种材料的耐久性定义是:混凝土对大气侵蚀、化学侵蚀、磨耗或任何其他劣化过程的抵抗能力。我国《混凝土结构耐久性设计规范》(GB/T 50476—2008)对混凝土结构的耐久性定义是:在设计确定的环境作用和维修、使用条件下,结构构件在设计使用年限内保持其适用性和安全性的能力。根据此定义,混凝土结构耐久性问题实际上是考虑了环境作用与力学作用叠加之后结构的适用性和安全性问题,它是对传统仅仅考虑力学作用引起结构的适用性和安全性问题的深化。

1.2　混凝土结构耐久性问题的严峻性

目前,世界上的基础设施的建设仍以混凝土结构为主体,而由于混凝土结构的耐久性不足而引起的巨大经济损失、资源浪费以及环境显著破坏等方面的问题已成为建筑业可持续发展的瓶颈之一。

根据原美国国家标准局(NBS)1975 年的调查,美国全年各种因建筑物腐蚀造成的损失为 700 多亿美元;美国材料咨询委员会(NMAB)1987 年的年度报告中指出,有 253 000 座混凝土桥处于不同程度的损伤,且以每年 35 000 座的速度在增加;1991 年美国用于修复由于耐久性不足而损坏的桥梁就耗资 910 亿美元。英国每年用于修复钢筋混凝土结构的费用达 200 亿英镑,而日本目前每年仅用于房屋结构维修的费用即达 400 亿日元。在我国,混凝土结构耐久性的问题也十分严重,据 1986 年国家统计局和建设部对全国城乡 28 个省、市、自治区的 323 个城市和 5 000 个镇进行普查的结果,当时我国已有城镇房屋建筑面积 46.76

亿 m^2，已有工业厂房约 5 亿 m^2，这些建筑物中约有 23 亿 m^2 需要分期分批进行评估与加固，而其中半数以上急需维修加固之后才能正常使用。

1991，美国伯克利大学的 P. K. Mehta 教授在第二届混凝土耐久性国际会议主题报告《混凝土耐久性——五十年进展》中曾指出，钢筋锈蚀是造成混凝土结构耐久性失效的首要因素。例如：在英国，沿海地区的钢筋混凝土结构因钢筋锈蚀需要重建或更换钢筋的占三分之一以上；在美国，1975 年全年因腐蚀造成的损失中，钢筋锈蚀造成的损失约占 40%；中国腐蚀与防护学会 2001 年公布的报告显示，我国建筑与基础设施年腐蚀损失大约为 1 000 亿元人民币，这其中大部分应为混凝土中钢筋锈蚀造成的。预应力混凝土结构曾被认为具有良好的抗钢筋锈蚀性能，然而事实却并非如此，调查表明：在 1950～1977 年的 28 年期间，世界范围内发生了 28 起著名的因后张力筋锈蚀导致整体结构破坏的工程实例；在 1978～1982 年的 5 年间，仅美国就有 50 幢结构物出现了程度不同的力筋锈蚀现象；另有调查表明，在 1951～1979 年的 29 年期间，世界范围内至少发生了 242 起预应力筋锈蚀损坏的事故。

近些年来，尽管人们已经认识到混凝土结构耐久性问题的严峻性并采取了有关耐久性提升措施，但结果仍不乐观。美国土木工程师学会 2013 年的报告表明，美国未来 8 年用于基础设施维护的费用将达到 3.6 万亿美元；美国联邦高速公路委员会估计，仅 2013 年一年，对美国现有桥梁的维护费用就高达 200 亿美元，其中 20% 的桥梁损毁严重或丧失正常功能。在中国，据中国科学新闻报道，仅 2014 年一年，我国由于腐蚀引起的基础设施损失约为 2.1 万亿元人民币，约占国民生产总值的 3.34%。

因此，提高混凝土结构的耐久性、延长混凝土结构的使用寿命，将缓解修补、重建以及建筑垃圾处理对资金的巨大需求，最大限度减少经济损失；同时，提高混凝土结构的耐久性、减少对水泥及天然砂石的相对需求，还将使资源和能源的利用率得到较大的提高，这将有助于保护生态环境，缓解人类对原本就紧张的资源和能源需求所形成的巨大压力。正如 P. K. Mehta 教授所指出："如果我们能够生产出更耐久的产品，就必定能大量地节省材料；今天建造的混凝土结构物若不是现在的 50 年寿命，而是 250 年寿命，那么混凝土领域的资源利用效率就能提高 5 倍"。

1.3 混凝土结构耐久性劣化的主要原因

混凝土结构性能劣化的原因主要来自于两个方面：一是钢筋材料的锈蚀，二是混凝土材料自身的劣化。其中引起钢筋材料锈蚀的主要原因又有混凝土碳化和氯盐侵入，而引起混凝土材料自身劣化的主要原因又有硫酸盐侵蚀、冻融循环作用以及碱-骨料反应等。

钢筋锈蚀给混凝土结构带来的危害主要体现在：① 钢筋平均截面积减小并形成大量局部蚀坑，从而导致钢筋的名义强度和变形能力退化；② 锈蚀产物体积膨胀引起混凝土保护层锈胀开裂，严重的将导致混凝土有效受压截面减损；③ 锈蚀产物充填于钢筋和混凝土之间，严重时(尤其锈胀开裂以后)引起钢筋与混凝土的黏结性能下降，从而可能引起锚固黏结破坏，其黏结滑移还可以导致受拉钢筋与受压混凝土的协同工作能力下降。这三个方面最终导致混凝土构件的承载能力和变形能力下降，并使构件的正常使用性能受到损害，从而可能引起结构耐久性失效。

混凝土材料自身劣化给混凝土结构带来的危害主要体现在：① 混凝土抗压强度和变形

能力降低；② 混凝土与钢筋间的黏结强度、刚度及协同工作能力降低。这两个方面最终导致混凝土构件的承载能力和变形能力下降，并使构件的正常使用性能受到损害，从而可能引起结构耐久性失效。

概括起来，引起混凝土结构耐久性劣化的基本原因主要包括：混凝土碳化、氯盐侵蚀、混凝土硫酸盐侵蚀、混凝土冻融循环作用和混凝土碱-骨料反应等。

（1）混凝土碳化

混凝土孔隙溶液的主要成分是碱度很高的 $Ca(OH)_2$ 饱和溶液，pH 值在 12.5 左右。在这样的高碱性环境中，钢筋表面会形成一层致密的、具有很强黏附性的、厚约 $(2\sim10)\times10^{-9}$ m 的钝化膜（成分主要为 Fe_3O_4-γFe_2O_3），这层膜牢固地吸附在钢筋表面，使钢筋处于钝化状态，即使在有水分和氧气的条件下钢筋也不会发生锈蚀。然而，空气、土壤、地下水等环境中的酸性气体或液体以及大气环境中的 CO_2 气体侵入混凝土中，与混凝土中的碱性物质发生中和反应，使混凝土碱性程度降低，该过程称为混凝土的中性化过程。其中，由 CO_2 气体（一般来自大气环境中）侵入混凝土内引起的中性化过程称为混凝土的碳化。

碳化对混凝土的力学性能影响不大，其主要危害是引起混凝土内钢筋锈蚀（图 1-1）。碳化降低了混凝土孔隙溶液中的 pH 值，当 pH 值下降到 11.5 时，钢筋表面的钝化膜就不再稳定，当 pH 值下降至 9 时，钝化膜的作用完全被破坏，钢筋处于活化状态，此时混凝土孔隙溶液中的氧气和水便可导致钢筋发生锈蚀。

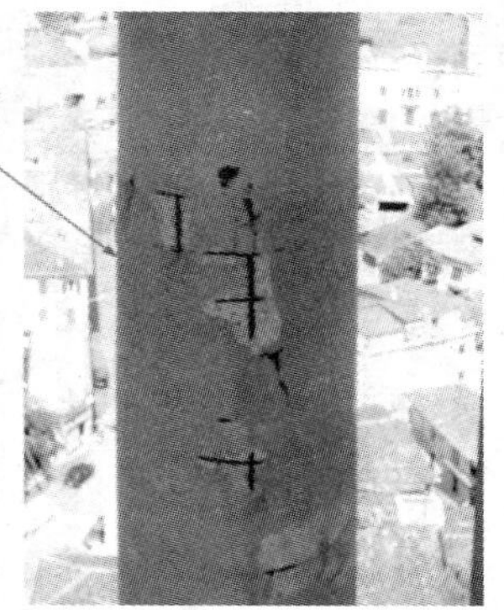

图 1-1 意大利圣安东尼阿巴特教堂钟楼钢筋混凝土柱碳化锈胀破坏

（2）氯盐侵蚀

氯盐侵蚀是引起混凝土内钢筋锈蚀的重要因素。工程结构氯盐侵蚀作用的主要来源包括：海洋和近海环境中的海水氯化物，降雪地区为融化道路积雪而喷洒的除冰盐，内陆盐湖、盐渍土地区含有氯盐的地下水、土，含氯盐消毒剂，以及配制混凝土时使用含有氯盐的海砂和防冻剂等。

氯离子在混凝土内有两种存在状态：一是以自由氯离子的形式存在，二是以固化氯离子的形式存在。固化氯离子又包括与水泥水化物结合的氯离子和被混凝土毛细孔壁吸附的氯离子两种存在状态。一般来说，只有自由氯离子才会引起混凝土内钢筋的锈蚀。

氯离子引起混凝土内钢筋锈蚀的作用主要包括以下 4 个方面：① 破坏钝化膜。氯离子是极强的去钝化剂，氯离子进入混凝土到达钢筋表面并积累到一定浓度时，可以穿透钝化膜的微缺陷而在钝化膜与铁基体的界面上争夺钝化膜中的阳离子而使钝化膜溶解。② 形成腐蚀电池。由于钢筋表面钝化膜的不均质性和氯离子浓度的不均匀性,使得钝化膜的破坏也不均匀,有些部位率先破坏钝化膜而暴露出铁基体,它们与尚完好的钝化膜区产生电位差而形成腐蚀电池,暴露铁基体作为阳极而受腐蚀,大面积钝化膜区则作为阴极而受到保护。③ 去极化作用。氯离子不仅促成了钢筋表面的腐蚀电池,而且加速了电池的作用。氯离子与阳极反应产物 Fe^{2+} 结合生成 $FeCl_2$,将阳极产物及时搬运走,使阳极过程顺利进行甚至加速进行。通常把阳极过程受阻称作阳极极化作用,而把加速阳极极化作用称作去极化作用。氯离子正是发挥了阳极去极化作用。氯离子起到了搬运的作用,却并不被消耗,因而会周而复始地起到破坏作用。④ 导电作用。混凝土中氯离子的存在强化了离子通路,降低了阴、阳极之间的欧姆电阻,提高了腐蚀电池的效率,从而加速了电化学腐蚀过程;氯化物还提高了混凝土的吸湿性,这也能减小阴、阳极之间的欧姆电阻。

氯离子侵蚀会引起混凝土内钢筋锈蚀,并进一步引起混凝土保护层锈胀开裂,从而导致结构抗力迅速降低(图 1-2)。

(a) (b) (c) (d)

图 1-2 氯盐侵蚀引起混凝土结构耐久性劣化

(a) 某近海建筑物氯盐引起锈胀开裂;(b) 某桥梁伸缩缝处除冰盐下渗引起锈胀开裂;

(c) 某煤矿井塔外柱内掺氯盐引起锈胀开裂;(d) 某盐湖地区混凝土电线杆的锈胀开裂

(3) 混凝土硫酸盐腐蚀

我国地域辽阔，地势多变，环境复杂，工业污染严重，土壤和地下水中的硫酸盐分布非常广泛。当环境中的 SO_4^{2-} 进入混凝土以后，会与水泥石的某些固相组分发生化学反应而生成一些难溶性的盐类矿物，这些难溶性的盐类矿物一方面由于吸收了大量的水分子而产生体积膨胀，形成膨胀内应力，当膨胀内应力超过混凝土的抗拉强度时就会导致混凝土的破坏(图 1-3)；另一方面还可使硬化水泥石中的氢氧化钙[$Ca(OH)_2$]和水化硅酸钙(C-S-H)等组分溶出或分解，导致混凝土强度和黏结性能损失。由于硫酸盐对混凝土的侵蚀是由外及内不断发展，因此混凝土的破坏也是由外及内不断扩张。

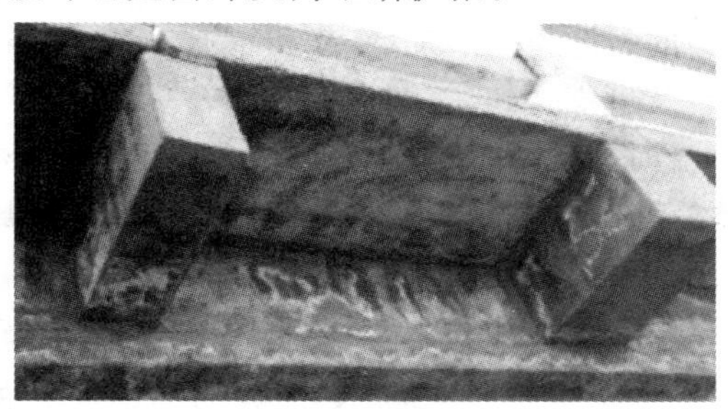

图 1-3　某桥梁混凝土硫酸盐腐蚀

(4) 混凝土冻融循环作用

冻融循环作用会导致混凝土发生冻融破坏。混凝土在饱水状态下，冻融循环使水在混凝土毛细孔中往复结冰，从而造成混凝土的膨胀破坏(图 1-4)。我国东北严寒地区的混凝土结构物以及东北、华北、西北地区的水利大坝等工程大多数都发生局部或大面积的冻融破坏；不仅如此，长江以北黄河以南的中部地区，混凝土结构物的冻融破坏现象也广泛存在；另外，冻融环境中的混凝土结构(例如桥梁结构)如果使用除冰盐，则使冻融破坏更为严重，形成所谓的“盐冻”破坏。

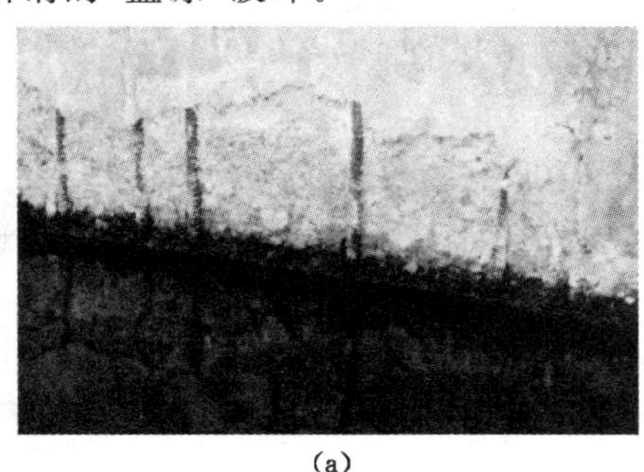

(a)

(b)

图 1-4　桥梁混凝土冻融破坏

(a) 某桥梁结构混凝土冻融破坏；(b) 某桥面防撞护栏混凝土冻融破坏

众所周知，混凝土是一种多孔体系，其孔隙有凝胶孔、毛细孔、空气泡等多种形式。各种孔隙之间的孔径差异很大，凝胶孔的孔径为 15～100 Å，毛细孔的孔径一般在 0.01～10 mm 之间，凝胶孔和毛细孔往往互相连通；空气泡是混凝土搅拌与振捣时自然吸入或掺加引气剂人为引入的，一般呈封闭球状。

在非饱和状态下，毛细孔中的水结冰并不至于在混凝土内部产生过大膨胀压力，因为未被水充填的毛细孔、凝胶孔等可以承接一部分未结冰水的挤入而起到缓冲作用；但在饱和水状态下，毛细孔中的水结冰，胶凝孔中的水处于过冷状态（由于孔隙表面张力的作用，混凝土孔隙中水的冰点随孔径的减小而降低，一般认为毛细孔的冰点在－12 ℃以上，而凝胶孔的冰点则在－78 ℃以下），凝胶孔中处于过冷状态的水分子因为其蒸汽压高于同温度下冰的蒸汽压而向毛细孔中冰的界面处渗透，于是在毛细孔中又产生一种渗透压力，其结果使毛细孔中的冰体积进一步膨胀。因此，处于饱和状态的混凝土受冻时，其毛细孔壁同时承受膨胀压和渗透压两种压力，这两种压力结合很容易超过混凝土的抗拉强度而引起混凝土开裂。反复冻融循环下，混凝土中的裂缝会不断发展，互相贯通，混凝土强度也会逐渐降低，最后甚至完全丧失，使混凝土由表及里遭受破坏。

冻融环境中使用除冰盐时，除冰盐的不利影响主要在于：① 含盐混凝土的初始饱水度明显提高；② 盐的浓度差使受冻时混凝土孔隙中产生更大的渗透压；③ 盐产生的过冷水处在不稳定状态，使其在毛细孔中结冰时的结冰速度更快，产生更大的静水压；④ 含盐混凝土在水分蒸发失水干燥时，孔中盐过饱和而结晶，产生一个额外的结晶压力。

影响混凝土冻融破坏的因素主要有混凝土的孔结构、水灰比、强度、冻结温度和水饱和度等。其中影响混凝土冻融破坏的最主要因素是混凝土的孔结构，尤其是气泡平均间距。平均气泡间距越大，冻融过程中毛细孔中的膨胀压和渗透压就越大，混凝土的抗冻性就越低。平均气泡间距与含气量、水泥浆体含量以及平均气泡半径有关。含气量的多少取决于引气剂引入的空气泡的多少，水泥浆含量取决于水灰比和水泥用量，平均气泡半径主要取决于引气剂的质量及工艺条件（搅拌和振动时间）。

水灰比影响混凝土内可冻水的含量、平均气泡间距及混凝土强度，从而影响混凝土的抗冻性。水灰比越大，混凝土中可冻水的含量越多，混凝土的结冰速度越快，气泡结构越差，平均气泡间距越大，混凝土强度越低，抵抗冻融的能力也就越差。

混凝土强度是抵抗冻融破坏的主要因素。当含气量或平均气泡间距相同时，强度高的混凝土的抗冻性高于强度低的混凝土。不过，由于对冻融破坏的抵抗作用是有限的，因此强度对混凝土抗冻性的影响远没有气泡结构的影响大。

冻结温度越低，结冰速率就越快，混凝土的冻害也越严重。一般认为，冻害主要发生在温度低于－10 ℃的环境中，温度高于－10 ℃的环境中冻害是十分有限的。另外，降温速度增大使混凝土抗冻性降低。

水饱和度对混凝土冻融破坏的影响显而易见：饱和度越高，冻害越明显；反之，饱和度较低时冻害不易发生。

（5）混凝土碱-骨料反应

碱-骨料反应是混凝土中的碱与具有碱活性的骨料之间发生的破坏性膨胀反应。由于该反应可以散布于混凝土内部任何一个部位，因此其开裂破坏是整体性的（图 1-5）。世界许多国家都存在碱-骨料反应破坏问题；我国长江流域、北京地区、辽宁锦西地区、新疆塔城地区、陕西安康地区等均有碱活性骨料存在，这些地区混凝土结构发生碱-骨料反应破坏的危险性也就存在。

根据骨料中活性成分的不同，碱-骨料反应主要可分为两种类型：碱-硅酸反应和碱-碳酸盐反应。碱-硅酸反应是指骨料中的活性二氧化硅与水泥中的碱发生的膨胀反应，具体过程

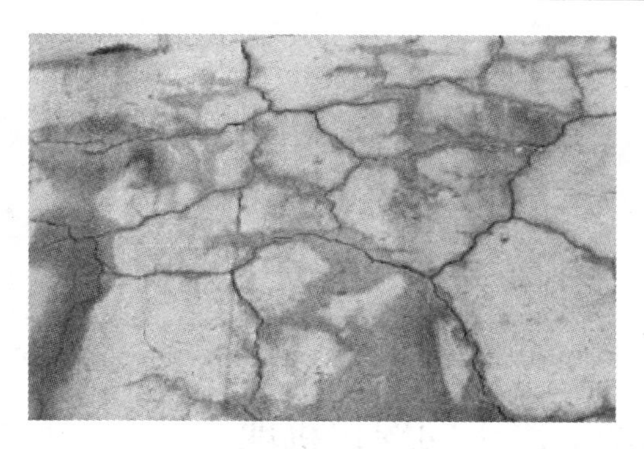

图 1-5 某建筑混凝土碱-骨料反应破坏

是:骨料表面的活性二氧化硅首先在碱溶液中溶解,然后化学反应生成硅酸盐凝胶而体积膨胀,硅酸盐凝胶进一步反应形成液态溶胶。许多岩石如花岗岩、流纹岩、安山岩、珍珠岩、玄武岩、石英岩、燧石或硅藻土中都含有活性二氧化硅,都可能发生碱-硅酸反应。碱-碳酸盐反应是指黏土质白云石质石灰石与水泥中的碱发生的反应,该反应需要的碳酸盐组分应符合如下条件:白云石与石灰石含量大致相等,黏土含量约为5%～20%。碱-碳酸盐反应主要是碱与白云石之间发生去白云石化反应,由于该反应是一个固相体积减小的过程,因此反应本身并不引起膨胀,但是,该反应使菱形白云石晶体遭受破坏,这使包裹白云石的干燥黏土充分暴露出来,黏土吸水膨胀,从而造成破坏作用。

影响碱-骨料反应的因素有混凝土的碱含量、骨料中活性成分含量、骨料颗粒大小、温度、湿度等。骨料中活性成分含量与混凝土中碱含量的相对比值决定着化学反应产物的性质,从而决定着混凝土的膨胀与破坏程度。以活性 SiO_2 为例,当活性 SiO_2 含量相对较多而 Na_2O 含量相对较少时,生成高钙低碱的硅酸盐凝胶,其吸水膨胀值较小,膨胀破坏不明显;另一方面,当 Na_2O 含量相对较多而活性 SiO_2 含量相对较少时,硅酸盐凝胶又会逐渐转化为液态溶胶,容易从水泥石孔隙中流出,其膨胀破坏亦不明显。碱-骨料反应膨胀与温度有很大关系,温度越高,膨胀越大。湿度也是影响碱-骨料反应的一个重要因素,因为碱-骨料反应的发生需要有足够的水,只有在空气相对湿度大于80%或直接接触水的环境中碱-骨料反应破坏才会发生。骨料颗粒大小对膨胀值也有影响,当骨料颗粒很细时,虽有明显的碱-骨料反应,但膨胀甚微。

第2章 混凝土的碳化

2.1 硅酸盐水泥基混凝土的碳化机理

钢筋混凝土结构中钢筋锈蚀是造成结构耐久性损伤的主要原因,而混凝土碳化则是一般大气环境中钢筋混凝土结构中钢筋锈蚀的前提条件。因此搞清楚混凝土碳化规律,建立合理准确的混凝土碳化速率模型是结构耐久性及其寿命预测的关键。

2.1.1 混凝土中的可碳化物质

混凝土的碳化主要是环境中的二氧化碳与混凝土中水泥熟料的水化产物发生化学反应。水泥熟料的主要矿物组成及含量范围如表 2-1 所列。

表 2-1 硅酸盐水泥熟料的主要矿物组成及含量范围

矿　物	简写	含量
$3CaO \cdot SiO_2$(硅酸三钙)	C_3S	36%～60%
$2CaO \cdot SiO_2$(硅酸二钙)	C_2S	15%～37%
$3CaO \cdot Al_2O_3$(铝酸三钙)	C_3A	7%～15%
$4CaO \cdot Al_2O_3 \cdot Fe_2O_3$(铁铝酸四钙)	C_4AF	10%～18%

在有石膏存在时,各矿物成分按如下反应进行水化:

$$2(3CaO \cdot SiO_2)+6H_2O = (3CaO \cdot 2SiO_2 \cdot 3H_2O)+3Ca(OH)_2 \tag{2-1}$$

$$2(2CaO \cdot SiO_2)+4H_2O = (3CaO \cdot 2SiO_2 \cdot 3H_2O)+Ca(OH)_2 \tag{2-2}$$

$$(3CaO \cdot Al_2O_3)+(CaSO_4 \cdot 2H_2O)+10H_2O = (3CaO \cdot Al_2O_3 \cdot CaSO_4 \cdot 12H_2O) \tag{2-3}$$

$$(4CaO \cdot Al_2O_3 \cdot Fe_2O_3)+2Ca(OH)_2+2(CaSO_4 \cdot 2H_2O)+18H_2O = (6CaO \cdot Al_2O_3 \cdot Fe_2O_3 \cdot 2CaSO_4 \cdot 24H_2O) \tag{2-4}$$

当石膏被耗尽后,C_3A 和 C_4AF 按如下反应进行水化:

$$(3CaO \cdot Al_2O_3)+Ca(OH)_2+H_2O \longrightarrow (3CaO \cdot Al_2O_3 \cdot Ca(OH)_2 \cdot 12H_2O) \tag{2-5}$$

$$(4CaO \cdot Al_2O_3 \cdot Fe_2O_3)+Ca(OH)_2+H_2O \longrightarrow (6CaO \cdot Al_2O_3 \cdot Fe_2O_3 \cdot 4Ca(OH)_2 \cdot 24H_2O) \tag{2-6}$$

水泥熟料经水化生成的水化产物氢氧化钙[$Ca(OH)_2$]和水化硅酸钙($3CaO \cdot 2SiO_2 \cdot 3H_2O$,简写为 C-S-H)是可碳化物质。

2.1.2 混凝土的碳化反应

混凝土碳化的本质是空气中的 CO_2 气体不断地透过混凝土中未完全充水的毛细孔,扩散到混凝土内部与其中孔隙溶液中的 OH^- 进行中和反应，生成碳酸盐或其他物质，使混凝土孔溶液 pH 值降低的过程。根据已有的研究，水泥石中各水化产物稳定存在的 pH 值如表 2-2 所列。

表 2-2　　水泥石中各种水化产物稳定存在时的 pH 值

成分	水化硅酸钙	水化铝酸钙	水化硫铝酸钙	氢氧化钙
pH 值	10.4	11.43	10.17	12.23

碳化过程是 CO_2 气体由表及里向混凝土内部逐步扩散、反应的复杂物理化学过程，当混凝土孔溶液的 pH 值低于表 2-2 中所示值时，各物质开始分解。如果混凝土长期暴露于空气中，空气中的 CO_2 由表及里扩散到混凝土内部，在有水存在的条件下与水泥的水化产物发生式(2-7)～式(2-10)的分解反应：

$$Ca(OH)_2 + CO_2 \longrightarrow CaCO_3 + H_2O \tag{2-7}$$

$$(3CaO \cdot 2SiO_2 \cdot 3H_2O) + 3CO_2 \longrightarrow (3CaCO_3 \cdot 2SiO_2 \cdot 3H_2O) \tag{2-8}$$

$$(3CaO \cdot Al_2O_3 \cdot CaSO_4 \cdot 12H_2O) + 3H_2CO_3 = 3CaCO_3 + 2Al(OH)_3 + CaSO_4 + 12H_2O \tag{2-9}$$

$$(CaO \cdot Fe_2O_3 \cdot nH_2O) + H_2CO_3 \longrightarrow CaCO_3 + Fe(OH)_3 + H_2O \tag{2-10}$$

从热力学观点出发，水泥中所有水化产物都能与 CO_2 反应，V. I. Babuskin 曾测出它们的平衡蒸汽压为 $10^{-8.7}$～10^{-10} MPa，而大气中的 CO_2 蒸汽压为 $10^{-3.5}$ MPa。因此，在水泥石中只要有 Ca^{2+} 存在总能生成 $CaCO_3$。从热力学角度，自由焓越小，化学反应越易进行；当自由焓为正值时，化学反应则逆向进行。常温下，前述碳化反应式中，硬化水泥石中 $Ca(OH)_2$ 与 C-S-H 的自由焓最小，因此最易碳化。且从水泥水化产物的组成来看，水化硫铝酸盐和水化铁铝酸盐的含量相对较低，为简化起见，可仅考虑氢氧化钙和水化硅酸钙参与碳化反应。水泥中可碳化物质的含量可通过以下方法计算：

设水泥的组成为熟料 $m_d = x(\%)$，其中 $m_{C_3S} = a(\%)$，$m_{C_2S} = b(\%)$，$m_{C_3A} = c(\%)$，$m_{C_4AF} = d(\%)$；二水石膏($C\overline{S}H$) $m_{gy} = y(\%)$，混合材为 $m_{ad} = 1 - x - y$。C_3S、C_2S、C_3A、C_4AF、$C\overline{S}H$ 的摩尔质量分别为 228 g/mol、172 g/mol、262 g/mol、478 g/mol 和 172 g/mol。

因此，水泥熟料各相组成的初始浓度为：$[C_3S]_0 = x \cdot a \cdot C_{ce}/228$ (mol/m³)，$[C_2S]_0 = x \cdot b \cdot C_{ce}/172$ (mol/m³)，$[C_3A]_0 = x \cdot c \cdot C_{ce}/262$ (mol/m³)，$[C_4AF]_0 = x \cdot d \cdot C_{ce}/478$ (mol/m³)，$[C\overline{S}H]_0 = y \cdot C_{ce}/172$ (mol/m³)。

由反应式(2-1)～式(2-6)，完全水化的混凝土中可碳化物质的浓度可根据水泥熟料各组成矿物的浓度通过式(2-11)和式(2-12)计算：

$$[Ca(OH)_2]_0 = \frac{3}{2}[C_3S]_0 + \frac{1}{2}[C_2S]_0 - [C_3A]_0 - 4[C_4AF]_0 + [C\overline{S}H]_0 \tag{2-11}$$

$$[CSH]_0 = \frac{1}{2}[C_3S]_0 + \frac{1}{2}[C_2S]_0 \tag{2-12}$$

由反应式(2-7)～式(2-10)，单位体积混凝土可吸收 CO_2 的量可通过式(2-13)计算：

$$m_0 = [Ca(OH)_2]_0 + 3[CSH]_0 \tag{2-13}$$

某 C25 混凝土的配合比为 $W = 180$ kg/m³，$C_{ce} = 327$ kg/m³，$S = 690$ kg/m³，$G = 1\ 140$

kg/m³。采用P·O 32.5水泥，其组成为熟料 $m_d=85\%$，其中 $m_{C_3S}=52\%$，$m_{C_2S}=25\%$，$m_{C_3A}=10\%$，$m_{C_4AF}=13\%$；二水石膏 $m_{gy}=4\%$，混合材为 $m_{ad}=11\%$。

则 $[C_3S]_0=633.9\ mol/m^3$，$[C_2S]_0=404\ mol/m^3$，$[C_3A]_0=106.1\ mol/m^3$，$[C_4AF]_0=75.6\ mol/m^3$，$[C\bar{S}H]_0=76\ mol/m^3$。

由反应式(2-11)～式(2-13)：

$$[Ca(OH)_2]_0=\frac{3}{2}[C_3S]_0+\frac{1}{2}[C_2S]_0-[C_3A]_0-4[C_4AF]_0+[C\bar{S}H]_0=820.4\ mol/m^3$$

$$[CSH]_0=\frac{1}{2}[C_3S]_0+\frac{1}{2}[C_2S]_0=519\ mol/m^3$$

$$m_0=[Ca(OH)_2]_0+3[CSH]_0=2\ 377.4\ mol/m^3$$

混凝土在碳化反应中生成的固体体积比反应物中的固体体积大。1 mol氢氧化钙与二氧化碳反应生成碳酸钙后固体体积增加 $3.58\times10^{-6}\ m^3$，1 mol水化硅酸钙与二氧化碳反应生成碳酸钙后固体体积增加 $15.39\times10^{-6}\ m^3$。所以碳化反应会造成混凝土的孔隙率下降，使混凝土的透气性降低，表面硬度增加，从而碳化速率有所降低。

2.1.3 混凝土碳化速率的影响因素

影响混凝土碳化速率的因素主要可以分为三个方面：混凝土自身材料方面的因素、混凝土结构使用的环境因素和混凝土的施工因素。

(1) 混凝土原材料的影响

混凝土原材料主要通过对混凝土的气体渗透性和混凝土内可碳化物质含量产生影响，进而影响混凝土的碳化过程，主要包括混凝土水灰比(强度等级)、水泥品种和用量、活性矿物掺合料的种类和用量等因素。

① 混凝土的气体渗透性

混凝土的渗透性是指气体、液体或离子受压力、化学势或电场作用在混凝土中渗透、扩散或迁移的难易程度，包括透水性、透气性和透离子性等性能，这里主要指混凝土的透气性。混凝土的透气性取决于混凝土的密实度和孔隙结构。密实度越小，开口连通的孔隙所占的比例越高，混凝土的透气性越高，混凝土的抗碳化能力越差。

混凝土的水灰比与强度等级是两个常用来表示混凝土质量的比较相近的概念，混凝土的水灰比决定着混凝土的密实度，进而决定着混凝土的强度。一般来讲，混凝土水灰比越低，其密实度越大，强度(主要以立方体抗压强度 f_{cu} 为代表)越高，抗碳化性能越强。这里值得注意的是，混凝土的抗碳化性能取决于混凝土的气体渗透性和混凝土内可碳化物质含量两个因素，而混凝土的气体渗透性又包括混凝土的密实度和孔隙结构两个方面，混凝土的水灰比和强度等级仅仅和混凝土的密实度有关，和混凝土的抗碳化性能并不存在一一对应的关系，单单通过混凝土的水灰比或强度等级判断混凝土的抗碳化性能，甚至计算混凝土的碳化速率都是不科学的。

不同品种的外加剂对混凝土渗透性的影响不同，在水灰比确定的条件下，减水剂对混凝土的密实度没有影响，但可以改善混凝土的孔隙结构，从而提高混凝土的抗碳化能力；引气剂虽然可以改善混凝土的孔隙结构，但使混凝土的密实度显著降低，孔隙率增大，混凝土的抗碳化能力较差。

活性较高的矿物掺合料可以改善混凝土的孔隙结构，将混凝土中孔径较大的毛细孔转化为凝胶孔，但矿物掺合料的二次水化需消耗可碳化的水泥水化产物氢氧化钙，使混凝土碱度降低，从而抗碳化性能变差。超细颗粒硅灰的添加往往会有效地填充水泥颗粒之间的空隙，使得水泥拌和物的毛细孔和凝胶孔两个范围内的孔结构都更加细化，从而可以显著地提高混凝土的抗碳化能力。活性较差的矿物掺合料不能改善混凝土的孔隙结构，其抗碳化性能显著降低。

② 可碳化物质的含量

混凝土中可碳化物质的含量越高，混凝土的抗碳化能力越强。混凝土中可碳化物质主要是由水泥熟料水化产生，水泥品种、用量以及活性掺和料的掺量通过影响水泥熟料的多少从而影响混凝土的抗碳化性能。从水泥品种来说，掺混合材水泥中水泥熟料的量小于水泥，所以抗碳化性能较差。同样道理，在水灰比不变的条件下，混凝土中的水泥用量越少，矿物掺合料的掺量越大，抗碳化性能越差。

这里值得注意的是，可碳化物质的含量和混凝土的碱度是两个完全不同的概念。可碳化物质的含量是混凝土发生碳化时可以和 CO_2 发生反应的物质的量，混凝土的碱度是指溶解在混凝土孔隙液中 OH^- 的浓度，这些 OH^- 由混凝土中的可碳化物质提供，混凝土的 pH 值由混凝土孔隙液的碱度所决定。

由于矿物掺合料部分取代水泥，能够显著改善新拌混凝土的基本性质，因此其在混凝土，尤其是在高性能混凝土中得到了广泛应用。但是由于矿物掺合料的活化效应，水化过程中将消耗一部分水泥的水化产物氢氧化钙，使混凝土孔隙液的碱度降低，因此许多混凝土工作者担心，如果矿物掺合料的掺量过大，将使孔隙液的碱度低至 11.0 以下，这时钢筋的钝化状态就会遭到破坏，从而发生严重的锈蚀。

粉煤灰等矿物掺合料的掺加虽然导致混凝土孔溶液中氢氧根离子浓度和混凝土 pH 值的适度降低，但由于水泥水化产物中的氢氧化钙为过饱和状态，将对维持混凝土孔溶液的碱度起重要作用。已有的研究发现单方混凝土中水泥用量达到 20 kg，就可使混凝土达到 pH 值 12 以上。所以即使混凝土中矿物掺合料的掺量较大，只要还有固态的氢氧化钙存在，混凝土的 pH 值就不会小于 12.5。但是矿物掺合料的掺加必然造成混凝土中可碳化物质氢氧化钙的减少，如果掺量过大甚至造成贫钙现象，使混凝土的抗碳化性能大幅下降。

(2) 环境因素的影响

对混凝土碳化有影响的环境因素主要有环境的相对湿度、温度、CO_2浓度等。

① 环境相对湿度的影响

环境相对湿度对混凝土碳化速率的影响主要体现在两个方面：

一方面环境相对湿度影响 CO_2 在混凝土内的扩散速率。由于混凝土是一种非均质多孔固体，其内部的孔隙水饱和度由环境相对湿度所决定。环境相对湿度越低，则混凝土内孔隙水饱和度越低，混凝土内的微小孔隙多数被气体所充满，故 CO_2 在混凝土内的扩散速率越快。希腊学者 Papadakis 根据实验数据经过回归分析得出了 CO_2 扩散系数与混凝土孔隙率和环境相对湿度的关系如式(2-14)所示：

$$D_{CO_2} = 1.64 \times 10^{-6} \varepsilon_p^{1.8} (1 - RH/100)^{2.2} \tag{2-14}$$

式中，ε_p 为水泥浆体的孔隙率，一般情况下取 0.2；RH 为环境相对湿度，%。

从式(2-14)可以看出，CO_2 在混凝土内的扩散系数同环境相对湿度成反比，同混凝土的孔隙率成正比。

另一方面环境相对湿度影响混凝土碳化的化学反应速率。混凝土的碳化需要 CO_2 溶解于水后形成 HCO_3^- 方能和混凝土中的 $Ca(OH)_2$ 进行化学反应，故当混凝土非常干燥时，碳化无法进行；而混凝土的碳化本身是一个释放水的过程，若环境相对湿度过高，则生成的水无法释放从而抑制碳化的进一步进行。环境相对湿度对 CO_2 扩散系数和碳化速率的影响如图 2-1 所示，可以看出，CO_2 在混凝土中的扩散速率和混凝土的碳化速率随环境相对湿度的变化趋势是完全不同的，直接用 CO_2 在混凝土中的扩散速率来代表混凝土的碳化速率显然是不正确的。

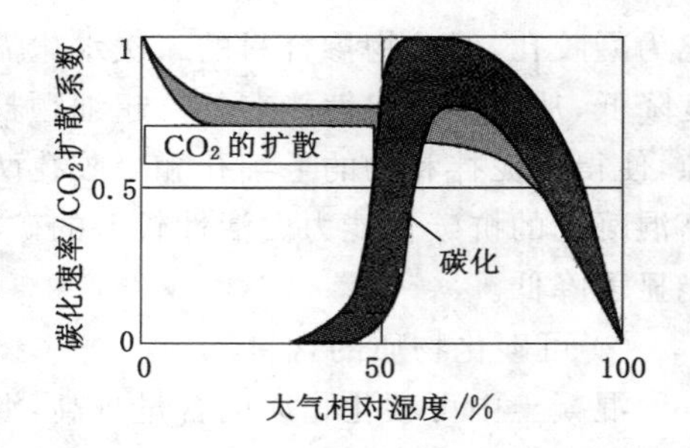

图 2-1 环境相对湿度对 CO_2 扩散系数和碳化速率的影响

② 环境温度的影响

混凝土碳化过程是 CO_2 在混凝土内的扩散反应过程。温度的升高将导致 CO_2 在混凝土内的扩散速率提高，同时也将导致离子运动速度和化学反应速率的提高，这些将有助于混凝土碳化速率的提高。根据 Arrhenius 方程式(2-15)可以描述物质化学反应速率：

$$k = Z\mathrm{e}^{-\frac{E}{R_0 T}} \tag{2-15}$$

式中，k 为用于描述化学反应速率的常数；Z 为频率因子；E 为活化能；R_0 为气体常数；T 为绝对温度。对于一般反应，温度每升高 10 ℃，化学反应的速率大约增加 2～3 倍。

苏联学者 C. H. 阿列克西耶夫的研究表明：当空气相对湿度为 75%，环境温度从 22 ℃提高到 40 ℃，混凝土碳化速度迅速增加；若温度继续提高，则整个碳化过程将更为剧烈。日本学者鱼本健人、永鸟正九的试验研究表明：CO_2 浓度 10%、相对湿度 80% 条件下，温度 40 ℃时的混凝土碳化速率是 20 ℃时的 2 倍；CO_2 浓度 5%、相对湿度 60% 条件下，温度 30 ℃的混凝土碳化速率是 10 ℃时的 1.7 倍。

③ 环境 CO_2 浓度的影响

混凝土表面 CO_2 的浓度不同，CO_2 向混凝土内的扩散速率和碳化反应速率不同，CO_2 浓度高的工业环境，混凝土碳化速率明显比一般大气环境的高。目前的研究表明，混凝土完全碳化深度的推进速率与 CO_2 的浓度的平方根成正比。

(3) 混凝土施工因素的影响

施工因素对混凝土碳化的影响主要指混凝土的搅拌、振捣和养护条件等方面。这些方面对混凝土碳化的影响是显而易见的，即使一种混凝土经验证其抗碳化能力很高，但是由于混凝土在制作时搅拌不匀、振捣不密实将导致混凝土的抗碳化能力大幅度下降。同样，养护方式和养护时间对混凝土的碳化速率也有重要影响。实验表明：由于蒸汽养护导致了更高的混凝土孔隙率，从而大大加速了混凝土的碳化速率。与标准养护相比，蒸汽养护将使混凝土的碳化速率提高 50%～85%。同样，混凝土的早期养护越充分其后期的碳化速率越低；反之，混凝土早期养护时间越短则后期的碳化速率越高。比如只养护 1 d 的混凝土试件 2 年的碳化深度是养护 7 d 和养护 28 d 试件碳化深度的 2 倍和 3 倍。

总结以上分析，可以将影响混凝土碳化速率的因素分类，如图 2-2 所示。影响混凝土碳化的因素很多，包括内部因素和外部因素两个方面。内部因素是指混凝土本身的材料组成和结构特性，外部因素是指混凝土所处的使用环境。混凝土本身的材料结构性能可以通过配合比设计及适当的制作工艺来达到，如掺加矿物掺合物与高效减水剂、采用低水胶比、改善水泥浆体与集料界面的性能以及混凝土表面采取适当的防护措施等。外部因素是客观存在的，提高混凝土抗碳化性能的关键在于增加混凝土内可碳化物质的含量，提高混凝土本身的致密性，尽可能地减少原生裂缝，并加强混凝土硬化后的体积稳定性。

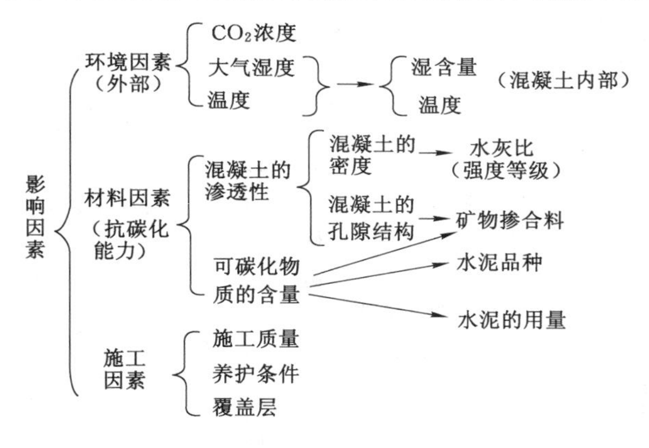

图2-2 混凝土碳化速率的影响因素

2.2 混凝土的碳化过渡区

2.2.1 混凝土碳化过程的传统认识

混凝土的碳化过程是伴随着二氧化碳（CO_2）气体在混凝土孔隙中扩散的碳化反应过程，这一反应过程主要是指混凝土中的碱性成分[主要是 $Ca(OH)_2$]与二氧化碳（CO_2）发生化学反应。最初的研究认为，混凝土的碳化速率主要取决于以下三个过程的速率：① 化学反应本身的速率；② 二氧化碳向混凝土内部扩散的速率；③ 混凝土孔隙中的可碳化物质，主要是 $Ca(OH)_2$ 的扩散速率。混凝土碳化过程的物理模型如图2-3所示。

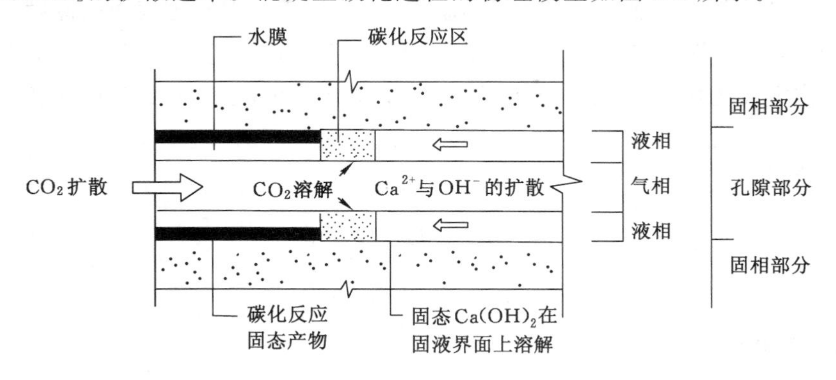

图2-3 混凝土碳化过程的物理模型

目前的研究认为，在以上三个过程中，哪一个过程的速率最慢，它的速率就决定了混凝土碳化的速率。关于这三个过程速率的论述尚不多见，但在建立混凝土碳化速率理论模型时，均普遍认为，二氧化碳向混凝土中的扩散速率最慢，混凝土碳化速率就是 CO_2 在混凝土中的扩散速率。由此国内外学者大都假设：

① CO_2在混凝土中的扩散遵循 Fick 第一定律；

② 碳化反应仅在碳化锋面处发生，即碳化锋面将混凝土分为碳化区和未碳化区，碳酸钙的浓度为阶梯状；

③ CO_2的浓度呈线性分布，在锋面处浓度为 0。

传统碳化理论的混凝土碳化过程如图 2-4 所示。

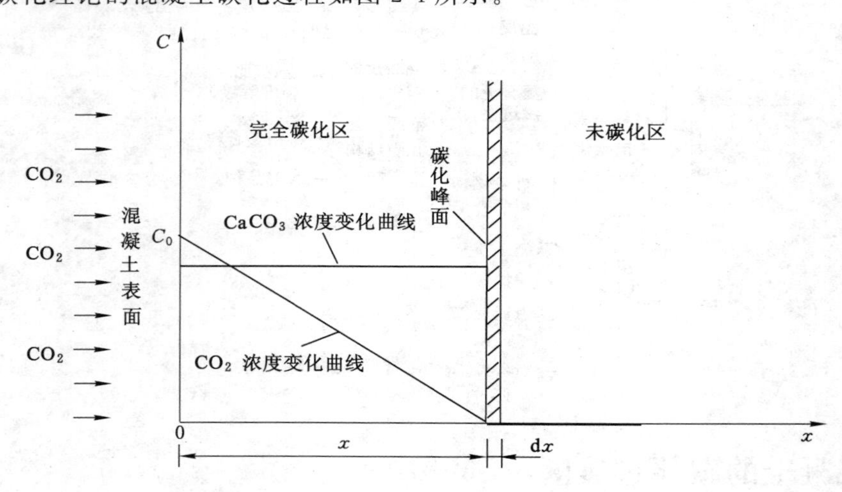

图 2-4　传统碳化理论的混凝土碳化过程示意图

由 Fick 第一定律，假定扩散是一维的，即 CO_2气体只在 x 方向上扩散，由上述假定第③条，CO_2气体在混凝土孔隙中的扩散通量可以表示为：

$$J_{CO_2} = D_{CO_2}^{e} \frac{C_s}{x} \tag{2-16}$$

式中，J_{CO_2}为 CO_2气体在混凝土孔隙中的扩散通量；$D_{CO_2}^{e}$为 CO_2在已碳化混凝土孔隙中的有效扩散系数；C_s为混凝土表面的 CO_2的摩尔浓度；x 为垂直于混凝土表面的深度。

由上述假定第②条，可近似认为：在 dt 时间内由孔隙扩散进入混凝土内部的 CO_2，会被 dx 长度范围内混凝土中可碳化物质所吸收，若单位体积混凝土可吸收的二氧化碳的量为 m_0，则：

$$m_0 \cdot dx = J_{CO_2} \cdot dt \tag{2-17}$$

$$m_0 \cdot dx = D_{CO_2}^{e} \cdot \frac{C_s}{x} dt \tag{2-18}$$

$$m_0 \cdot x \cdot dx = D_{CO_2}^{e} \cdot C_s \cdot dt \tag{2-19}$$

对两边同时积分得：

$$\frac{1}{2} x_c^2 m_0 = D_{CO_2}^{e} \cdot C_s \cdot t \tag{2-20}$$

$$x_c = \sqrt{\frac{2D_{CO_2}^{e} \cdot C_s}{m_0} t} \tag{2-21}$$

式中，x_c为碳化深度。

令 $k=\sqrt{\frac{2D_{CO_2}^{e}\cdot C_s}{m_0}}$，碳化深度 x_c 与扩散时间 t 之间的关系为：

$$x_c = k\sqrt{t} \tag{2-22}$$

式中，k 为碳化速率系数。

基于这种假定，国内外学者建立了大量的混凝土碳化速率模型，对其进行了总结，如表 2-3 所示，其基本的形式如式(2-22)所示。

表 2-3　　国内外常见混凝土碳化速率模型

序号	作者	碳化公式
1	新加坡 Y. H. Loo	$x_c=K_a\sqrt{t}$ $K_a=300f_{28}^{-1.08}C_0^{0.158}e^{0.012T}t_{WC}^{-0.126}-2.98$
2	美国 P. J. Parrott	$d=a\cdot k^{0.4}(t^n/c^{0.5})$ $n=0.02536+0.01785(RH)-0.0001623(RH)^2$
3	日本鱼本健人	$x_c=k_{CO_2}k_Tk_w\sqrt{t}$
4	德国 Smoltczyk	$x_c=7\left(\frac{100W/C}{\sqrt{R_t}}-0.75\right)\sqrt{t}-0.5$
5	邸小坛	$x_c=k_2\cdot K\cdot\sqrt{t}$ $K=k_0(k_1\cdot w/c-1.0)c^{-0.9}$
6	朱安民	$x_c=\alpha_1\alpha_2\alpha_3(12.1w/c-3.2)\sqrt{t}$
7	苏联阿列克谢耶夫	$x_c=\sqrt{\frac{2D_{CO_2}^{e}C_s}{m_0}t}$
8	希腊 Papadakis	$x_c=\sqrt{\frac{2\cdot D_e^c[CO_2]_0}{[Ca(OH)_2]_0+3[CSH]_0+3[C_3S]_0+2[C_2S]_0}}\sqrt{t}$
9	张誉	$x_c=839(1-RH)^{1.1}\sqrt{\frac{W/(\gamma_cC)-0.34}{\gamma_{HD}\gamma_cC}n_0}\cdot\sqrt{t}$
10	黄士元	$x_c=104.27k\cdot k_c^{0.54}\cdot k_w^{0.47}\cdot\sqrt{t}\quad(w/c>0.6)$ $x_c=73.54k\cdot k_c^{0.81}\cdot k_w^{0.13}\cdot\sqrt{t}\quad(w/c\leqslant 0.6)$
11	龚洛书	$x_c=k_1\cdot k_2\cdot k_3\cdot k_4\cdot k_5\cdot k_6\cdot\alpha\cdot\sqrt{t}$
12	李果	$x_c=0.10292\left(\frac{RH}{45}\right)^{-0.4227}\left(\frac{T}{10}\right)^{0.7154}\left(\frac{w/c}{0.35}\right)^{1.3401}\sqrt{q_ct}$
13	日本岸谷孝一	$x_c=k\cdot(w/c-0.25)\sqrt{\frac{t}{0.3\times(1.15+3w/c)}}\quad(w/c>0.6)$ $x_c=k\cdot(4.6w/c-0.76)\sqrt{\frac{t}{7.2}}\quad(w/c\leqslant 0.6)$
14	牛荻涛	$x_c(t)=k_{CO_2}\cdot k_e\cdot\left(\frac{57.94}{F_{cn}}\cdot m_c-0.761\right)\cdot\sqrt{t}$

续表 2-3

序号	作者	碳化公式
15	Tuutti	$\frac{\Delta C_s}{\Delta a}=\sqrt{\pi}\cdot\left(\frac{k}{2\sqrt{D}}\right)\cdot e^{\frac{k^2}{4D}}\cdot \text{erf}\left(\frac{k}{2\sqrt{D}}\right)$ $\Delta a=c\cdot\frac{C}{100}\cdot DH\cdot\frac{M_{CO_2}}{M_{CaO}}$ $x_c=k\sqrt{t}$
16	Nishi	$x_c=\frac{g(W/C-0.25)}{\sqrt{0.3\times(1.15+3W/C)}}\sqrt{t}\quad(W/C\geqslant 0.6)$ $x_c=\frac{4.6W/C-1.76}{\sqrt{7.2}}\sqrt{t}\quad(W/C<0.6)$
17	日本依田彰彦	$x_c=\frac{100W/C-38.44}{\sqrt{\alpha\cdot\beta\cdot\gamma\cdot 148.8}}\sqrt{t}\quad(C_0=0.03\%\text{时})$ $x_c=\frac{100W/C-22.16}{\sqrt{\alpha\cdot\beta\cdot\gamma\cdot 258.1}}\sqrt{t}\quad(C_0=0.1\%\text{时})$
18	白山	$x_c=\frac{W/C-38}{\sqrt{a\cdot b\cdot c\cdot d\cdot e\cdot 5\,000}}\sqrt{t}$
19	美国 Nagatak	$x_c=\sqrt{(3.65P+547)}\exp(-0.075R_c)\sqrt{t}$
20	张海燕	$x_c=K_w\left(\frac{T}{10}\right)^{0.713}(RH^2-1.98RH+1.896)\sqrt{\frac{C_0}{0.03}}\left(\frac{15.806}{f_{cuk}}+0.215\right)t^{0.42}$
21	张令茂	$x_c=\left(0.74-0.317\frac{C}{100}-0.613\frac{w}{c}\right)\sqrt{t}$

以上这些模型各有一些差异，但有一个共同点就是碳化深度与时间的平方根成正比。它们都是假定在化学反应过程、二氧化碳向混凝土内部扩散过程和混凝土孔隙中可碳化物质[主要是 $Ca(OH)_2$]的扩散过程中，二氧化碳向混凝土中的扩散速率最慢，这样混凝土碳化速率就是 CO_2 在混凝土中的扩散速率。这种假定的正确和合理性直接决定了由此建立的理论模型的适用程度。从国内外学者的最新研究成果来看，这些模型既没有考虑部分碳化区的存在，也没有考虑 CO_2 反应消耗对碳化速率的影响（CO_2 反应消耗对碳化速率的影响如图 2-5 所示）。

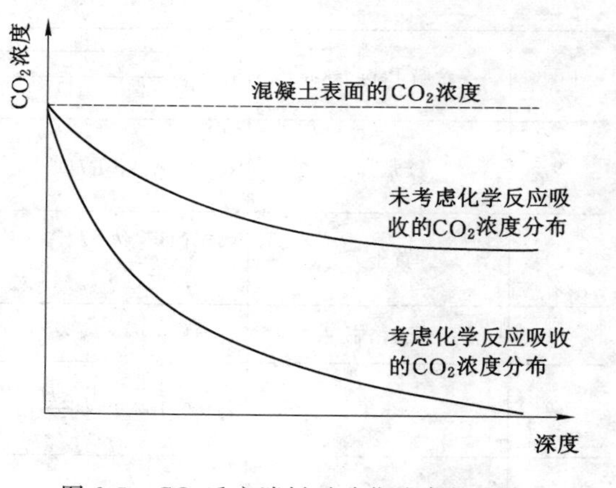

图 2-5　CO_2 反应消耗对碳化速率的影响

2.2.2　混凝土的部分碳化区

长期以来，人们一直简单地认为一般大气环境条件下混凝土中钢筋开始锈蚀的时间就是混凝土保护层完全碳化所需的时间。但试验和工程调查结果表明，在用酚酞试剂测定的碳化深度发展到距离钢筋表面某个长度时，钢筋就开始锈蚀。这是因为用酚酞试剂测试碳化深度时，即使混凝土中仅有微量的 $Ca(OH)_2$，酚酞试剂也显色。因此，酚酞试剂法只能测出混凝土完全碳化部分及其界限。混凝土在碳化过程中，在完全碳化区前沿存在碳化不完全区段，在环境相对湿度较高时部分碳化区可忽略不计，但当环境湿度较低时，部分碳化区在整个碳化区域中占主导地位。

Parrot 采用酚酞指示剂测出了混凝土碳化前沿 pH 值变化的分布曲线如图 2-6 所示，从而将 CO_2 在混凝土中的扩散-反应过程分为完全碳化区、碳化反应区（部分碳化区）和未碳化区三个区域。在 pH 值变化的部分碳化区段，由表及里 $Ca(OH)_2$ 逐渐增加，$CaCO_3$ 逐渐减少。在这个区域混凝土的 pH 值由外至内逐渐升高，未碳化区混凝土的 pH 值大约为 13 左右，完全碳化区混凝土的 pH 值为 8.5。也有学者用彩虹试剂测定碳化深度试验结果表明，完全碳化的混凝土的 pH 值为 7，部分碳化区的 pH 值为 8.5～12.5。

从碳化对钢筋锈蚀影响的角度看，当钢筋位于 pH＞11.5 的区域，钢筋处于钝化状态，不发生锈蚀；当钢筋位于 pH＜11.5 区域，钢筋处于活化状态。在一定的环境条件下，当混凝土的 pH 值下降到某一值（pH_0）时钢筋开始锈蚀。有学者认为当 pH＞11.5 时钢筋处于钝化状态，不发生锈蚀；当 pH＜9 时锈蚀速率不再受 pH 值的影响；只有当 9＜pH＜11.5 时锈蚀速率随 pH 值下降而增大。

实际工程调查结果表明，由于环境条件的差异，满足钢筋开始锈蚀对应的 pH_0 值是不相同的。pH_0 值的确定很难用传统的碳化钢筋锈蚀机理来解释，但可以通过大量工程实测到的混凝土碳化和钢筋开始锈蚀数据，得到完全碳化前沿到 pH＝pH_0 处的区间长度，定义该区间长度为碳化残量（部分碳化区）。即碳化残量为钢筋开始锈蚀时，用酚酞试剂测出的碳化前沿到钢筋表面的距离，如图 2-7 所示。

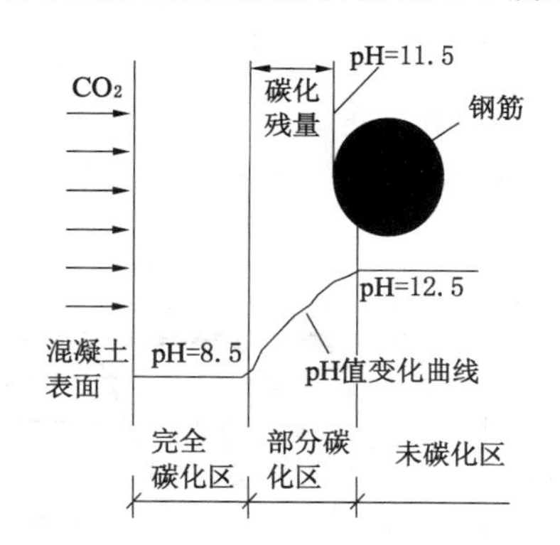

图 2-6　混凝土碳化前沿的 pH 值分布和碳化残量概念示意图

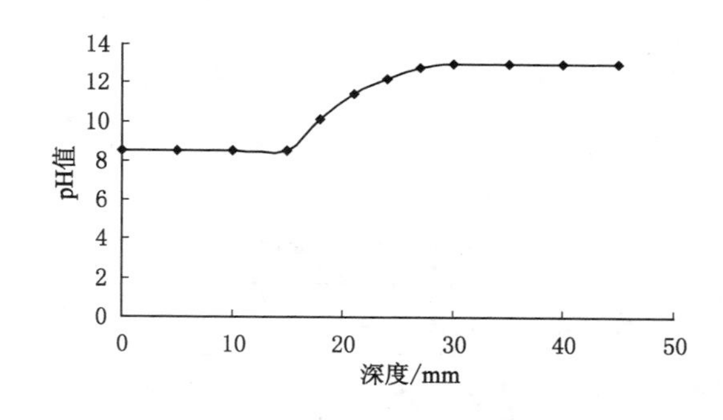

图 2-7　碳化前沿混凝土 pH 值的分布图

从碳化机理分析，部分碳化现象是碳化反应速率跟不上 CO_2 的扩散速率的必然结果，由于两者随环境相对湿度变化而向相反方向发展，因此，部分碳化区长度主要受环境相对湿度影响；其他因素也一样，凡该因素的变化影响碳化反应速率与 CO_2 扩散速率之差，该因素就影响部分碳化区长度，反之则不影响部分碳化区长度。部分碳化区的长度将影响混凝土的碳化规律。由此可见，部分碳化区的长度及部分碳化区内 pH 值的变化规律成为影响钢筋锈蚀速率的一个主要因素，其研究对准确预测钢筋脱钝的时间、钢筋锈蚀的速率以及整个钢筋混凝土构件的寿命具有重要意义。国内外学者对混凝土部分碳化区长度的确定进行大量的研究工作，并取得了丰硕的研究成果。

2.2.3 部分碳化区(pH 值变化区)长度的影响因素

普遍把 pH 值变化的区域作为部分碳化区,为便于下文分析,本节所指的部分碳化区均为 pH 值变化区,和 2.3 节所指的部分碳化区不同。为了准确地判断混凝土部分碳化区域长度的影响因素,通过试验研究了混凝土组成、环境气候条件以及 CO_2 浓度对混凝土部分碳化区长度的影响。试验分两批进行。首先通过第一批试样研究在混凝土材料和环境温湿度确定的情况,不同 CO_2 浓度对混凝土部分碳化区长度的影响;同时通过第二批试样研究在 CO_2 浓度不变的条件下,混凝土材料和环境温湿度对混凝土部分碳化区长度的影响。

(1) CO_2 浓度和碳化时间

采用 pH 计测得不同 CO_2 浓度、不同碳化时间时各试件断面混凝土碳化 pH 值变化规律,如图 2-8 和图 2-9 所示。

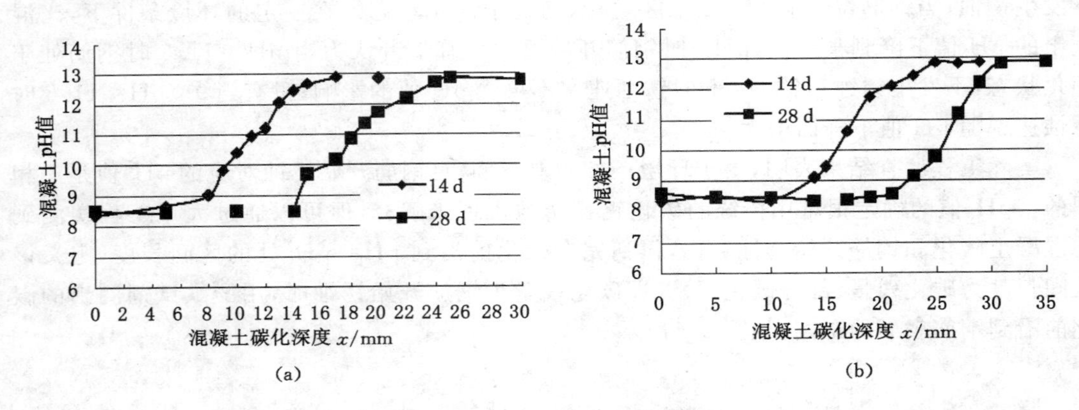

图 2-8　CO_2 浓度与碳化前沿混凝土 pH 值的分布

(a) CO_2 浓度 10%;(b) CO_2 浓度 20%

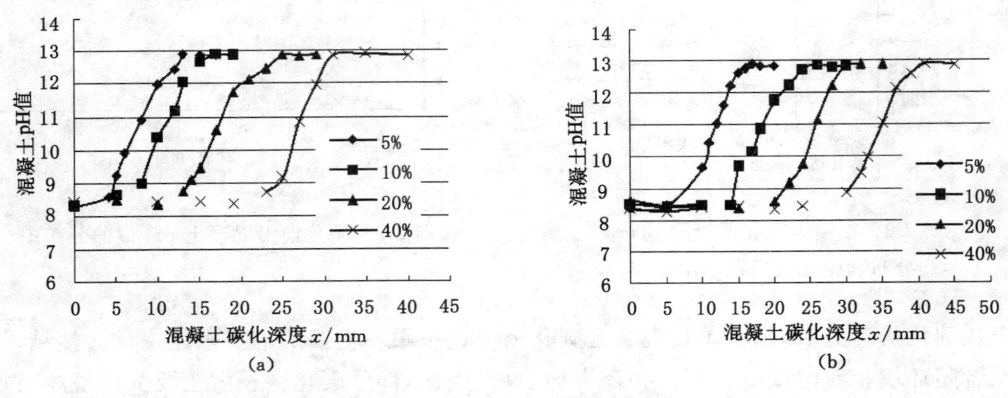

图 2-9　碳化作用时间与碳化前沿混凝土 pH 值的分布

(a) 碳化 14 d;(b) 碳化 28 d

由图 2-8 可以看到,10% CO_2 浓度碳化 28 d 与 20% CO_2 浓度碳化 14 d 的混凝土完全碳化深度非常接近,分别为 16 mm 和 15 mm,而且碳化混凝土的部分碳化区长度也近乎相同,分别为 8 mm 和 9 mm。这表明在相同的混凝土材料和环境温湿度情况下,如果混凝土完全碳化区深度相同，混凝土部分碳化区长度也几乎相同，CO_2浓度对部分碳化区的长度无明显影响。

当碳化进行一定时间，混凝土完全碳化区出现后，混凝土部分碳化区的长度随碳化时间的变化见图2-9。对于5%的CO_2浓度，其14 d、28 d碳化时间的混凝土部分碳化区的长度分别为7 mm、7 mm，对于10%、20%、40%的CO_2浓度，其不同碳化时间的混凝土部分碳化区的长度也较为接近，这表明在试验误差范围内，碳化时间对混凝土部分碳化区的长度无明显影响。这是因为从碳化机理分析可知，部分碳化现象是混凝土的碳化反应速率跟不上CO_2向混凝土内扩散的速率的必然结果。混凝土表面CO_2浓度增大，CO_2扩散速率和碳化化学反应速率几乎同步加快，因此，对部分碳化区长度无明显影响。碳化时间对碳化反应速率及CO_2扩散速率均无影响，因此，对部分碳化区长度也没明显影响。

(2) 混凝土材料和环境相对湿度

采用pH计测得各试件断面碳化混凝土不同深度位置处pH值变化规律，如图2-10和图2-11所示。

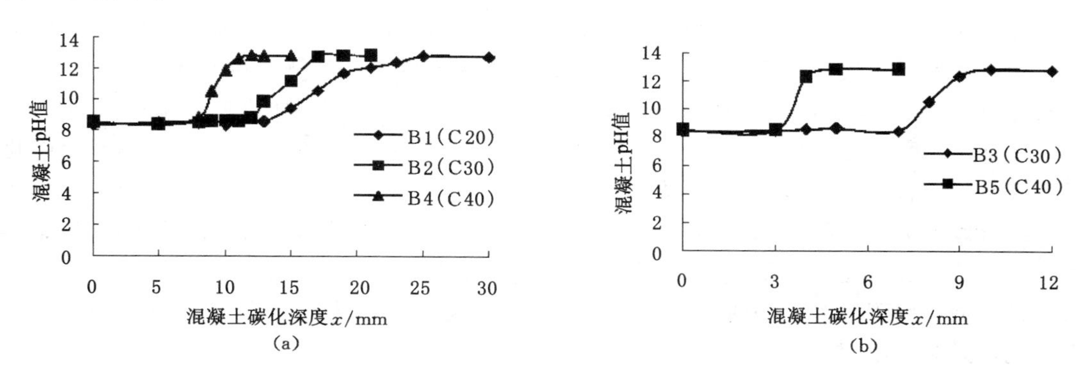

图2-10　不同混凝土强度等级碳化前沿混凝土pH值的分布

(a) $RH=60\%$；(b) $RH=80\%$

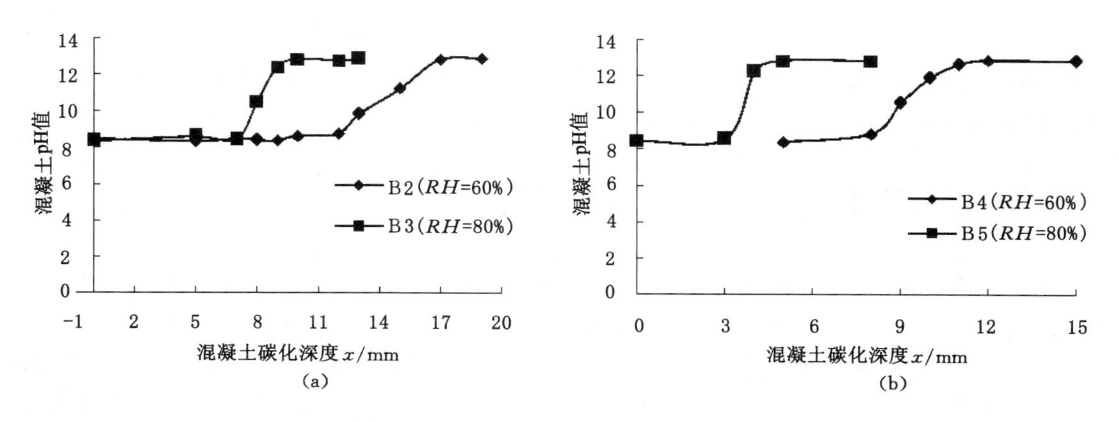

图2-11　不同环境相对湿度条件下碳化前沿混凝土pH值的分布

(a) C30；(b) C40

从碳化机理分析可知，部分碳化现象是混凝土的碳化反应速率跟不上CO_2向混凝土内扩散的速率的必然结果。混凝土强度等级对部分碳化区长度的影响体现在以下两个方面：一方面，强度等级越高，混凝土水灰比越低，混凝土的密实程度越高，CO_2向混凝土内部扩散的阻力也越大，扩散速率越慢，从而反应较为完全，部分碳化区长度短；另一方面，强度等级越高的混凝土水泥用量也较大，水泥用量的变化对CO_2的扩散速率基本没有影响，但却使混凝土中可碳化物质的含量大大增加，碳化反应的速率也随之加快，碳化反应速率的加快使化学反应进行得较为充分，部分碳化现象受到抑制，部分碳化区长度缩短。由图2-10可以看出，当环境相对湿度为60%时，C20混凝土的部分碳化区长度为9 mm，C30混凝土为5 mm，C40混凝土仅为3 mm；而当环境相对湿度为80%时，C30混凝土的部分碳化区长度为2 mm，C40混凝土的部分碳化区长度趋近于0。

由图2-11可以看出，部分碳化区长度随环境相对湿度的变化也十分明显。C30混凝土在相对湿度为60%时，部分碳化区长度为5 mm，相对湿度为80%时，部分碳化区长度为2 mm；C40混凝土在相对湿度为60%时，部分碳化区长度为3 mm，相对湿度为80%时，部分碳化区的长度趋近于0。这说明在混凝土材料确定的情况下，环境相对湿度愈大，部分碳化区长度愈小。从碳化机理上看，当环境相对湿度较高时，由于混凝土孔隙水较多，CO_2向混凝土内部扩散速率较慢，而碳化反应的速率很快，从外界扩散进入孔隙的CO_2迅速被吸收参与碳化反应，部分碳化现象不明显；随着环境相对湿度的降低，混凝土孔隙水减少，CO_2的扩散速率加快，而碳化反应的速率越来越慢，部分CO_2未能及时吸收参与碳化反应，部分碳化现象越来越明显，部分碳化区长度越来越大。

综合以上分析，环境相对湿度对部分碳化区长度有决定性的影响；部分碳化区长度基本不受CO_2浓度和碳化时间影响；水胶比和水泥用量对部分碳化区长度也有一定影响，但这种影响是以低湿度环境为前提的，也就是说，在环境湿度较高时，即使水胶比或水泥用量有较大变化也只会产生很小的部分碳化区。

部分碳化区长度的计算模型有式(2-23)及式(2-24)：

$$x_b = 1.017 \times 10^4 (0.7 - RH)^{1.82} \sqrt{\frac{W/C_{ce} - 0.31}{C_{ce}}} \tag{2-23}$$

$$x_b = 4.86(-RH^2 + 1.5RH - 0.45)(c - 5) \times (\ln f_{cu,k} - 2.30) \tag{2-24}$$

式中，RH为相对湿度(%)；W为水用量(kg/m^3)；C_{ce}为水泥用量(kg/m^3)；$f_{cu,k}$为混凝土立方体抗压强度标准值(kN/m^2)；c为保护层厚度(mm)。

2.3 混凝土碳化过程有关问题的讨论

根据上文分析，CO_2在混凝土中的扩散反应过程可分为完全碳化区、碳化反应区(部分碳化区)和未碳化区三个区域。在碳化反应区混凝土的物质组成因碳化反应而发生变化，$Ca(OH)_2$的含量由表及里逐渐增加，而$CaCO_3$的含量逐渐减少；同时由于碱性物质的消耗，在这个区段混凝土的pH值也由外至内逐渐升高，未碳化区混凝土的pH值范围大约为12.5～13，完全碳化区混凝土的pH值为8.5～9.0。由于混凝土中钢筋表面pH值降至11.5以下时，钝化膜已不稳定，这使人们自然而然地认为pH值为8.5～12.5的区段即为碳化反应区。严格地讲，将混凝土中的“碳化反应物质变化区域”作为“碳化反应区域”才是正确的，由于在碳化反应区域混凝土的pH值也是逐渐变化的，因此，混凝土碳化的pH值变化规律和混凝土中的碳化反应物质变化规律是否一致，还有待于进一步研究。本节将通过混凝土孔隙液的物质组成及碳化时物质组成的变化深入分析混凝土的碳化机理。

2.3.1　混凝土孔隙液的物质组成和碱度

当混凝土发生碳化时，空气中的二氧化碳（CO_2）首先渗透到混凝土内部充满空气的孔隙和毛细管中，而后溶解于毛细管中的液相，与水泥凝胶体中液态的碱性物质发生反应，所以分析混凝土的碳化机理需要从研究混凝土孔隙液的物质组成和碱度开始。

（1）混凝土孔隙液的物质组成

混凝土孔隙液的物质组成主要取决于水泥的品种。水泥的主要水化产物是水化硅酸钙（C-S-H）和氢氧化钙[$Ca(OH)_2$]，完全水化的水泥浆体中 C-S-H 占固相体积的 50%～60%，而 $Ca(OH)_2$ 约占水泥浆体固相体积的 20%～25%。C-S-H 凝胶体化学组成不确定，其 C/S 比例随条件不同而变化，内部的结构水也会产生很大变化。但由于 C-S-H 在水中溶解度很低，因此 C-S-H 不对水泥石的孔溶液化学组成起主导作用，而氢氧化钙结晶良好且在水中的溶解度相对较高，由于与水泥石结构内部十分有限的孔隙（水）体积相比水化产物中氢氧化钙的量很大，因此常将混凝土孔隙水看成是氢氧化钙的饱和溶液。氢氧化钙在 20 ℃水中溶解度为 0.173 g/100 g，因此传统混凝土腐蚀试验一直使用饱和氢氧化钙溶液模拟混凝土孔溶液，但是压滤试验的研究表明孔溶液中阳离子以 Na^+ 和 K^+ 为主。表 2-4 为采用压滤法制取水灰比 0.5 的水泥净浆试件孔溶液的典型化学组成，从表中看出 Na^+、K^+ 为主要阳离子，OH^- 为主要阴离子，而 Ca^{2+} 浓度很低，这充分说明混凝土中绝大部分的氢氧化钙是以固态存在的。

表 2-4　ASTM Ⅰ型水泥净浆体孔溶液离子浓度（$W/C=0.5$）　（mol/L）

离子	Na^+	K^+	Ca^{2+}	SO_4^{2-}	OH^-	阳离子和	阴离子和
A	0.070	0.389	0.003 5	0.015 4	0.468	0.436	0.483
B	0.181	0.358	0.003 8	0.033 0	0.523	0.543	0.556

（2）混凝土孔隙液的碱度和 pH 值

混凝土的 pH 值由混凝土孔隙液的碱度所决定，这里所指的碱度是溶解在混凝土孔隙液中 OH^- 的浓度，这些 OH^- 由混凝土中的碱性物质提供。拌制普通混凝土的水泥水化时会生成大量 $Ca(OH)_2$，而 $Ca(OH)_2$ 溶解度很低，所以它在混凝土孔隙液中容易饱和，多余的大量 $Ca(OH)_2$ 将结晶析出，沉积于水泥石中，呈结晶态存在（如图2-12所示），被称为羟钙石。所以以水泥为胶凝材料主体的混凝土中，孔隙液通常总是 $Ca(OH)_2$ 的饱和溶液，其在 25 ℃下的 pH 值为 12.6。即使混凝土孔隙液发生 $Ca(OH)_2$ 的任何溶出，沉积于孔壁的羟钙石的一部分会以溶解方式自动地补

图 2-12　水化水泥凝胶体中 $Ca(OH)_2$ 的 SEM 图

充,使混凝土孔隙液总具有高碱性。当然,水泥常含有少量强碱质(Na_2O 或 K_2O),在水泥水化时,会完全溶解于混凝土孔隙液中,使混凝土的 pH 值增高达到 13 左右。水泥中可溶性碱(Na_2O 和 K_2O 的量)和水化产物中的大量氢氧化钙是孔溶液碱度构成的主要来源,混凝土孔溶液的 pH 值事实上不由氢氧化钙含量决定,而在很大程度上取决于水泥熟料中少量的碱即 Na_2O 和 K_2O 的含量。

(3) 混凝土孔隙液的碳化

综合以上分析,水泥中少量可溶性碱(Na_2O 和 K_2O)的存在使混凝土孔隙液的 pH 值高达 13 左右,混凝土中大量的结晶态 $Ca(OH)_2$ 的存在,使碳化过程中混凝土孔隙液的 pH 值维持在较高的水平。那么在混凝土碳化过程中,溶入混凝土孔隙液的 CO_2 是率先和可溶性碱(Na_2O 和 K_2O)发生反应,使混凝土孔隙液的 pH 值降至 12.6 后才和孔隙液中的 $Ca(OH)_2$ 发生反应,造成固态 $Ca(OH)_2$ 的溶解补充而维持 pH 值稳定在 12.6 左右,还是从碳化开始,固态 $Ca(OH)_2$ 就溶解补充孔隙液中的 OH^- 浓度不变而维持 pH 值稳定在 13 左右呢?将 0.819 g K_2O 和 0.326 g Na_2O 溶于 300 mL 蒸馏水中,至充分溶解后用 pH 计测得其 pH 值为 13.1,然后加入 74 g $Ca(OH)_2$ 并充分搅拌,可以看到 $Ca(OH)_2$ 粉末沉积于容器底部,用 pH 计测得其 pH 值仍为 13.1 不变,这说明混凝土孔溶液的 pH 值是由 Na_2O 和 K_2O 的含量决定的。然后向模拟液中缓慢通入 CO_2 气体,并不停地搅拌,实时观测模拟孔隙液 pH 值的变化。测得 CO_2 气体通入量与模拟孔隙液 pH 值的关系如图 2-13 所示,CO_2 气体通入量由溶液质量的增加量计算。从图中可以看出,在 CO_2 气体通入过程中,模拟孔隙液的 pH 值一直维持在 13.1 不变,直至反应即将结束时溶液的 pH 值才陡然下降,这说明从碳化开始,固态 $Ca(OH)_2$ 就溶解补充孔隙液中的[OH^-]使其浓度不变,而不是待可溶性碱(Na_2O 和 K_2O)耗尽后才溶解参与碳化反应。

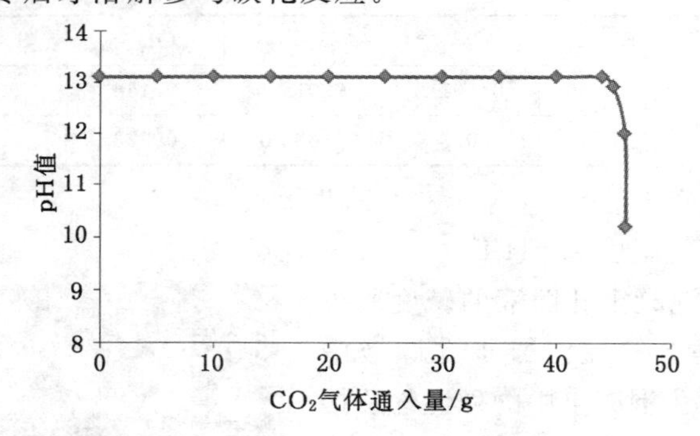

图 2-13 CO_2 气体通入量与模拟孔隙液 pH 值的关系

2.3.2 混凝土碳化过程的再认识

混凝土是一个多孔体,其内部存在着大小不同的毛细管、孔隙、气泡,甚至缺陷等(其微观结构如图 2-14 所示)。当混凝土发生碳化时,空气中的二氧化碳(CO_2)首先渗透到混凝土内部充满空气的孔隙和毛细管中,而后溶解于毛细管中的液相,与水泥凝胶体中液态的 $Ca(OH)_2$ 发生反应形成碳酸钙。由于碳酸盐中 $CaCO_3$ 的溶解度最低,所以 $CaCO_3$ 有选择性地首先沉淀,这时为了补充孔溶液中 Ca^{2+} 的不足,固相中的 $Ca(OH)_2$ 溶解,使混凝土孔溶液中 Ca^{2+} 和 OH^- 浓度保持不变。日本学者小林一辅将此过程描述为图 2-15 所示的模式。

$CaCO_3$沉积于毛细孔隙壁上，孔隙壁上的反应产物层阻碍了 CO_2 和混凝土颗粒中碱性组分反应的进行，而 CO_2沿孔隙的扩散过程继续进行。

图 2-14　水化 28 天龄期水泥凝胶体的 SEM 图

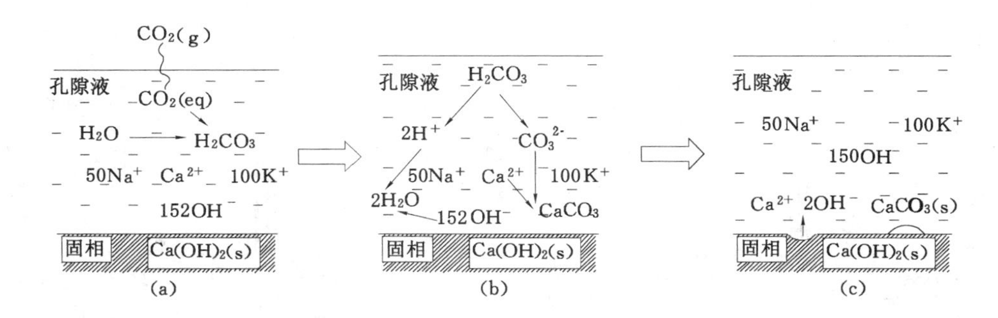

图 2-15　碳化混凝土进展模式

(a) 孔隙液的组成与 CO_2气体的侵入；(b) 碳酸与孔隙液的反应；(c) 碳酸钙的沉淀与氢氧化钙的溶解

随着碳化反应的进行，虽然混凝土孔隙液中的 OH^- 不断被消耗，但结晶态的 $Ca(OH)_2$ 将不断地溶解给予补充，混凝土孔隙液中的 $Ca(OH)_2$始终处于饱和状态。由于和 Na^+、K^+ 平衡的 OH^- 浓度没有因碳化反应而降低，所以混凝土的 pH 值维持在较高的水平(13 左右)，直到固态的 $Ca(OH)_2$被耗尽为止。随后混凝土孔隙液中的 OH^- 因不再有固相补充而不断为碳化反应所消耗，混凝土的 pH 值随之降低。当混凝土孔隙液中的 $Ca(OH)_2$被耗尽时，混凝土被完全碳化。所以碳化混凝土横截面从表向里可分为完全碳化区、pH 值变化的部分碳化区、向内的 pH 值稳定的部分碳化区和未碳化区四个区域。

根据上述分析，混凝土碳化反应区远大于 pH 值变化区段的长度，而混凝土碳化反应区的长度则直接决定了混凝土碳化的进程。因此正确地确定混凝土碳化的反应区域，对于研究混凝土碳化规律，建立合理准确的混凝土碳化速率模型具有重要的意义。

2.3.3　混凝土碳化区域划分的试验验证

为了检验上述认识的准确性，对混凝土碳化反应区的长度进行了试验研究。所测混凝土试件中 pH 值沿深度的变化如图 2-16 所示。可以看出，碳化混凝土中 pH 值的变化分为三个区域，三个区域的深度范围分别为完全碳化区 0～25 mm 范围、pH 值变化区段 25～35 mm 范围、向内的 pH 值未变化区段从深度 35 mm 处向内，pH 值变化区段长度约 10 mm。

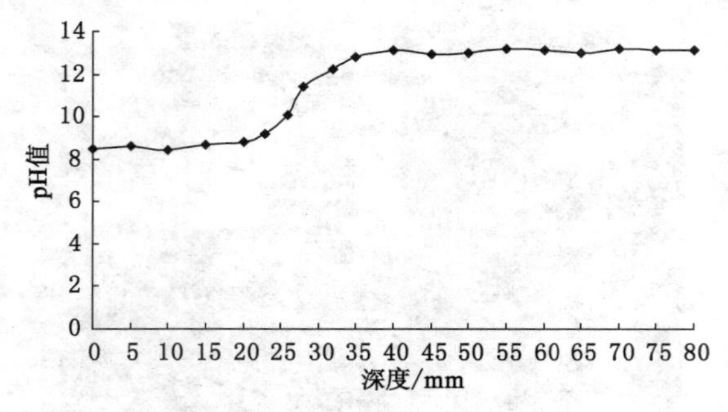

图 2-16　碳化前沿混凝土 pH 值的分布图

分别取完全碳化区（15～20 mm）、pH 值变化区（30～35 mm）、向内的 pH 值较高稳定区（45～50 mm）的水泥砂浆试样，进行 X 射线衍射和热重分析，结果分别如图 2-17 和图 2-18所示。

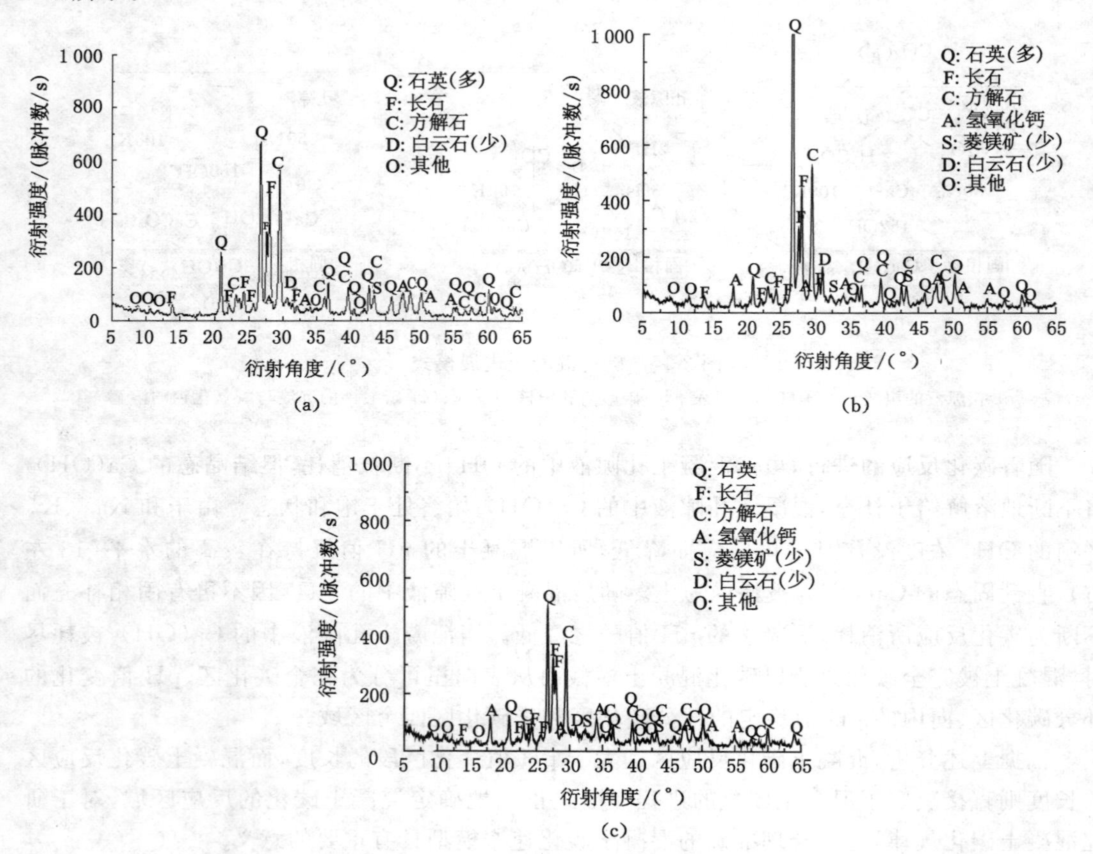

图 2-17　碳化混凝土不同区段粉末试样的 XRD 图

(a) 15～20 mm；(b) 30～35 mm；(c) 45～50 mm

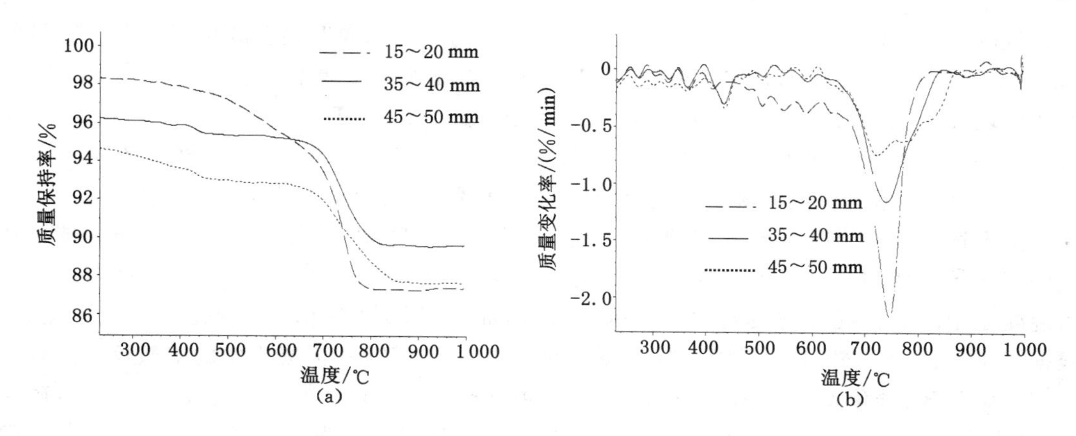

图 2-18　碳化混凝土不同区段粉末试样热失重曲线

(a) 热重(TG)曲线；(b) 微分热重(DTG)曲线

从图 2-17(a)可以看出，在酚酞指示剂不变色的区域 15～20 mm，碳化混凝土的主要物相为石英 SiO_2、方解石 $CaCO_3$(3.08、1.926)、长石 $Ca(Al_2Si_2O_8)$(3.250、3.199)和白云石 $MgCa(CO_3)_2$(3.784、2.193)，其中石英 SiO_2 为砂浆中砂子的主要成分，方解石 $CaCO_3$和白云石 $MgCa(CO_3)_2$是混凝土碳化生成的主要产物，该区域没有碱性成分氢氧化钙 $Ca(OH)_2$(2.643)存在，表明该区域均为碳化反应较为充分的完全碳化区。

从图 2-17(b)可以看出，在 pH 值变化的区域 30～35 mm 范围，碳化混凝土的主要物相也均为石英 SiO_2、方解石 $CaCO_3$(3.08、1.926)、长石 $Ca(Al_2Si_2O_8)$(3.250、3.199)和白云石 $MgCa(CO_3)_2$(3.784、2.193)，但是其中尚含有一定的氢氧化钙 $Ca(OH)_2$(2.643)成分，是氢氧化钙 $Ca(OH)_2$和方解石 $CaCO_3$共存的区域，表明该部分区域为碳化反应正在进行的部分碳化区。

从图 2-17(c)可以看出，在向内 pH 值稳定的区域 45～50 mm 范围，混凝土的主要物相为砂子的主成分石英 SiO_2、水泥的水化产物长石 $Ca(Al_2Si_2O_8)$(3.250、3.199)、白云石 $MgCa(CO_3)_2$(3.784、2.193)和氢氧化钙 $Ca(OH)_2$(2.643)成分。只是值得注意的是，在和部分碳化区紧连的 pH 值较高的稳定区域(45～50 mm 范围)，仍含有一定的碳化产物——方解石 $CaCO_3$(3.08、1.926)成分，该区域也是氢氧化钙 $Ca(OH)_2$和方解石 $CaCO_3$共存。和 pH 值变化的部分碳化区域不同的是，该部分区域氢氧化钙 $Ca(OH)_2$含量高于 pH 值变化的区域，而方解石 $CaCO_3$的含量低于 pH 值变化的区域，这部分区域也是碳化反应正在进行的部分碳化区。

以 DTG 曲线的峰值确定失重的物质以及失重的起止点，以 TG 曲线计算失重的百分比，由此可分别按失重比例推导出对应的 $CaCO_3$和 $Ca(OH)_2$的相对含量，如表 2-5 所列。

表 2-5　　碳化混凝土中 $Ca(OH)_2$和 $CaCO_3$的相对含量　　(%)

成分	15～20 mm 段	30～35 mm 段	45～50 mm 段
$Ca(OH)_2$	0.4	23.5	28.1
$CaCO_3$	99.6	76.5	71.9

从图 2-18 和表 2-5 可以看出，未变色区(15～20 mm 段)的混凝土碳化层尚含有微量的 $Ca(OH)_2$，但由于 $Ca(OH)_2$ 含量很低，可以近似将该部分区域看作完全碳化区。在 pH 值变化区域(30～35 mm 段)，$Ca(OH)_2$ 和 $CaCO_3$ 两种成分共存，且 $CaCO_3$ 相对含量很高，说明这部分区域属于部分碳化区；在向内 pH 值稳定的区域(45～50 mm 段)也仍有高达 70%以上的 $CaCO_3$ 存在，这说明混凝土碳化反应区的长度远大于 pH 值变化区域的范围。

由上述试验结果可以预测，在混凝土碳化过程中沿混凝土碳化深度，其 pH 值和碳化物质的变化规律如图 2-19 所示。混凝土碳化是一个渐变的过程，混凝土部分碳化区域的范围由混凝土中的碳化反应物质变化的范围所决定，而不是局限在 pH 值变化的区域内进行。根据 $Ca(OH)_2$ 和 $CaCO_3$ 含量沿混凝土深度的变化，可将 CO_2 在混凝土中的扩散反应过程分为完全碳化区、碳化反应区(部分碳化区)和未碳化区三个区域。其中碳化反应区(部分碳化区)又由表及里分为 pH 值变化区、pH 值稳定区。这是因为当碳化消耗混凝土孔隙液中的 OH^- 时，沉积于孔壁的羟钙石会以溶解方式自动地补充，混凝土孔隙液中的 $Ca(OH)_2$ 始终处于饱和状态，使混凝土孔隙液 pH 值维持在 13 不变，直到固态的 $Ca(OH)_2$ 被耗尽为止。随后混凝土孔隙液中的 $Ca(OH)_2$ 因不再有固相补充而不断为碳化所消耗，混凝土的 pH 值随之降低，当混凝土孔隙液中的 $Ca(OH)_2$ 被耗尽时，混凝土被完全碳化。也可将混凝土的碳化分为完全碳化区、pH 值变化的部分碳化区、向内的 pH 值稳定的部分碳化区和未碳化区四个区域。

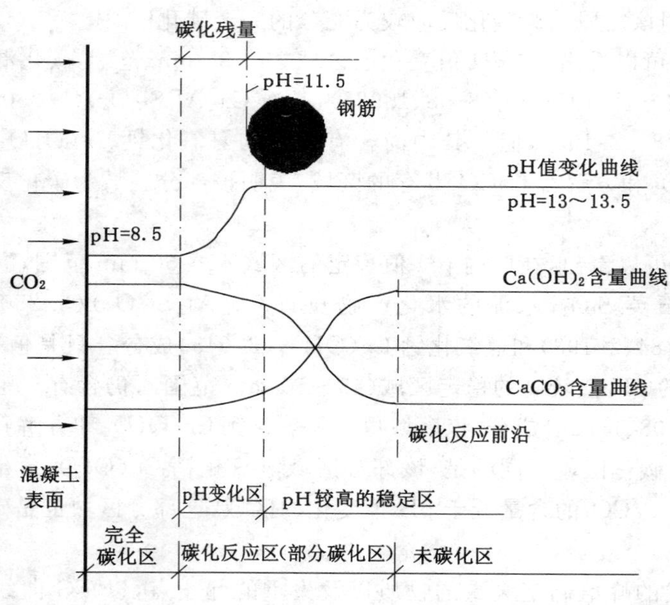

图 2-19 混凝土碳化深度 pH 值和碳化物质的变化规律模型

2.3.4 CO_2 气体在混凝土中物质传递的机理分析

由上述分析可知，混凝土碳化过程是伴随着化学反应的扩散过程，CO_2 气体由混凝土表面扩散到混凝土颗粒的表面和在混凝土颗粒表面上进行化学反应两个连续的过程组成。这两个过程都属于速率方程。CO_2 的传质速率 N_A 可表示为：

$$N_A = k_g a(C_s - C_i) \tag{2-25}$$

式中，k_g 为气膜传质系数；a 为混凝土颗粒比表面积（压汞法可测）；C_s为混凝土表面单位体积空气的 CO_2摩尔含量（mol/m³）。

混凝土碳化的化学反应速率 r_A表示为：

$$(-r_A) = kC_i \tag{2-26}$$

式中，C_i为混凝土毛细孔中单位体积空气的 CO_2摩尔含量（mol/m³）；k 为反应速率常数。

由于传质过程和化学反应过程是相继发生的串联过程，所以这两个过程的速率必定相等，即 $k_g a(C_s - C_i) = kC_i$，所以进一步可得：

$$\frac{C_i}{C_s} = \frac{1}{1 + \frac{k}{k_g a}} \tag{2-27}$$

在反应过程中由于 C_i总是小于 C_s，因此反应速率总是小于反应速率的极限值：

$$(-r)_{\lim} = kC_s \tag{2-28}$$

$(-r)_{\lim}$为极限反应速率，其物理意义为传质过程可以忽略不计时的反应速率。

同样，传质速率 $N_A = k_g a(C_s - C_i)$，在混凝土表面 C_s恒定的条件下，当 C_i趋近于 0 时传质速率趋近于它的极限值 $N_{\lim}$：

$$N_{\lim} = k_g a C_s \tag{2-29}$$

式中，$N_{\lim}$为极限传质速率。

当混凝土的孔隙水饱和度很大时，极限传质速率远远小于极限反应速率，即 $k_g a \ll k$ 时，混凝土部分碳化区可以忽略，由式(2-27)可得 $C_i \approx 0$。整个过程的速率趋近于极限传质速率，混凝土碳化过程速率完全由传质规律决定，称为传质速率控制。

当混凝土的孔隙水饱和度不是很大时，存在部分碳化区。在完全碳化区部分，极限传质速率远远大于极限反应速率（在实际结构中，完全碳化区中的极限反应速率为 0），即 $k_g a \gg k$，由式(2-27)可得 $C_i \approx C_s$。在部分碳化区的碳化反应前沿，极限传质速率远远小于极限反应速率，即 $k_g a \ll k$ 时，由公式可得 $C_i \approx 0$。

2.3.5　混凝土碳化发展各阶段的机理分析

当混凝土的孔隙水饱和度不是很大时，存在部分碳化区，这个部分碳化区是在混凝土碳化初期就开始形成的，随着碳化进程的发展才出现了完全碳化区、部分碳化区和未碳化区共存的局面，其中部分碳化区包括 pH 值变化区域和向内的 pH 值稳定区域两个部分。这样，根据部分碳化区、完全碳化区形成的先后顺序，混凝土碳化进程的发展可以分为从开始碳化到混凝土表面的 pH 值开始下降 ($0 \leqslant t \leqslant t_a$)、从混凝土表面的 pH 值开始下降到混凝土表面的碱性物质刚刚被耗尽($t_a \leqslant t \leqslant t_a + t_b$)、从混凝土表层的碱性物质刚刚被耗尽开始到任一时间 $t(t > t_a + t_b)$三个阶段。在这 3 个阶段，CO_2气体在混凝土中的一维扩散-反应速率模型可统一表示为：

$$\frac{\partial}{\partial x}\left(D_{CO_2}^{e} \frac{\partial C}{\partial x}\right) - KC = \frac{\partial C}{\partial t} \tag{2-30}$$

方程左边第一、第二项分别反映扩散和化学反应对 CO_2浓度的影响。式中，$D_{CO_2}^{e}$ 为 CO_2气体在混凝土中的扩散系数（m²/s）；K 为二氧化碳与溶解的氢氧化钙的反应速率系数[m³/(mol·s)]。

$$K = H \cdot R \cdot T \cdot K_2 \cdot [OH^-]_{eq} \tag{2-31}$$

式中，H 为 CO_2在水中溶解的 Henry 常数，温度 25 ℃时，H=34.2 mol/(m³·atm)；R 为气

体常数，$R=8.206\times10^{-4}\ m^3\cdot atm/(mol\cdot K)$；$T$ 为绝对温度(K)；K_2 为$[CO_2]$与$[OH^-]$的反应速率，温度为 25 ℃时，$K_2=8.3\ m^3/(mol\cdot s)$；$[OH^-]_{eq}$为单位体积混凝土中毛细孔水中的 OH^- 浓度(mol/m^3)。

ε_p可以通过下式计算：

$$\varepsilon_p=\varepsilon_c\times\left(1+\frac{\frac{a}{C}\cdot\frac{\rho_c}{\rho_a}}{1+\frac{W}{C}\cdot\frac{\rho_c}{\rho_w}}\right) \tag{2-32}$$

式中，ε_c为混凝土的孔隙率；W/C 为水灰比；a/C 为骨料水泥比；ρ_c、ρ_w、ρ_a分别为水泥、水和骨料的密度。

第一阶段：从开始碳化到混凝土表面的 pH 值开始下降 ($0\leqslant t\leqslant t_a$)。

在碳化初期，混凝土表层的碱性物质$[Ca(OH)_2]$因碳化反应而消耗，由于碳化消耗混凝土孔隙液中的 OH^- 时，沉积于孔壁的羟钙石会以溶解方式自动地补充，混凝土孔隙液中的 $Ca(OH)_2$始终处于饱和状态，使混凝土孔隙液 pH 值维持在 12.5 不变。随着混凝土碳化过程的进行，部分碳化区出现，并不断扩展，直到固态的 $Ca(OH)_2$ 被耗尽为止，混凝土的碳化过程的物质浓度和混凝土 pH 值变化如图 2-20(a)所示。此时混凝土的整个碳化深度全部为碳化反应区。假定这一阶段所用时间为 t_a，碳化反应的区间长度为 x_a。

第二阶段：从混凝土表面的 pH 值开始下降到混凝土表面的碱性物质刚刚被耗尽时间($t_a\leqslant t\leqslant t_a+t_b$)。

随着混凝土碳化过程的进行，混凝土表层的碱性物质$[Ca(OH)_2]$因碳化反应而进一步消耗，由于混凝土表层的固态 $Ca(OH)_2$已经耗尽，混凝土的 pH 值随之下降，随着混凝土碳化过程的进行，部分碳化区不断扩展，直至混凝土表层的 $Ca(OH)_2$ 全部被耗尽，此时部分碳化区达到最大长度，混凝土的碳化过程的物质浓度和混凝土 pH 值变化如图 2-20(b)所示。此时混凝土的整个碳化深度全部为碳化反应区，完全碳化区即将出现。假定这一阶段所用时间为 t_b，碳化反应的区间长度为 x_a+x_b。

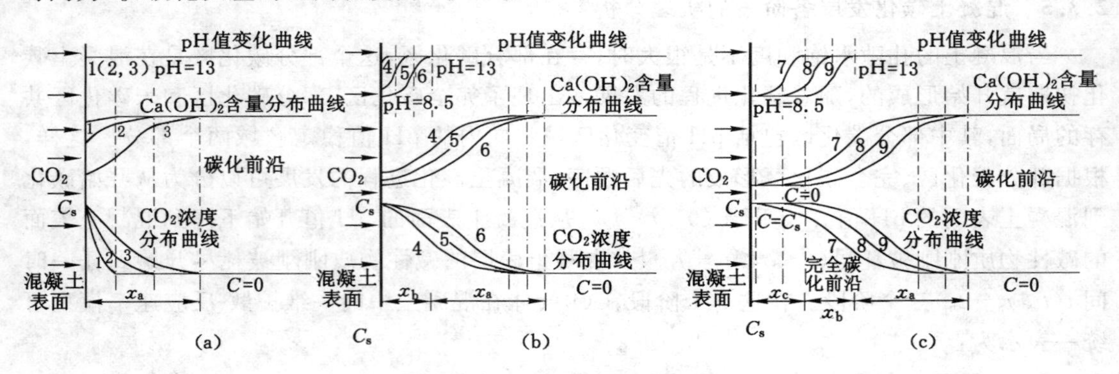

图 2-20 混凝土碳化进程的阶段划分

(a) 第一阶段；(b) 第二阶段；(c) 第三阶段

第三阶段：从混凝土表层的碱性物质刚刚被耗尽开始到任一时间 $t(t>t_a+t_b)$。

当混凝土表层的 $Ca(OH)_2$被耗尽，随着混凝土碳化过程的进行，混凝土表面出现了完全碳化区，对于任一时刻 $t(t>t_a+t_b)$，混凝土碳化区域由完全碳化区段和部分碳化区段两部分组成。混凝土的碳化发展过程如图 2-20(c)所示。假定这一阶段所用时间为 t_c，混凝土完全碳化区的长度为 x_a，pH 值变化区长度为 x_b，碳化反应的区间长度为 x_a+x_b。在环境条件不变的情况下，碳化反应区的长度 x_a+x_b 取决于完全碳化区前沿的 CO_2 浓度，如前所述，在完全碳化区范围内，CO_2 浓度保持不变，等于混凝土表面的 CO_2 浓度 C_s，所以可以认为在不变的环境条件下，当部分碳化区充分形成后其长度将保持不变，平行向前推进。

第3章 氯离子在混凝土中的传输

3.1 混凝土中氯离子的来源和存在形式

3.1.1 混凝土中氯离子的来源

一般来讲，混凝土中氯离子的来源主要有两种：混入和渗入。如图3-1所示。

过去由于在混凝土中经常采用含有氯盐的外加剂，以及在河砂和淡水资源相对缺乏的沿海地区，不经技术处理就直接使用海砂作为细骨料、使用海水拌和混凝土，这些都可能会使混凝土含有相当多的氯化物，在较短时间内发生混凝土耐久性问题。我国沿海地区，已经出现河砂缺乏的情况，不经技术处理就使用海砂的现象也时有发生。随着现代混凝土技术的不断进步和质量控制手段的有效加强，以外加剂及海砂等原材料方式掺入混凝土中的氯离子正受到越来越严格的限制，相比之下外渗氯离子已经成为由氯离子引起混凝土结构耐久性问题的主要途径。由于在大多数场合，氯离子引起的钢筋锈蚀问题是氯离子从外部环境侵入已硬化的混凝土造成的，故对氯离子侵入混凝土机理的研究通常着眼于此。

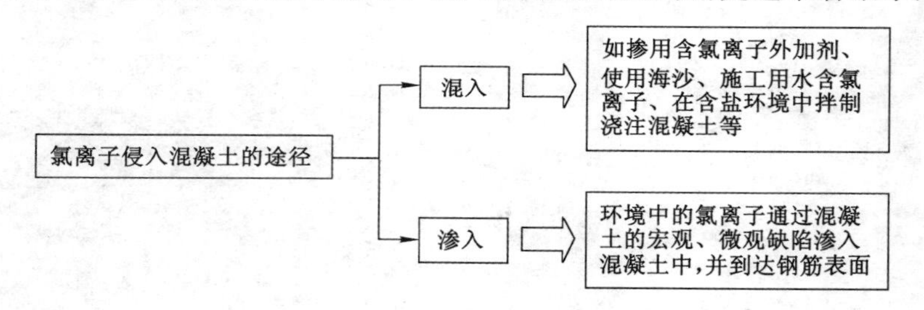

图3-1 氯离子侵入混凝土的途径

“渗入”是环境中的氯离子通过混凝土的宏观、微观缺陷渗入混凝土中，并到达钢筋表面。混凝土构件长期暴露在含氯离子的水或者大气中，外界的氯离子就会渗入混凝土中。氯离子渗入混凝土是一个复杂的综合问题，与混凝土材料多孔性、密实性、工程质量、混凝土保护层厚度等多种因素有关。在大多数场合，氯离子引起的钢筋锈蚀问题是氯离子从外界环境侵入已硬化的混凝土造成的。从外部侵入混凝土中的Cl^-与混凝土结构所处的环境有关，一般情况下，混凝土结构所处的氯盐环境主要有海洋环境、道路化冰盐环境和盐湖、盐碱地环境等。

(1) 海洋环境

海洋是氯盐的主要来源，我国有广阔的海域，海岸线很长，岛屿众多，而大规模的建设也都集中在沿海地区。在我国海工工程中，由于氯盐引起的钢筋锈蚀破坏现象十分突出，国外的经验教训也表明，海水、海风、海雾中的氯盐是造成钢筋混凝土结构不能耐久的主要原因之一，导致工程的过早破坏和大量修复，给社会带来巨大损失。

所谓海洋环境，是指从海洋大气到海底泥浆这一范围内的任一种物理状态，诸如温度、风速、日照、含氧量、盐度、pH 值以及流速等。海洋环境是混凝土结构所面临的最严酷的环境条件之一，在这种环境下服役的混凝土结构，其耐久性的降低及相关问题的出现，主要是由于海洋环境中的氯离子侵入混凝土导致钢筋锈蚀而引起的。

① 海洋环境的区域类型

海洋环境一般可分成性质不同的几种类型区域：海洋大气区、浪溅区、潮差区和海水浸泡区，如图 3-2 所示。从海洋大气区到海水浸泡区的不同海洋环境区域，各种环境因素会有很大变化，对混凝土结构的腐蚀作用也有所不同。

a. 海洋大气区。海洋大气区是指海面浪溅区以上的大气区和沿海大气区。在此区域中，空气湿度大，盐含量多。当接触混凝土表面以后，便在表面产生沉积。一旦吸水潮解，或有水分溅落时，此沉积的盐分将从表面沿孔隙向混凝土中渗透，并导致混凝土中钢筋的锈蚀，使混凝土结构破坏。

b. 浪溅区。浪溅区是指平均高潮位线以上海浪飞溅所能润湿的区段。在浪溅区，混凝土表面几乎连续不断地被冲刷而又不断更新地被海水所润湿。由于波浪和海水飞溅，海水与空气充分接触，海水含氧量达到最大程度。海水中的盐分不断地由表面向混凝土内部传输，加之海浪冲击造成的磨耗—腐蚀联合作用破坏，使该区域的混凝土腐蚀损伤程度相当严重。

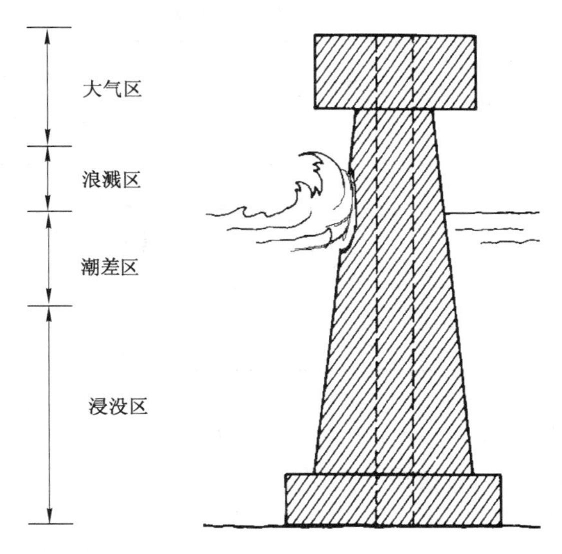

图 3-2　海水对混凝土结构作用的不同区段

c. 潮差区。潮差区一般是指平均高潮位和平均低潮位之间的区域。与浪溅区不同，潮差区氧气的扩散相对慢一些，混凝土表面的温度受海水温度影响很大，且磨耗作用相对较小。但盐分不断地由表面向混凝土内部传输，加之混凝土表面的干湿交替作用，使得该区域的混凝土腐蚀损伤程度也较为严重。

d. 浸泡区。浸泡区是指平均低潮位线以下直至海底的区域，根据海水深度的不同，又分为浅海区和深海区，一般所说的浅海区大多指深度在100～200 m以内的海水。在浅海区，表层海水的含氧量通常达到或接近饱和程度，且温度较高，因此仍应加强对该区域混凝土结构的防护；在深海区，一般由于含氧量较表层海水低得多，且温度较低，所以混凝土受到的侵蚀也相对较轻。

可以看出，在海洋环境中，海洋大气区、浪溅区和潮差区对混凝土结构具有较强的腐蚀作用，而浸泡区则由于含氧量的影响，腐蚀作用相对较弱。

② 海洋环境的侵蚀介质

a. 海水

处于海洋环境中的钢筋混凝土结构，如海港码头等海岸工程和跨海大桥等，受到海水的直接作用，在氯离子侵蚀、干湿作用、波浪冲击等的复杂作用下，钢筋锈蚀一般较陆地的钢筋混凝土结构严重。

海水是一种含有大量以氯化钠为主的盐类的近中性的电解质溶液，并溶有一定量的氧，盐度（指1 000 g海水中溶解的固体盐类物质的总克数）是海水的一项重要指标，海水的许多物理化学性质如密度、电阻率、氯度以及溶解氧等都与盐度有关。海水组成中，氯离子含量最高，氯度为1.9%，占离子总含量的55%，是造成混凝土结构中钢筋锈蚀的主要原因。

海水中Cl^-对混凝土结构的扩散渗透，除了结构的不同部位受海水的作用不同以外，还与海水中Cl^-的浓度有关。不同地区的海水组成，如表3-1所列。

表3-1　　不同地区的海水组成　　(mg/L)

海水中的离子	波罗的海	北海	大西洋	地中海	阿拉伯湾
K^+	180	400	330	420	450
Ca^{2+}	190	430	410	470	430
Mg^{2+}	600	1 330	1 500	1 780	1 640
SO_4^{2-}	1 250	2 780	2 540	3 060	2 720
Na^+	4 980	11 050	9 950	11 560	12 400
Cl^-	8 960	19 890	17 830	21 380	71 450
盐分的全部含量	16.2%	15.9%	32.6%	38.7%	38.9%

由表3-1可见，不同地区的海水，其中的Cl^-的含量差别很大，Cl^-浓度大的海水，向混凝土结构渗透扩散的能力强，会使混凝土结构中的钢筋锈蚀加速。

b. 海盐粒子的作用（海风、海雾的影响）

就海洋与滨海钢筋混凝土结构的耐久性而言，海风、海雾的影响也值得高度重视。大量实践表明，潮差、浪溅区以上暴露于大气中的钢筋混凝土结构，其内部钢筋的锈蚀也往往是严重的（如跨海大桥的上部结构、桥面板等），由于带盐的海风、海雾频繁地接触混凝土表面，混凝土表面的氯盐也会被“浓缩”。这些部位表面混凝土的Cl^-浓度，虽然不及浪溅区，但也可达到相当浓度（与离海水远近有关）。而这些部位氧气、水气供给充足，有利于钢筋锈蚀的发生与发展，因此也应该是防护的重点对象。一些跨海或滨海桥梁工程忽视了对这些部位的防护，结果造成结构物的过早破坏，国内外不乏其例。

海岸边或离海岸一定距离的混凝土结构或建筑物，海盐粒子进入大气中，然后附着于结构物表面，侵入混凝土内部。这种由空气带来的盐分，是随着每个季节而变化的。因为季节风作用的结果，每年的1、2、3月份飞来的Cl^-量最大，而且朝着海岸一侧比靠山一侧的Cl^-含量大得多。这里需要注意的是，海盐粒子的Cl^-含量和建筑物表面的Cl^-含量不同，建筑物表面的Cl^-含量存在累积的因素，海盐粒子的Cl^-含量较大的季节，建筑物表面的Cl^-含量的累积速率较快，所以建筑物表面的Cl^-含量随龄期的延长而增大，而海盐粒子的Cl^-含量则随季节呈周期性变化。

海盐粒子是发生在海面上海水气泡破裂时，进入到大气中的3～18 μm粒子；但是，在途中由于反复地蒸发与分裂，越是飞向内陆越远的粒子就越小；海盐粒子飞来量，靠近海岸处多，进入到内陆时逐渐减少。一般来说，粒径大的海盐粒子离海岸线数百米，而粒径小的海盐粒子离海岸线可达数公里。为了明确在海岸周边混凝土结构盐害的范围，必须掌握飞来盐的分布。一般混凝土中海水作用带来的盐分，因建筑物建筑场所和建筑物不同部位而异，离海岸距离与海洋地域、海岸状态、有无遮挡物和海风的强度等有关。

(2) 路化冰(雪)盐

由于氯盐能使溶液的冰点降低，当被撒到路面时，路面上的冰雪就会自动融化，所以为保证交通畅行，冬季向道路、桥梁、城市立交桥等撒除冰盐，以化雪和防冰。早期大量使用的是氯化钠，后来也使用了氯化钙、氯化镁等。氯盐渗透到混凝土中，引起钢筋锈蚀破坏，而桥梁道路却未采取应有的防护措施。不少国家为此吃了大亏，这是人为造成的氯盐环境的腐蚀破坏。

氯盐化冰(雪)性能好、价格便宜，从短期经济利益考虑，国内外很难一时完全取消使用氯盐化冰(雪)。在一定时期内，人们还将面临使用氯盐的局面，因此化冰(雪)盐的危害可能是潜在的和长期的。

(3) 盐湖、盐碱地

我国有一定数量的盐湖和大面积的盐碱地，如河北、山东、天津及青海等，大体可分为沿海和内陆两种类型。沿海地区的盐碱地大都以含氯盐为主，内陆盐碱地有的以含氯盐为主(如青海)，有的以含硫酸盐为主，多数情况是含混合盐。

在盐碱地上建造的建筑物及混凝土结构物，常常受到盐碱腐蚀。特别是这些盐碱地的地下水，常常含有浓度比较高的Cl^-。例如，东营黄河大桥所处位置处的地下水的Cl^-含量为57 300 mg/L，比青海湖湖区Cl^-含量24 110 mg/L高出一倍以上。在山东的东营、潍坊等地，有许多地下水为卤水，往往抽出这些卤水来晒盐。卤水或晒成的盐随风飘浮于建筑结构表面，造成混凝土结构或桥梁的腐蚀破坏。白浪河大桥因处于盐场旁边，受空气中盐分、卤水中的盐分及运输过程中撒出的盐分等作用，建成后不到10年就受到了严重腐蚀，只好部分拆除、改建和扩建。

地下水Cl^-含量比较高的地域，处于该地域结构的地下部分，应按离海岸线0 m的距离处考虑，属盐害地域；地面上的部分结构，按海上大气区考虑，相当于离海岸50～100 m的距离处考虑，也属盐害地区。

(4) 工业环境

工业环境十分复杂，就腐蚀介质而言，有酸、碱、盐等，并有液、气、固态等不同形式，其中以氯盐、氯气、氯化氢等为主的腐蚀环境不在少数。处在此类环境中的钢筋混凝土建筑物，其腐蚀破坏往往是迅速而又严重的。我国工业环境中的建筑物，其钢筋锈蚀破坏十分普遍与严重，有调查报告表明，大多数工业建筑达不到设计寿命的年限。

3.1.2 混凝土中氯离子的存在形式

氯离子在侵入混凝土后，其中一部分氯离子在混凝土孔隙溶液中仍保持自由，称为自由氯离子(处于游离状态，也称游离氯离子)，一部分与水泥凝胶体(主要是水化铝酸盐)反应生成 Friedel 盐(也称费氏盐)，还有一部分被水泥带正电的水化物所吸附(图 3-3 所示)。混凝土对 Cl^- 的化学结合与物理吸附的能力统称为混凝土对 Cl^- 的固化能力。所以氯离子在混凝土毛细孔内的存在状态分成两个部分：一部分是被固化的，包括与水泥水化物结合的，以及被混凝土毛细孔壁吸附的；另一部分是自由的。自由氯离子通过浓度梯度，进一步传输到混凝土内部，在输运过程中又不断被固化、被吸附，与水泥浆体的水化物相结合，形成新的水化物。被固化的氯离子不再溶解时是无害的，但是碳化或硫酸盐腐蚀使含氯盐的水化物(如 Friedel 盐)分解，氯离子再次游离出来，提高了游离的 Cl^- 浓度，加速了向混凝土内部的传输。

只有自由氯离子才会造成钢筋锈蚀，从而对混凝土结构造成破坏。而我们通常指的氯离子含量一般是这两种氯离子的总和，即总的氯离子含量。在氯盐外侵条件下，总氯离子和自由氯离子在混凝土中的浓度分布如图 3-4 所示。

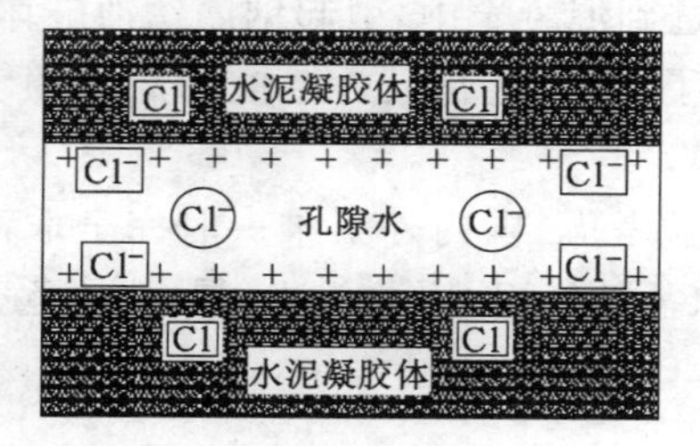

Cl⁻ 自由氯离子

Cl⁻ 被吸附的氯离子

Cl 水泥水化物中固化的氯离子

图 3-3 混凝土毛细孔隙中氯离子存在的状态

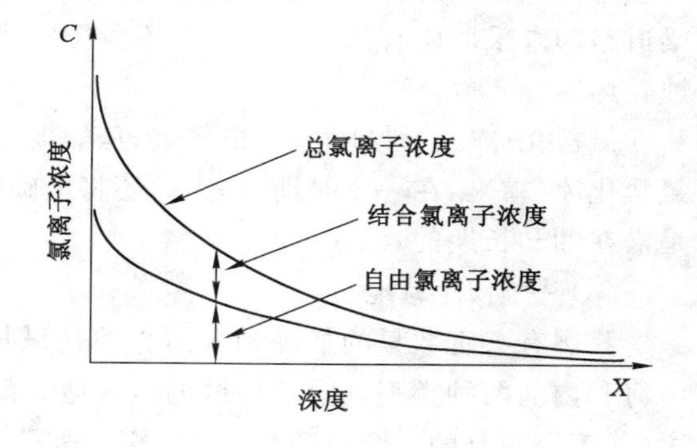

图 3-4 氯离子在混凝土中的浓度分布示意图

总的氯离子浓度与自由氯离子浓度和结合氯离子浓度的关系为：

$$C_t = C_f + C_b = C_f + (C_{bc} + C_{bp}) \tag{3-1}$$

式中，C_t为总的氯离子浓度；C_b为结合氯离子的浓度；C_f为自由氯离子的浓度；C_{bc}为化学结合氯离子浓度；C_{bp}为物理吸附氯离子浓度。

氯离子的这些状态也不是一成不变的，而是可以相互转化的，如 Friedel 盐只有在强碱性环境下才能生成和保持稳定，而当混凝土的碱度降低时，Friedel 盐会发生分解，重新释放出 Cl^-，参与对钢筋的锈蚀。

(1) 结合的氯离子

从混凝土表面通过扩散渗透进入混凝土以后，有一部分与水泥水化物反应生成 Friedel 盐，还有一部分被水泥水化产物所吸附，剩余部分的氯离子为游离的，可以进一步向混凝土内部传输，在混凝土中被固化的氯离子与水泥熟料中的水化物有关。

水泥熟料中 C_3A 和 C_4AF 的水化产物水化铝酸钙和水化铁酸钙，能够与氯盐溶液发生反应生成 Friedel 盐，反应过程如式(3-2)～式(3-3)所示，这叫作氯离子的化学结合，它是通过化学键结合在一起，相对稳定，不易破坏掉。

$$3CaO \cdot Al_2O_3 \cdot 10H_2O + Ca^{2+} + 2Cl^- \longrightarrow 3CaO \cdot Al_2O_3 \cdot CaCl_2 \cdot 10H_2O \tag{3-2}$$

$$3CaO \cdot Fe_2O_3 \cdot 10H_2O + Ca^{2+} + 2Cl^- \longrightarrow 3CaO \cdot Fe_2O_3 \cdot CaCl_2 \cdot 10H_2O \tag{3-3}$$

另一种是氯离子被吸附到水泥胶凝材料的水化产物中去，这叫作氯离子的物理吸附。物理吸附一般被水泥带正电的水化物所吸附，这在很大程度上取决于水泥熟料与水反应生成具有巨大比表面积的凝胶体，为无定形态的硅酸钙水化物，但物理吸附的结合力相对较弱，容易遭受破坏而使被吸附的氯离子转化为游离氯离子。

(2) 游离的氯离子

游离的氯离子，或自由的氯离子，是指混凝土孔隙液中能通过浓度梯度、压力梯度或湿度梯度向混凝土内部传输的氯离子。

在混凝土某个断面上的游离氯离子并不是一个固定值，而是与混凝土所处的环境条件有关，如温湿度变化、碳化作用、硫酸盐侵蚀、冻融循环作用等外界作用；当被固化的氯盐化合物分解时，游离的 Cl^- 浓度会增加，进一步加速向混凝土内部传输。

氯离子以游离的形式存在于混凝土的孔隙液里，故也叫有效氯离子，只有这部分以游离态存在的氯离子达到一定的浓度时才会对钢筋造成锈蚀。但是，由于固化的氯离子在一定的条件下可以被释放出来转化成游离态氯离子，所以在结构设计时，为了保证结构的耐久性与安全性，在钢筋表面的浓度不仅要考虑有效氯离子，而且应考虑到被固化的氯离子，也就是考虑总氯离子的含量。同时混凝土对氯离子的固化作用，延缓了氯离子向混凝土内的传输速度，提高了混凝土抵抗氯盐侵蚀的能力，在建立氯离子在混凝土中的传输速率模型时，应考虑混凝土对氯离子固化作用的有利影响。

3.2 氯离子在混凝土中的传输机制

氯离子在混凝土中的传输涉及传统的力学方法和理论，有多种机制，这些传输机制主要包括下列几种方式：浓度梯度下的扩散、压力梯度下的渗透、湿度梯度下的非饱和渗流、毛细负压梯度下的毛细吸入以及电位梯度下的离子迁移，与此相应的传输性能分别称为扩散性能、渗透性能、非饱和渗流性能、毛细吸收性能以及离子迁移性能。当存在压力差时，气体或液体的迁移可按流体动力学规律进行；存在浓度差时液体或溶解于液体中的物质在扩散作用下发生迁移；存在电位差时物质也可能发生与电渗和电析有关的电动现象。

3.2.1 浓度梯度作用下的扩散过程

在混凝土孔隙为孔隙液所饱和，孔隙水没有发生整体迁移，并且假定混凝土为化学惰性的条件下，氯离子依靠混凝土内外浓度梯度向内部迁移的过程可以认为是纯粹的扩散过程，如图 3-5 所示。

如果考虑只是一个方向溶质浓度变化体系(一元扩散)，即假设物质只在 x 方向进行扩散(如图 3-6 所示)，也就是说化学物质的浓度在 y 和 z 方向上不变，只在 x 方向上有所变

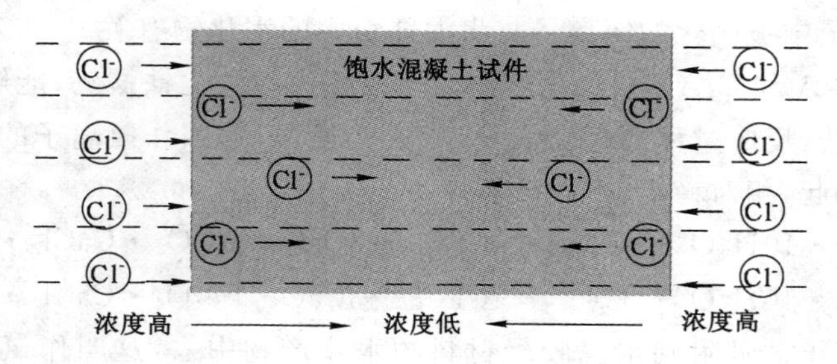

图 3-5　扩散现象示意图

化。图 3-6 中阴影所表示的截面即为等浓度面，在 x_i 和 x_j 处的浓度分别为 C_i 和 C_j，且 $C_i > C_j$，考虑流动方向是垂直的，断面的面积为 S；把断面上在单位时间、单位面积通过的溶质质量设为 J_d，那么在 Δt 时间里通过断面积 S 的溶质质量为 $J_d S\Delta t$。此外，这个量与浓度梯度 $(C_i - C_j)/d$、断面积 S 和时间 Δt 是成比例的关系，如式(3-4)所示。

$$J_d S\Delta t = -D\frac{C_d - C_0}{d}S\Delta t \tag{3-4}$$

将式(3-4)整理后得：

$$J_d = -D\frac{C_d - C_0}{d} \tag{3-5}$$

当距离 d 十分小时得：

$$J_d = -D\frac{\mathrm{d}C}{\mathrm{d}x} \tag{3-6}$$

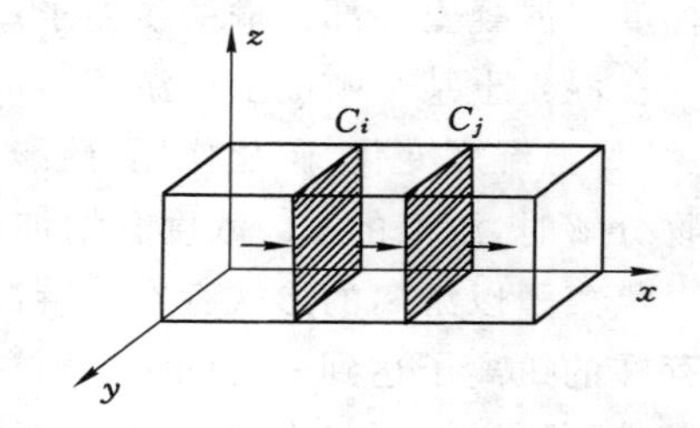

图 3-6　溶液中化学物质的等浓度面

式(3-6)即为描述扩散现象的 Fick 第一定律。氯离子依靠混凝土内外浓度梯度向内部迁移的过程是纯粹的扩散过程。根据扩散通量 J_d 是否为一恒定值，扩散过程可以分为稳态扩散过程和非稳态扩散过程。一般来讲，氯离子的扩散通量 J_d 是一个随时间和空间变化的函数，故其对应的氯离子在混凝土中的扩散过程为非稳态扩散。

J_d 可定义为

$$J_d = CV = C\frac{\mathrm{d}x}{\mathrm{d}t} \tag{3-7}$$

代入式(3-6)得：

$$C\frac{\mathrm{d}x}{\mathrm{d}t} = -D\frac{\mathrm{d}C}{\mathrm{d}x} \tag{3-8}$$

两边对 x 微分得到：

$$\frac{\partial C}{\partial t} = \frac{\partial}{\partial x}\left(D\frac{\partial C}{\partial x}\right) \tag{3-9}$$

若假定 D 为常数，则式(3-9)可简化为：

$$\frac{\partial C}{\partial t} = D\frac{\partial^2 C}{\partial x^2} \tag{3-10}$$

式(3-10)称为 Fick 第二定律。

当边界条件为：$C(x=0, 0<t<\infty) = C_s$，$C(0<x<\infty, t=0) = C_0$。式(3-10)有简单数学解：

$$C(x,t)=C_s\left[1-\mathrm{erf}\left(\frac{x}{2\sqrt{Dt}}\right)\right] \tag{3-11}$$

式中，t 为暴露时间(s)；x 为混凝土内部深度(cm)；$C(x,t)$ 为 t 时刻 x 深度处的氯离子浓度(氯离子占胶凝材料或混凝土的质量百分比)；C_0 为混凝土内部氯离子的初始浓度(氯离子占胶凝材料或混凝土的质量百分比)；C_s 为混凝土表面氯离子浓度(氯离子占胶凝材料或混凝土的质量百分比)；D 为氯离子在混凝土中的扩散系数(m^2/s)；erf( )为误差函数。

由于 Fick 第二定律可以方便地将氯离子的扩散浓度、扩散系数与扩散时间联系起来，拟合结构的实测结果，现在的很多氯离子传输模型都是以 Fick 第二扩散定律为基础建立的，并且简单地假定扩散系数是常值。扩散到混凝土中的氯离子可以绘制成浓度变化率曲线。

在氯离子的扩散模型研究上，Collepardi 等最先运用 Fick 第二扩散定律描述了饱水条件下混凝土的 Cl^- 扩散行为，随后国内外学者对于饱水混凝土使用寿命预测模型进行了大量的研究。这些研究主要集中于应用 Fick 扩散定律来预测饱和混凝土由于氯离子扩散使钢筋锈蚀开始发生后的使用寿命，即暴露于氯离子环境中的混凝土内钢筋表面氯离子浓度达到临界氯离子浓度所需的时间。

有研究质疑仅利用氯离子侵蚀的简单扩散模型进行预测的准确性。总结目前的研究成果，其质疑包括以下几点：

(1) 距混凝土表面的深度不同扩散速率随之变化

就概念本身而言，氯离子扩散系数 D 是混凝土本征参数，应该只与混凝土孔结构及其组成有关，不应该随空间及氯离子浓度的变化而变化，所以这一质疑是不成立的。

(2) 混凝土的氯离子扩散系数 D 随时间变化不是常数

氯离子扩散系数 D 的时间依赖性取决于混凝土孔结构及其组成的变化，目前的研究认为由于水泥的早期水化，混凝土孔结构及其组成不断变化，从而造成氯离子扩散系数 D 的不断降低。Thomas 等提出了氯离子扩散系数的时间依赖性表达式：$D_t=D_0(t_0/t)^m$。但本书认为，由于混凝土内的氯离子传输是个长期缓慢的过程(伴随结构使用寿命的全过程)，而混凝土的充分水化可以在相对短的时间内完成(一般 1 年后可认为水泥的水化充分完成)，目前提出的氯离子扩散系数的时间依赖性结论都是在短期的试验条件下获得的，从结构使用寿命预测角度来讲，氯离子扩散系数 D 的时变性是可以忽略的。

(3) 胶凝材料对氯离子的凝结固化作用

Crank 1975 年就提出了扩散过程的化学反应问题，对于各向同性介质有可逆反应过程的一维扩散可用下式改进的偏微分方程描述：

$$\frac{\partial C_{f,v}}{\partial t}=\frac{\partial}{\partial x}\left(D\frac{\partial C_f}{\partial x}-\frac{\partial C_{b,v}}{\partial t}\right) \tag{3-12}$$

式中，$C_{b,v}$ 为单位体积混凝土氯离子结合量；$C_{f,v}$ 为单位体积混凝土游离氯离子的量；C_f 为单位体积孔溶液中游离氯离子量。

Massal，Nilsson 及 Ollivier 在 1992 年成功地将式(3-12)用于氯离子在混凝土中扩散过程的结合问题，得到下式：

$$\frac{\partial C_f}{\partial t}=\frac{\partial}{\partial x}\left(\frac{D^e_{Cl^-}}{1+\dfrac{\partial C_b}{\partial C_f}}\right)\frac{\partial C_f}{\partial x} \tag{3-13}$$

式中，$D_{Cl^-}^e$为氯离子有效扩散系数；$\frac{\partial C_b}{\partial C_f}$为混凝土中氯离子结合能力。

当考虑氯离子在扩散过程中与混凝土的结合为不可逆一级化学反应时（反应常数 k），对于各向同性介质一维扩散的偏微分方程可用下式表达：

$$\frac{\partial C_{f,v}}{\partial t} = D\frac{\partial^2 C_f}{\partial x^2} - kC_f \tag{3-14}$$

在恒定表面浓度、扩散系数不变、初始氯离子浓度为零以及扩散发生在半无限多孔介质中条件下，Danckwert 得到了该偏微分方程的解析解：

$$\frac{C_{f,v}}{C_{s,v}} = \frac{1}{2}e^{-x\sqrt{\frac{k}{D}}} \cdot \mathrm{erfc}\left(\frac{x}{\sqrt{4Dt}} - \sqrt{kt}\right) + \frac{1}{2}e^{-x\sqrt{\frac{k}{D}}} \cdot \mathrm{erfc}\left(\frac{x}{\sqrt{4Dt}} + \sqrt{kt}\right) \tag{3-15}$$

式中，$C_{s,v}$为单位体积混凝土中氯离子总量。

从以上的分析可以看出，用考虑胶凝材料对氯离子的凝结固化作用的修正的 Fick 扩散定律描述饱水条件下混凝土的 Cl^- 扩散行为在理论上已经较为完善。但是值得注意的是，这些模型都是在饱水条件下获得的，氯离子在混凝土中扩散的驱动力是浓度梯度，纯扩散的前提是孔隙水没有发生整体迁移，换句话说，氯离子在混凝土中随水流动是无法通过修正的 Fick 扩散定律体现的。所以不论混凝土是否饱水，只有混凝土表面与内部湿度分布均匀，不存在湿度梯度，氯离子才仅依靠混凝土内外浓度梯度向内部迁移。

3.2.2 压力梯度作用下的渗透过程

混凝土中存在不同尺度的孔隙，当孔隙网络在混凝土中形成连通的通道时流体即可通过，流体在压力梯度作用下流经饱和多孔介质的性能或能力称渗透性，用渗透系数表示。为简化起见，假定混凝土多孔介质各向同性，饱和多孔介质毛细管流动服从 Darcy 定律（图 3-7）：

$$\frac{\partial Q}{\partial t} = K\frac{h_c}{L}A \tag{3-16}$$

式中，$\frac{\partial Q}{\partial t}$为流体（水）流速（$m^3/s$）；$h_c = h_1 - h_2$，为通过试样的压力水头（m）；$A$ 为试样截面积（m^2）；L 为试样厚度（m）；K 为水力渗透系数（m/s）。

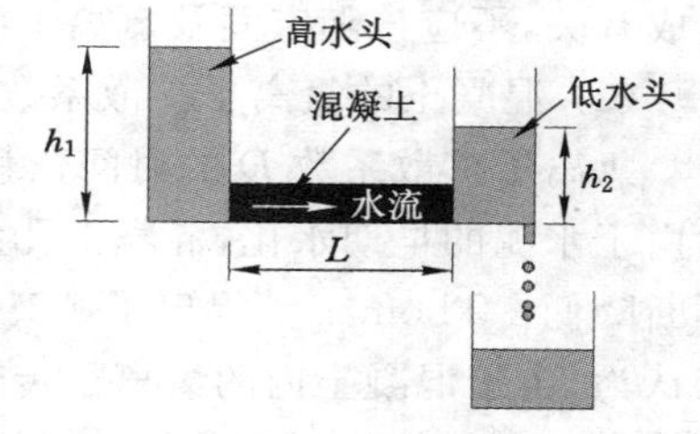

图 3-7 Darcy 定律原理示意图

发生渗透作用的条件是混凝土的表面与内部存在压力梯度，如图 3-8 所示的水坝两侧

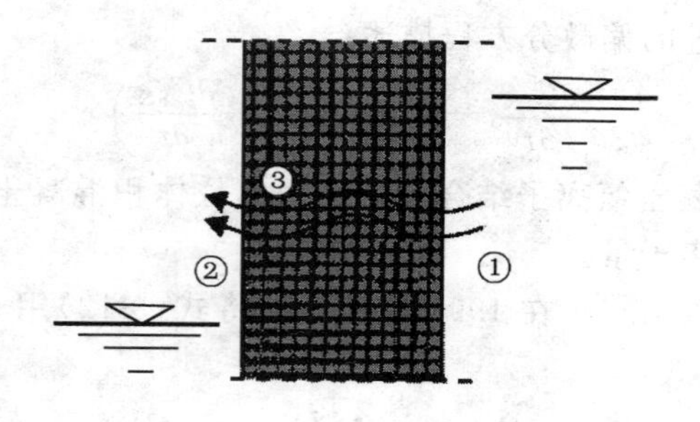

图 3-8 静水压力梯度引起的渗流

1——静水压力梯度引起的渗流；2——空气蒸发；3——盐分结晶析出

存在水头差，水连同内部的侵蚀介质在静水压力梯度的作用下，向混凝土内部传输的机理就是渗透作用。值得注意的是，在海工工程的水下区虽然混凝土中存在静水压力，且随着深度的增加而增大，但是在同一深度处混凝土的表面和内部并不存在压力梯度，且混凝土为饱水，混凝土内部不会发生液态水的流动，所以水下区氯离子的传输机理仍然是扩散作用(如图 3-9 所示)。

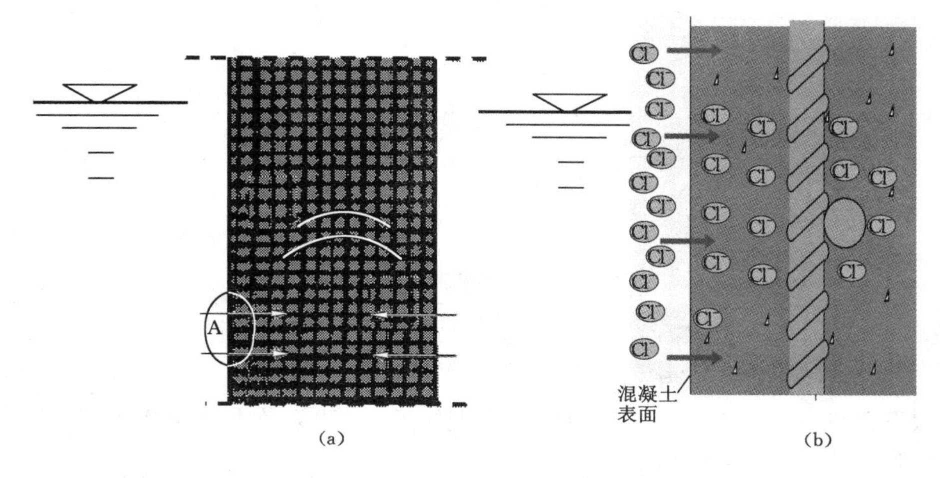

图 3-9　海工工程水下区氯离子的传输机理

(a) 海工工程水下区；(b) A 区域的放大

3.2.3　毛细吸收过程

为了便于对毛细吸收过程的研究，人们将多孔介质的孔隙假想为一束束均一的毛细管。其内的水分运移被看作是水分在均一的或孔径不等的毛细管中运动。实践证明，这两种现象是极其相似的。见图 3-10 和图 3-11。

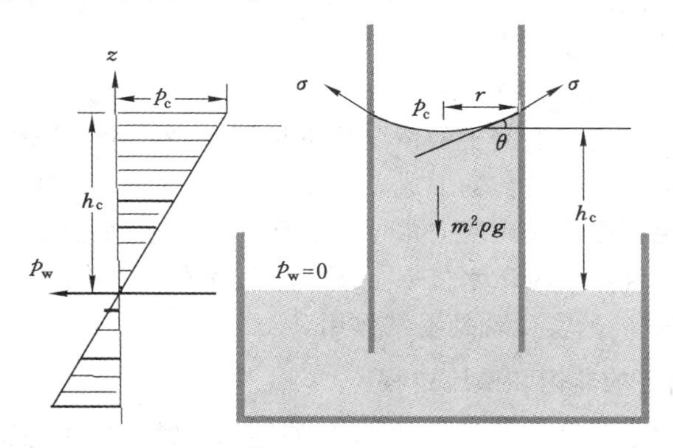

图 3-10　毛细管现象

液体分子运移时，从液体附面层(即吸附层)内移至液层，外表面要克服液层内部引力而做功，从而使液层外表面液体的势能增加。这种使液层外表面面积保持最小的自由能，就是表面张力 σ。液滴在没有外力作用下，表面张力使其变成球形。表面张力的存在，形成了毛细管内的毛细压强 p_c：

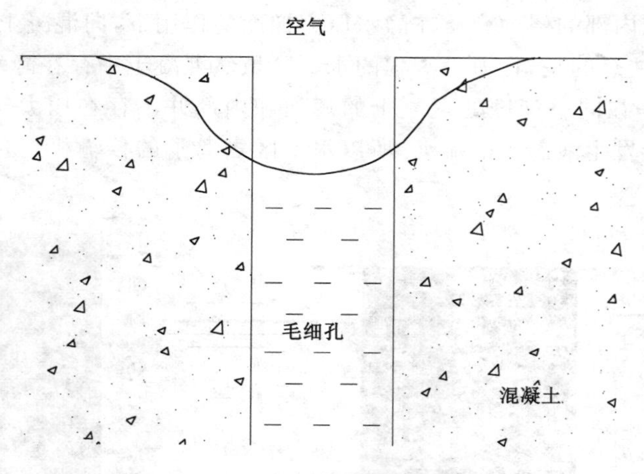

图 3-11　实际混凝土的微观现象

$$p_c = p_a - p_w \tag{3-17}$$

式中，p_c为毛细管的压强；p_w为水的压强。

如假设孔隙中空气是在 101 325 Pa（一个大气压）下，并取大气压强作为测量流体压强的基准，则大气压 $p_a=0$，于是：

$$p_c = -p_w \tag{3-18}$$

从上式看出，在非饱和孔隙中水处于负压状态，为了达到毛细管道内液面两侧压力的平衡而发生液体整体流动，这种现象称为毛细作用。毛细压力常用毛细管水头 h_c 表示。图3-10所示的毛细管水柱上作用力的分析，可以得到：

$$h_c \cdot \rho \cdot g \cdot \pi \cdot r^2 = 2\pi \cdot r \cdot \sigma \cdot \cos\theta \tag{3-19}$$

$$h_c \cdot \rho \cdot g = 2\sigma \cdot \cos\theta / r \tag{3-20}$$

式中，σ 为表面张力；ρ 为水的密度（$\equiv \rho_w$）；r 为毛细孔的孔径；θ 为液面与管壁的接触角；h_c 为毛细管上升高度或称毛细压力水头。

在浸满水的混凝土体系中，θ 为 90°，则 $h_c=0$。

部分浸泡于海水中的钢筋混凝土的情况分析见图 3-12。水位线以下的混凝土饱水，而上部区域相对干燥。液体向上的传输形成了湿度梯度，在水位线以上的部位发生水分蒸发。这不仅导致氯离子在毛细吸收作用下向水位线上部区域传输，而且氯离子在蒸发区积聚，甚至累积到饱和的状态。混凝土桥墩水位以上区域中发生的这种氯离子积聚现象被称为“灯草芯”效应，“灯草芯”效应的实质就是毛细作用。

3.2.4　湿度梯度作用下的非饱和渗流过程

混凝土在非饱水状态下且有外界水时，在与外界水接触的瞬间，混凝土的表层靠毛细作用吸收水分，随后在湿度梯度的作用下，以非饱和渗流方式向混凝土内部传输。混凝土中氯离子在湿度梯度作用下的非饱和渗流过程可以用扩展的 Darcy 定律来描述。

由非饱和流体理论，扩展的 Darcy 方程表达为：

$$q = -K(\theta)F_c(\theta) \tag{3-21}$$

式中，q 为在给定方向上单位面积上水的渗流速率；K 为水力传导率；F_c为毛细力。K 与 F_c 均取决于混凝土体积含水率 θ。另外，毛细作用力 F_c等于毛细势能（浸润）ψ：

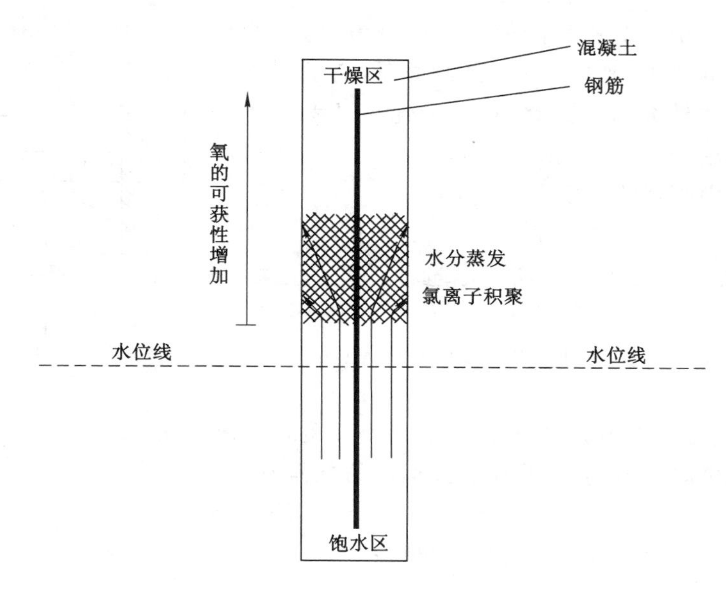

图 3-12　部分浸泡于海水中的钢筋混凝土氯离子"灯草芯"效应

$$F_c = -\Delta\psi(\theta) \tag{3-22}$$

在一维情况以及各向同性条件下，传导率 $K(\theta)$ 可通过非饱和流体理论的扩展 Darcy 方程得到：

$$q = -K(\theta)\frac{\mathrm{d}\psi}{\mathrm{d}x} \tag{3-23}$$

上式通常写为：

$$q = -D(\theta)\frac{\mathrm{d}\theta}{\mathrm{d}x} \tag{3-24}$$

式中，$D(\theta)=K(\theta)\mathrm{d}\psi/\mathrm{d}\theta$ 为水的水力渗透系数($\mathrm{m^2/s}$)，是混凝土中水含量 θ 的函数。这样可把非饱和流体方程表达为水分吸附方程。

把这种非饱和混凝土的一维毛细流动理论应用于溶液，则混凝土中溶液的渗流速率可以通过同样的方式表达：

$$q_s = -D(\theta_s)\frac{\mathrm{d}\theta_s}{\mathrm{d}x} \tag{3-25}$$

式中，q_s 为溶液在混凝土中的渗流速率；θ_s 为混凝土中溶液的体积含量；$D(\theta_s)$ 为溶液的水力渗透系数。

这样，在混凝土中任一点的氯离子由于湿度梯度引起的渗流速率 q_{cd} 可以表示为：

$$q_{cd} = C_s q_s = -C_s D(\theta_s)\frac{\mathrm{d}\theta_s}{\mathrm{d}x} \tag{3-26}$$

3.2.5　电迁移过程

混凝土孔隙液中的离子在电场加速条件下定向迁移的过程被称为电迁移。氯离子在混凝土中的电迁移也是氯离子输运的组成部分，其应用主要集中在以下方面：一是用快速电迁移法测定氯离子扩散系数；二是移除既有混凝土结构中的有害介质；三是实验室加速混凝土构件锈蚀等。

在电解质溶液中电荷迁移的最简单理论为：把离子看成是刚性的带电球体，把溶剂作为连续介质，离子在电场力的作用下在连续介质中迁移，在离子迁移过程中受到黏滞阻力的作用，如图 3-13 所示。

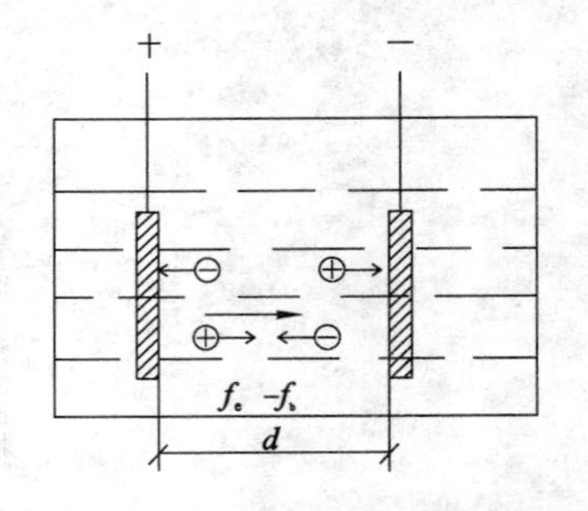

图 3-13　离子在连续介质内迁移

离子在电场中受到的电场力 f_e为：

$$f_e = z_i eE \tag{3-27}$$

式中，z_i为离子电价；e 为电子或离子电量(C)；E 为电场强度(N/C)。

离子在连续介质中所受到的黏滞阻力 f_b为：

$$f_b = K_i v_i \tag{3-28}$$

式中，K_i为离子的黏滞性系数(N・s/m)；v_i为离子的迁移速度(m/s)。

由式(3-27)和式(3-28)可得离子加速运动的方程为：

$$m_i a_i = f_e - f_b = z_i eE - K_i v_i \tag{3-29}$$

式中，a_i为离子加速度，$a_i = \mathrm{d}v_i/\mathrm{d}t$。由此可得：

$$m_i \frac{\mathrm{d}v_i}{\mathrm{d}t} = z_i eE - K_i v_i \tag{3-30}$$

对上式积分得：

$$v_i = \frac{z_i eE}{K_i}[1 - \exp(-K_i t/m_i)] \tag{3-31}$$

在数值上，摩擦系数 K_i要远远大于离子质量 m_i，故在很短时间内离子运动速度 v_i即趋于稳定：

$$v_i = \frac{z_i eE}{K_i} \tag{3-32}$$

连续介质中，浓度为 C_i的离子发生电迁移所产生的离子流量 J_i可以表示为：

$$J_i = \frac{1}{K_i} z_i C_i FE \tag{3-33}$$

式中，F 为法拉第常数。

假设离子的流量与所受的力成正比，比例系数 $B = 1/K_i = D_i/RT$，R 为气体常数[8.31 J/(mol・K)]，T 为绝对温度(K)。上式可以化为：

$$J_i = \frac{z_i FED_i}{RT} C_i \tag{3-34}$$

式(3-34)是目前解答直流电场作用下，氯离子在电场力作用下在混凝土中输运问题的核心方程。

3.2.6　多机制作用下的氯离子输运过程

外界氯离子侵入混凝土是一个复杂的物理化学过程，分为几种不同的侵入方式，即渗透作用、毛细作用、电场力作用和自由氯离子的扩散作用。其混凝土中的氯离子传输机理及其特征参数见表 3-2。

实际结构受氯离子的侵蚀作用往往是这几种侵入方式的组合，同时还受到氯离子与混凝土组成材料间的化学和物理作用的影响。综合考虑这些因素，混凝土中氯离子传输速率模型可表示为：

表 3-2　　混凝土中氯离子传输机理及其特征参数

传输机理		驱动力	孔隙	传输系数	符号/单位
扩散	离子	浓度梯度 dC	饱水	扩散系数	D (cm^2/s)
毛细吸收（液体）		表面张力 σ	非饱水	水吸收系数 水渗透系数	$W_A[g/(m^2 \cdot s^{0.5})]$ $W_E(m/s^{0.5})$
渗透	水流	压力梯度 dp	饱水	达西系数	$K_D(m/s)$
非饱和渗流	水流	湿度梯度 dθ	非饱水	达西系数	$K_D(m/s)$
电迁移(液体)		电位梯度 dE	饱水	离子移动性 （离子传输量 b）	$u_i[cm^2/(V \cdot s)]$ (t_b)

$$\frac{\partial C}{\partial t}=\frac{\partial}{\partial x}\left[D_c\frac{\partial C}{\partial x}+C\cdot(v_p+v_c+v_0)+\frac{zFED_c}{RT}C\right]-KC \tag{3-35}$$

式中，D_c为自由氯离子在混凝土孔隙液中的扩散系数(m^2/s)；v_p为压力渗透引起的孔隙液流速(m/s)；v_c为毛细作用引起的孔隙液流速(m/s)；v_0为非饱和渗流引起的孔隙液流速(m/s)；K为氯离子的固化速率系数[$m^3/(mol \cdot s)$]。

氯离子的输运过程中，扩散、渗透、毛细吸附、电迁移等基础物理化学过程并不是单独和同时发生的。实际上在混凝土中发生的氯离子输运总是以上几种过程的若干组合。不同的环境作用可能对应不同的过程组合：海洋环境中的海工工程，水下浸泡区一直接触海水，主要是饱水混凝土里外由氯离子浓度差引起的离子扩散；潮差区主要受干湿交替作用影响，混凝土中主要发生氯离子的毛细吸收与扩散过程的组合；存在水压力梯度作用下，主要发生压力渗透与扩散的组合；在直流电场作用下，主要发生电迁移与扩散过程的组合。

3.3　不同环境混凝土中氯离子传输机理

3.3.1　海洋环境

(1) 水下浸泡区

水下区混凝土处于饱水状态没有湿度梯度，氯离子在浓度梯度驱使下从混凝土表层向内部迁移，所以水下区其传输机制主要是饱水混凝土里外氯离子浓差引起的扩散。其传输速率基本符合Fick第二定律。随着侵蚀时间的延长，混凝土中氯离子浓度分布沿曲线1、2、3、4变化(如图3-14所示)。

(2) 潮差区

根据氯离子传输机理，只要存在氯离子浓度梯度，就存在扩散的驱动力，湿度越大，扩散

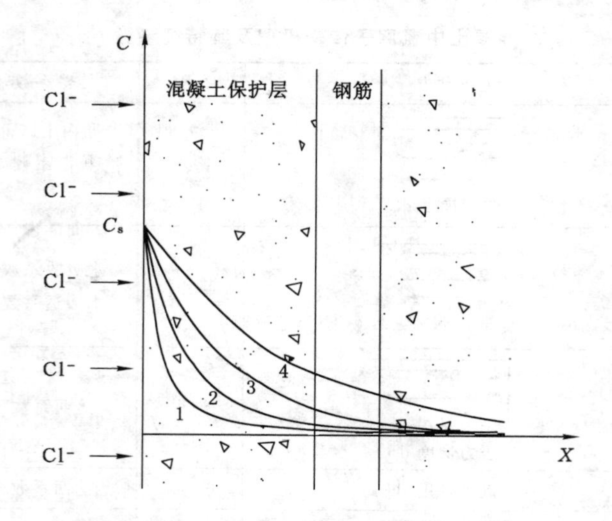

图 3-14　海洋环境水下浸泡区混凝土中氯离子浓度分布

越快，浸泡区混凝土为饱水，潮差区的混凝土湿含量必然低于浸泡区，从扩散机理分析，潮差区氯离子的传输速率应该小于浸泡区。但实际上同一龄期潮差区混凝土中任一深度处的自由氯离子含量均明显高于对应深度处浸泡区的氯离子含量，这说明潮差区氯离子的传输和浸泡区不同，不是扩散机理。潮差区表层 25 mm 以内在干湿循环过程中湿含量变化较大，故该区域氯离子传输机制主要是以毛细吸收和渗流为主，超过 25 mm 后，湿含量基本相同，说明在干湿循环过程中，水分基本无迁移，在该区域氯离子传输机制则是以扩散为主。另外，随着高程的增加，干湿时间比增大，湿分布影响深度对应增大，氯离子侵入速度加快。

目前的研究普遍认为在混凝土的表层存在对流区（5～20 mm），对流区为毛细吸收作用，向内为扩散作用，有文献认为，对流区很小，和混凝土保护层相比可忽略。但需要说明的是，尽管对流区很短，但是对流区后面还存在一个较大范围的渗流区，在该区域，干湿循环条件下，混凝土湿含量波动比较大，故氯离子的传输机制以非饱和渗流为主。随着深度的增加，混凝土湿含量分布趋于均匀，基本无明显梯度，氯离子的传输机制才是以扩散为主。

任一高度处，混凝土表面的氯离子含量都随时间的延长缓慢增长，这说明潮差区混凝土表面的氯离子存在明显的累积现象。如图 3-15 所示，随着侵蚀时间的延长，任一高度处混凝土中浓氯离子浓度分布沿曲线 1、2、3、4 变化。

(3) 浪溅区

浪溅区混凝土柱横断面自由氯离子浓度分布如图 3-16 所示。该区域氯离子传输机制和潮差区相同，但不同的是该区域氯离子的传输速率比潮差区更快。其主要原因为：① 浪溅区混凝土干湿时间比更大，干湿循环所形成的湿分布影响范围更大。② 氯离子在表面的累积程度更大，表面有结晶现象。

(4) 大气区

大气区混凝土柱横断面自由氯离子浓度分布如图 3-17 所示。由图中可以看出，随着时间的延长，混凝土中的氯离子含量由表向内逐渐降低。和其他区域相比，大气区氯离子的传输速率远低于浸泡区、潮差区和浪溅区。这是因为大气区氯离子来源主要为海边形成的盐雾，含盐粒子进入大气中，然后附着于结构物表面，侵入到混凝土内部。这种由空气带来的

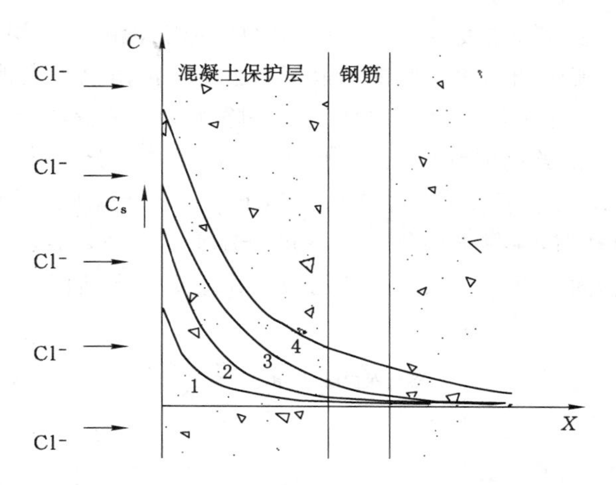

图 3-15 海洋环境潮差区混凝土中氯离子浓度分布

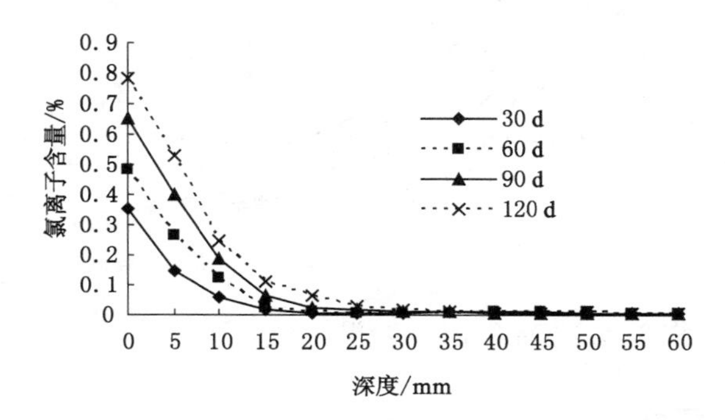

图 3-16 浪溅区混凝土横断面氯离子浓度分布

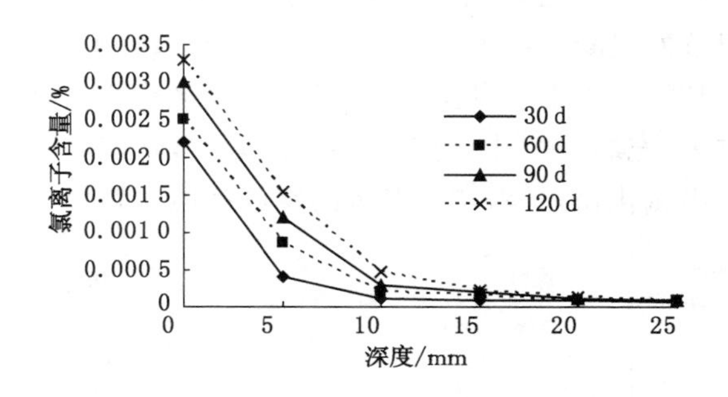

图 3-17 大气区混凝土横断面氯离子浓度分布

盐分,受到外界环境的影响,包括环境温度、湿度、风速以及距离盐雾发源地的距离等,和浸泡区、潮差区和浪溅区混凝土直接与海水接触相比,氯离子在表面累积速率要慢得多,所以大气区氯离子在表面的累积将是一个长期缓慢的过程。有文献将表面氯离子浓度取为常数,尚缺乏理论依据。

大气区混凝土表层没有明显的湿度梯度,但有浓度梯度,所以大气区氯离子传输机制是以扩散为主,但是和浸泡区相比其扩散速率要小得多。这是因为氯离子扩散系数是混凝土湿含量的函数,湿含量越大,扩散越快,而大气区湿含量明显小于浸泡区,故其扩散速率也要比其小。

3.3.2 道路化冰盐环境

冬天为了防止路面结冰会向路面撒除冰盐。当对桥梁结构第一次撒盐除冰时,所撒的氯盐将被溶化的冰雪融解形成盐溶液,由于此时结构的内部相对干燥,氯化物被带进混凝土中的主要机理也是混凝土毛细管孔隙的吸收,随后盐溶液因水分的蒸发而干燥、浓缩、结晶。

随着季节的变换，结构表面经常受到不含氯盐雨水的冲刷，混凝土表层的氯盐含量因随雨水流失而下降，未随雨水流失的稍深一些的结晶氯盐被雨水溶解又形成盐溶液，在干湿交替作用下，靠毛细管吸收作用不断深入结构内部。道路除冰盐环境混凝土中浓氯离子浓度分布如图 3-18 所示，随着侵蚀龄期的延长，混凝土中浓氯离子浓度分布沿曲线 1(1)、2(1)、3(1)、4(1)、5(1)变化，括号内的数字表示撒盐次数。当下一个冬天来临，混凝土表层的氯盐含量因再一次撒盐补充而升高，混凝土中氯离子浓度分布变为 1(2)曲线。如此年复一年，在干湿交替作用下，氯化物因混凝土毛细管孔隙的吸收作用更深入地侵入混凝土中。

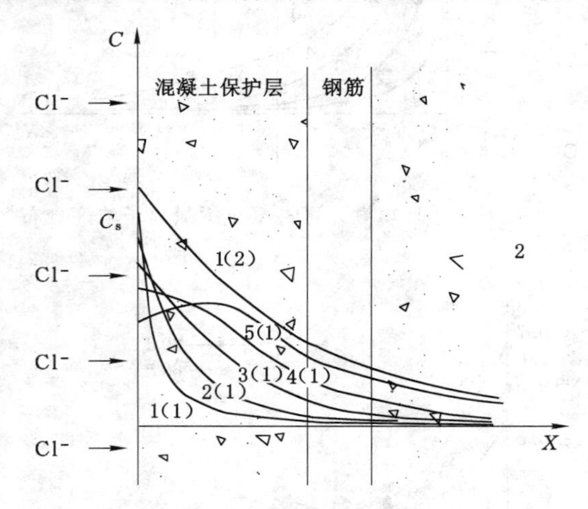

图 3-18　道路除冰盐环境混凝土中氯离子浓度分布

3.3.3　盐湖和盐碱地环境

在干热环境中，半浸于盐湖水中的钢筋混凝土氯离子浓度分布的分析见图 3-19。水位线以下的混凝土饱水，上部区域相对干燥，且水面上混凝土表面的水分不断向空气中蒸发，由于从混凝土中蒸发掉的只是纯水，盐水遗留在混凝土孔隙中，然后地下盐碱水又被混凝土吸进去，充满毛细孔，发生“灯草芯”效应，致使混凝土桥墩水位以上区域的这段混凝土表层孔隙中氯化物浓缩，产生严重的钢筋锈蚀破坏。

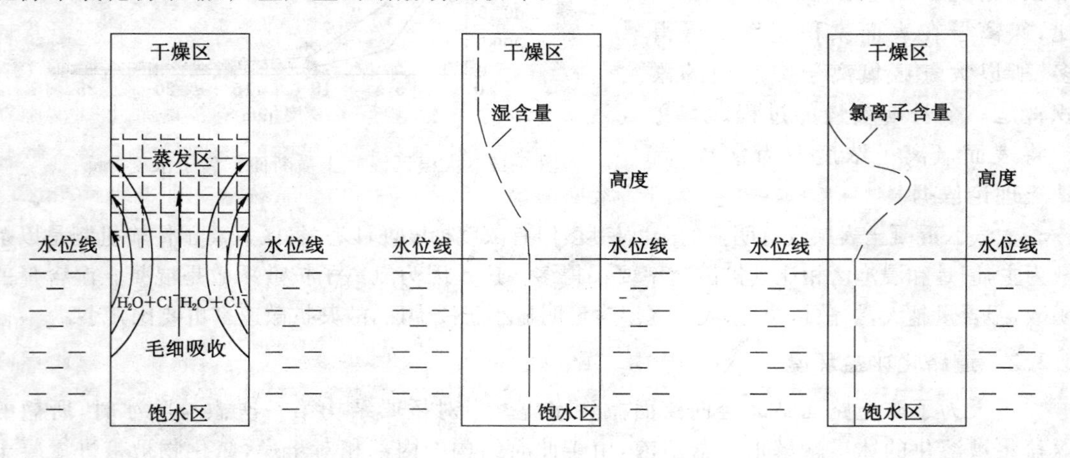

图 3-19　盐湖和盐碱地环境混凝土中氯离子浓度分布

3.4　混凝土中氯离子传输有关问题的讨论

氯离子在混凝土中传输不仅和氯离子传输机制有关，而且涉及钢筋脱钝的氯离子临界浓度、混凝土表面氯离子浓度、混凝土表层对流区范围等问题。

3.4.1　混凝土中氯离子浓度的临界值

（1）氯离子浓度临界值的重要性

在钢筋混凝土的耐久性和使用寿命预测过程中，钢筋脱钝化临界值是一个十分关键的基本问题。当氯离子等有害物质在混凝土中传输、积聚使混凝土中钢筋的钝化膜失去原有的稳定性时，钢筋即开始锈蚀（图 3-20），使钢筋脱钝化或开始锈蚀的有害物质的量或量的组合即为临界值。因此，临界值变量的选取及其数值的大小直接决定了钢筋混凝土使用寿命的长短，因而临界值也就成为钢筋混凝土使用寿命预测中的关键问题。

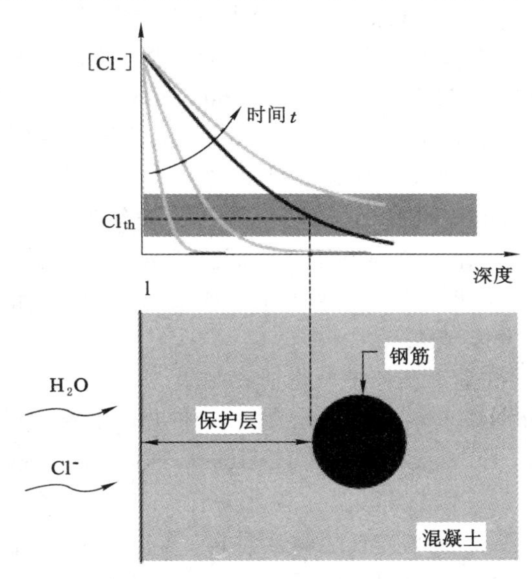

图 3-20　氯离子在混凝土中的浓度分布及对钢筋锈蚀的影响

目前国内外学者对使钢筋锈蚀始发的氯离子临界值进行了广泛的研究，有的已经给出了氯离子含量临界值的相关范围，但是由于影响氯离子临界值的因素十分复杂（这些因素包括水泥用量、环境条件、氧气供应量、掺合料用量和混凝土实际碱度情况以及钢筋类型、钢筋锈蚀检测判断方法等），因此一般的规程中都是较为笼统地给出一个大致范围，基本上未针对具体使用环境条件给出确定数值或其分布。但混凝土的使用寿命对临界值十分敏感，如果按照 Fick 第二扩散定律计算的话，临界值变化 25％使用寿命将可能有 50％的变化，这样使用寿命的预测实际上意义就不大了。

尽管氯离子对钢筋锈蚀起主导作用，但孔溶液的氢氧根离子作为钢筋的钝化剂对抑制钢筋锈蚀也起着重要作用，实际上钢筋锈蚀始发时间的长短在很大程度上取决于二者之间的竞争。大气环境中混凝土孔溶液的碱度是钢筋锈蚀发生与否的关键因素已为人们所熟知，但在氯盐环境中混凝土碱度这个因素常常被忽略。事实上较高的碱度可以使钢筋在较高的氯离子含量下不生锈，而混凝土碱度降低则钢筋会在较少的氯离子含量下就开始生锈，因此人们有理由相信控制钢筋锈蚀始发的不仅仅是氯离子含量一个因素，混凝土的碱度也是一个不容忽视的重要因素。早在20世纪60年代末，研究者们就认识到氯化物引起混凝土中钢筋的去钝化并不单纯取决于钢筋周围混凝土孔隙液的游离氯离子的浓度，更科学合理的参数是[Cl^-]/[OH^-]。

(2) 混凝土中氯离子浓度临界值的研究现状

① 钢筋置于模拟混凝土孔隙液中所得的研究结果

由于混凝土保护层将钢筋与外界环境隔离开，钢筋电化学腐蚀过程中的气相、液相、离子等物质的传输均在混凝土内部进行，这给钢筋脱钝化临界点的判断带来了很大困难，因此，很多学者通过模拟混凝土孔隙液进行了氯离子临界值的研究。D. A. Hausmann将400多根钢筋分别置于碱溶液和含氯盐的碱溶液中，研究了不同pH值的碱溶液及饱和氢氧化钙溶液中氯化物浓度与钢筋锈蚀的关系，总结出在pH值11.60～12.40范围内引起钢筋锈蚀的[Cl^-]/[OH^-]值约为0.60，其他一些后续研究也再现了这一结果，并通过电化学测试技术、声发射技术进行了校验支持。D. A. Hausmann进一步的研究认为大部分钢筋混凝土中[Cl^-]/[OH^-]的临界值为0.66～1.40。V. Gouda的研究将碱溶液的pH值范围扩大为11.75～13。D. A. Diamond仔细分析了V. Gouda的试验数据并用氢氧化钠活度系数根据具体pH值估计了[OH^-]，结果表明随pH值增加[Cl^-]/[OH^-]也增加，当pH值在11.6～12时D. A. Hausmann所提出的[Cl^-]/[OH^-]值约为0.60的结果是合理的。

需要指出的是上述试验结果都是基于将钢筋置于碱溶液中做出的试验结果，这种将钢筋置于模拟混凝土孔溶液中进行电化学腐蚀试验的情况难以符合钢筋在混凝土中的实际状态，所得结果往往与实际相差较大。

② 钢筋浇注于砂浆/混凝土基体中所得研究结果

Yonezawa将钢筋分别置于碱溶液和水泥砂浆中进行了对比研究，发现将水泥砂浆中钢筋锈蚀的[Cl^-]/[OH^-]值要大得多。S. E. Hussain等人也发现将钢筋置于水泥砂浆中，当pH值在13.26～13.36时对于硅酸盐水泥水灰比0.55左右的水泥浆体、砂浆或混凝土[Cl^-]/[OH^-]临界值为1.28～2.0，且随碱度提高[Cl^-]/[OH^-]临界值有降低的趋势。

目前国内外砂浆/混凝土基体中钢筋锈蚀临界值的研究成果总结如表3-3和表3-4所列。

表3-3　不同试验条件下钢筋钝化膜破坏临界值(一)

作者及年代	总氯离子浓度/%	自由氯离子量/mol	[Cl^-]/[OH^-]	试样类型	暴露条件
Page et al. (1986)	0.4	0.11	0.22	净浆	试验室
Andrede和Page			0.15～0.69	掺盐水泥浆	试验室
Elsener et al. (1986)	0.25～0.5			砂浆	试验室
Hausmann(1987)			0.6	模拟液	试验室
Yonezawa et al. (1988)			1～40	砂浆/溶液	试验室
Hansson et al. (1990)	0.4～1.6			砂浆	试验室
Thomas et al. (1990)	0.2～0.7			混凝土	海水中

续表 3-3

作者及年代	总氯离子浓度/%	自由氯离子量/mol	$[Cl^-]/[OH^-]$	试样类型	暴露条件
Schiessl et al. (1990)	0.5～2			混凝土	试验室
Lambert et al. (1991)	1.6～2.5		3～20	混凝土	试验室
Tuutti(1993)	0.5～1.4			混凝土	试验室
Henriksen(1993)	0.3～0.7			结构	室外
Pettersson(1993)		0.14～0.18	2.5～6	砂浆	试验室
Bamforth et al. (1994)	0.4			混凝土	室外

表 3-4　不同试验条件下钢筋钝化膜破坏临界值(二)

<table>
<tr><th>试验条件</th><th>总氯离子
(占砂浆质量百分比)</th><th>自由氯离子
(占砂浆质量百分比)</th><th>[Cl⁻]/[OH⁻]</th><th>检测方法</th></tr>
<tr><td rowspan="8">内掺 Cl⁻ 试件</td><td>0.5～2.0</td><td></td><td></td><td>宏电池电流法</td></tr>
<tr><td>0.079～0.19</td><td></td><td></td><td>交流阻抗法</td></tr>
<tr><td>0.32～1.9</td><td></td><td></td><td>失重法</td></tr>
<tr><td>0.78～0.93</td><td>0.11～0.12</td><td>0.16～0.26</td><td rowspan="5">半电池电位法</td></tr>
<tr><td>0.45(SRPC)</td><td>0.10</td><td>0.27</td></tr>
<tr><td>0.90(15%粉煤灰)</td><td>0.11</td><td>0.19</td></tr>
<tr><td>0.68(30%粉煤灰)</td><td>0.07</td><td>0.21</td></tr>
<tr><td>0.97(30%GGBS)</td><td>0.03</td><td>0.23</td></tr>
<tr><td rowspan="8">外渗 Cl⁻ 试件</td><td>0.227</td><td>0.364</td><td>1.5</td><td>极化法</td></tr>
<tr><td>0.5～1.5</td><td></td><td></td><td>半电池电位法</td></tr>
<tr><td>0.7(普通水泥)</td><td></td><td></td><td rowspan="4">失重法</td></tr>
<tr><td>0.65(15%粉煤灰)</td><td></td><td></td></tr>
<tr><td>0.5(30%粉煤灰)</td><td></td><td></td></tr>
<tr><td>0.2(50%粉煤灰)</td><td></td><td></td></tr>
<tr><td>1.8～2.9</td><td></td><td></td><td>极化法</td></tr>
<tr><td>0.6～1.4</td><td></td><td></td><td>宏电池法</td></tr>
<tr><td>构件</td><td>0.2～1.5</td><td></td><td></td><td>失重法</td></tr>
</table>

从以上研究结果可以看出，在已有的临界值的表征中，并没有一个确定的临界值含量，如总氯离子浓度最低值 0.2%、最高值 2.5%，相差超过 10 倍，$[Cl^-]/[OH^-]$比值也达 0.12～40，显然这些临界值都是在一个较大的范围内给出的，这样的结果其实际意义将十分有限，这样的$[Cl^-]/[OH^-]$比值也无法指导混凝土耐久性设计和使用寿命预测的实践。

(3) 造成氯离子临界值差距很大的原因

① 钢筋脱钝的判定条件不一

钢筋脱钝化主要由孔溶液中离子浓度及其组合参数决定，但钢筋锈蚀的检测方法及判断准则也是影响临界值试验结果的重要因素。常用的钢筋脱钝的判定方法有 3 种：观测法、腐蚀电位法和腐蚀电流法。

观测法是以肉眼观测到钢筋表面产生锈斑代表钢筋脱钝。这种方法带有很大的主观性，不同的人判断的结果相差很大，而且钢筋锈蚀是一个非常缓慢的过程，在钢筋表面出现明显的锈斑时，钢筋的锈蚀程度早已远远超过了脱钝临界点。腐蚀电位法是以钢筋锈蚀电位发生某种变化来判断钢筋脱钝；腐蚀电流法是以腐蚀电流达到一定程度代表钢筋脱钝。当钢筋表面的氯离子浓度尚未达到临界浓度时，钢筋尚处于钝化状态，其腐蚀电位较高，腐蚀电流很低，而当钢筋表面的氯离子浓度达到临界浓度后，钢筋由钝化转入活化状态时，其腐蚀电位急剧降低，腐蚀电流迅速上升，腐蚀电位和腐蚀电流均出现一个明显的拐点，之后腐蚀电位和腐蚀电流均逐渐趋于稳定。腐蚀电位和腐蚀电流突变时所对应的钢筋表面的氯离子含量即为临界氯离子含量。

在模拟混凝土孔溶液中，氯离子在钢筋表面的分布状况较为均匀，在钢筋的脱钝前后，钢筋的腐蚀电位和腐蚀电流应该像预想的那样发生突变。而在氯离子外侵混凝土结构中，由于混凝土的非匀质性，在氯离子侵蚀过程中必然在钢筋表面的某一点率先达到氯离子临界浓度而脱钝。随着侵蚀时间的延长，钢筋的脱钝麻点逐渐增多，每个脱钝麻点面积也逐渐增大，从而逐渐由点及面，钢筋的锈蚀电位和腐蚀电流也都随之逐渐变化，并逐渐趋于稳定，而不可能像想象的那样发生突变(如图 3-21 所示)。脱钝前后钢筋的锈蚀电位和腐蚀电流的逐渐变化使得这两种方法的判定临界点都变得非常模糊，这也是不同研究者得出的结果差别很大的主要原因。而且无论以哪一时刻作为临界点，在这一时刻混凝土保护层深度处的氯离子沿钢筋纵向的分布也是极不均匀的。

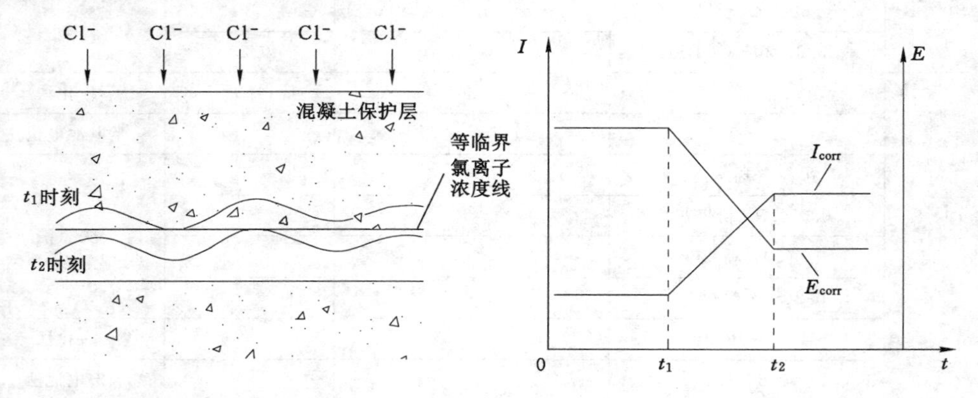

图 3-21　混凝土非匀质性对氯离子临界值的影响

② 引起钢筋脱钝发生的试验方法不统一

引起钢筋脱钝发生的试验方法目前主要有混凝土模拟孔隙液法、掺氯盐法、自然浸泡氯离子渗透法和电场加速氯离子渗透法。由于对钢筋脱钝临界点的试验方法缺乏一致性，无法对不同测试方法得出的结果进行比较，这也是目前钢筋脱钝化临界值较为混乱的一个重要原因。

③ 钢筋脱钝临界值的表述方法各不相同

对于钢筋钝化膜破坏临界值常用的参数有总氯离子含量、游离氯离子含量和$[Cl^-]/[OH^-]$。一般认为游离氯离子是引起钢筋锈蚀的主要因素而并非氯离子总量，也就是钢筋锈蚀始发时间的长短在很大程度上取决于混凝土孔隙液中游离氯离子浓度或者游离氯离子浓度与氢氧根离子浓度的比值。这里需要注意的是，前两个参数是氯离子含量，其值一般通过钻取钢筋表面处的混凝土粉末去测定，以占水泥或混凝土的质量百分比表示，其单位是 kg/m^3，这两种表达方式可以通过公式(3-37)进行转换；而第三个参数 $[Cl^-]/[OH^-]$ 是浓度比，其氯离子浓度值一般通过榨取混凝土孔隙液测定，对于外渗氯离子的情形由于氯离子分布不均，采用压滤试验获得钢筋周围混凝土孔溶液是十分困难的，另外孔隙液中氯离子的量是一个浓度值，其单位是 mol/L，其值受混凝土湿度影响较大，在自由氯离子含量(占水泥或混凝土的质量百分比)不变的条件下，混凝土湿度越大，混凝土孔溶液中游离氯离子浓度越低，氯离子浓度和氯离子含量没有直接的对应关系。

$$[Cl^-]_{(\%C_{ce})} < \frac{[Cl^-]_{(\%C_{con})}\rho_{con}}{C_{ce}} \tag{3-36}$$

式中，$[Cl^-]_{(\%C_{ce})}$ 为以占水泥的质量百分比表示的氯离子含量；$[Cl^-]_{(\%C_{con})}$ 为以占混凝土的质量百分比表示的氯离子含量；ρ_{con} 为混凝土密度；C_{ce} 为水泥用量。

④ 钢筋脱钝临界值的影响因素众多

大量事实表明钢筋锈蚀临界值与氯离子含量不是单值的函数关系，它与混凝土的碱度密切相关，而且水泥化学组成、水灰比、活性矿物掺合料的种类及用量、环境温度和湿度以及钢筋的化学组成及表面状态、氧气供应状况等因素对它的影响十分复杂。

所以尽管国内外对于混凝土中钢筋锈蚀临界值的研究已取得很多成果，但这些结果依据还很不充分，尤其是对于埋置于混凝土试件中的钢筋锈蚀临界值研究所得结果往往与实际情况相差较大。

3.4.2 混凝土表面的氯离子浓度

氯离子向混凝土内的传输和混凝土表面的氯离子浓度有关，美国 Life 365 认为表面氯离子浓度是氯离子在混凝土中传输的主驱动力，表面的氯离子浓度越高，向混凝土内部传输的速率则会越快。

表面氯离子浓度不会对氯离子的扩散系数或渗透系数产生影响，因为氯离子扩散系数和渗透系数是混凝土本身内部的性能，与外界因素无关。但是，从 Fick 第二定律和 Darcy 定律的解析表达式中可以看出，混凝土结构表面的氯离子浓度也是影响结构耐久性的一个重要因素。在试验的过程中就出现了这样的现象，有些混凝土虽然其实测的扩散系数和渗透系数很小，但是由于混凝土表面氯离子浓度很大，在距离表面一定范围内的深度处仍然有较多的氯离子积累。因此，评价一种混凝土的耐久性，单凭扩散系数和渗透系数的大小有失偏颇，表面浓度也是一个重要因素。混凝土表面累积的氯离子浓度是氯离子传输速率模型的边界条件。表面氯离子浓度的正确确定对于氯离子侵蚀模型的建立是十分重要的。

混凝土表面的氯离子浓度分为两种情况：一种是指与混凝土表面相接触的侵蚀源环境介质中的氯离子浓度，这种环境介质一般为氯盐溶液(如海水)或液滴(如盐雾)，其浓度一般用氯离子在溶液中的质量百分比表示，它可以近似看成一个不变的量。另一种是指氯离子在混凝土表面累积的量，这是一个随时间变化的变量，一般可以取混凝土表层的粉末试样通过化学分析测定，用氯离子占混凝土或胶凝材料的质量百分比表示。我们常说的混凝土表面的氯离子浓度一般是指后一种。

(1) 混凝土表面的氯离子浓度的取值

在目前的研究中，混凝土表面的氯离子浓度随环境条件而变化，在某一确定的环境条件下，大都将混凝土表面的氯离子浓度 C_s 取为定值。挪威 Hellend 的资料提出在潮汐及浪溅区等恶劣情形下设计时取胶凝材料质量的 0.9% 是合理的设计取值，这一值大约是水泥质量的 6%。B. D. Amey 等人在预测海洋工程使用寿命的分析中，取 C_s 为每立方米混凝土 19 kg，约为混凝土中胶凝材料质量的 5% 或混凝土质量的 0.8%。

P. B. Bamforth 在一项 8 年暴露试验和对英国海洋调查的基础上，提出浪溅区的混凝土表面氯离子浓度通常占混凝土质量的 0.3%～0.7%，有时高达 0.8%；当混凝土中有矿物掺和料时，C_s 还会增加；浪溅区混凝土表面的 C_s 值还与迎风或背风方向有关。Bamforth 建议，用于设计的表面氯离子浓度 C_s 值可按表 3-5 取值。如近似取每立方米混凝土的胶凝材料质量为 400 kg，则按胶凝材料质量表示的 C_s 值见同一表内括号内的数值。

表 3-5　表面氯离子浓度 C_s（混凝土中氯离子与混凝土质量的比值）　（%）

混凝土	海洋浪溅区	海洋浪雾区	海洋大气区
硅酸盐水泥混凝土	0.75(4.5)	0.5(3)	0.25(1.5)
加有掺合料的水泥混凝土	0.9(5.4)	0.6(3.6)	0.3(1.8)

2002 年出版的日本土木学会混凝土标准中，提出了近海大气区混凝土表面的氯离子浓度，如表 3-6 所列。

表 3-6　近海大气区混凝土表面的氯离子浓度（日本土木学会标准）　（%）

浪溅区	离海岸距离/km				
	岸线附近	0.1	0.25	0.5	1.0
0.65	0.45	0.225	0.15	0.1	0.075

注：表中浓度用每立方米混凝土质量的相对比值表示。

我国交通部四航局科研所通过实测试验，得到海洋环境下混凝土表面氯离子浓度的平均值，见表 3-7。

表 3-7　四航局实测表面氯离子浓度　（%）

暴露区域	大气区	浪溅区			潮差区			水下区	
水灰比	—	0.55	0.45	0.4	0.55	0.45	0.4	0.65	0.55
C_s	2.95	0.423	0.404	0.329	0.585	0.519	0.509	0.565	0.470

注：表中大气区氯离子浓度单位是 kg/m^3。

欧洲 Duracrete 文件认为表面氯离子浓度与环境条件、混凝土的水胶比及胶凝材料种类有关，采用式(3-37)确定混凝土表面氯离子浓度：

$$C_{sa} = A_c(W/B) \tag{3-37}$$

式中，A_c 为拟合回归系数，具体见表 3-8；W/B 为水胶比即水与胶凝材料质量的比值。这里的表面氯离子浓度用混凝土中胶凝材料质量的相对比值表示。

根据 Duracrete 提供的 A_c 值（表 3-8），算出部分水胶比下硅酸盐水泥混凝土的表面氯离子浓度如表 3-9 所列。

表 3-8　　拟合回归系数 A_c

海洋环境＼胶凝材料	硅酸盐水泥	粉煤灰	矿渣	硅灰
水下区	10.3	10.8	5.06	12.5
潮差区、浪溅区	7.76	7.45	6.77	8.96
大气区	2.57	4.42	3.05	3.23

表 3-9　　混凝土表面氯离子浓度 C_s（氯离子与胶凝材料质量的比值）　　（%）

海洋环境＼水胶比	0.3	0.35	0.40	0.45	0.50
水下区	0.537	0.627	0.716 7	0.806	0.896
潮差区、浪溅区	0.406	0.472	0.540	0.607	0.675
大气区	0.134	0.157	0.179	0.201	0.223

M. G. Stewart 等建议，不同环境条件下表面氯离子浓度参数按表 3-10 取值，表中 C_s 的概率分布取为对数正态分布。如近似取每方混凝土的胶凝材料质量为 400 kg，每方混凝土的质量为 2 300 kg，则按混凝土质量表示的 C_s 值见表 3-10 中括号内数值。

表 3-10　　Stewart 建议的表面氯离子浓度　　（kg/m³）

环境划分	平均值	变异系数
海洋潮差区	7.35(0.32%)	0.70
近海大气环境 0.1 km	2.95(0.13%)	0.70
距海岸 1 km	1.15(0.32%)	0.50
正常大气环境	0.03(0.32%)	0.50

以上可以看出，各资料或工程设计方法中提供的表面氯离子浓度值差异性很大。如对于潮汐浪溅区，M. G. Stewant 建议取值为 7.35 kg/m³，而美国 ACI365 委员会则取为0.8%（与混凝土质量的比值），若取每方混凝土质量约为 2 300 kg，即为 18.4 kg/m³，二者相差很大。这是由于氯离子浓度受多种因素影响，而对于不同的国家、不同的海洋环境、不同的测试条件及不同的表示方法（以每平方米混凝土中的氯离子质量表示或是以氯离子质量与混凝土或胶凝材料质量的比值表示）等，使表面氯离子浓度的取值具有很大的离散性。

（2）混凝土表面氯离子浓度的可变性

① 不同暴露条件混凝土表面氯离子浓度的可变性

研究表明，混凝土表面的氯离子浓度因不同地区和不同暴露条件而变化。对于海洋环境下的结构物，水下区、水位变动区、浪溅区和大气区都有各自的氯离子源。水下部分的混凝土长期接触海水，氯离子源稳定，混凝土表面的氯离子浓度就是海水的氯离子浓度，是不随时间变化的稳定值（一般取海水中氯离子的浓度为 19 kg/m³）。另外浸没于海水中，即使氯离子能渗透到钢筋表面，由于表面缺氧钢筋也难以锈蚀。除了浸没在海水中的情况外，其他情况下表面的氯离子浓度均与时间累积有关，因此又称之为表面氯离子的累积浓度。所以在非浸泡环境中的混凝土表面的氯离子累积浓度往往是变化的。

中国矿业大学通过人工气候室的双水池互抽水潮汐模拟试验系统实现对海洋环境涨落潮的模拟，通过鼓浪系统实现对海浪飞溅环境的模拟，通过气候室中的盐雾和温湿度控制、鼓风、日照等试验装置实现对海洋大气环境的模拟。

试验对象为钢筋混凝土柱，水池中的溶液浓度为10%的NaCl。每间隔一定的时间刮取表层(0～2 mm)混凝土粉末试样进行化学分析，对海洋环境不同的区域及同一区域的不同高度处混凝土表面的氯离子累积浓度进行了对比研究。研究结果如图3-22所示。

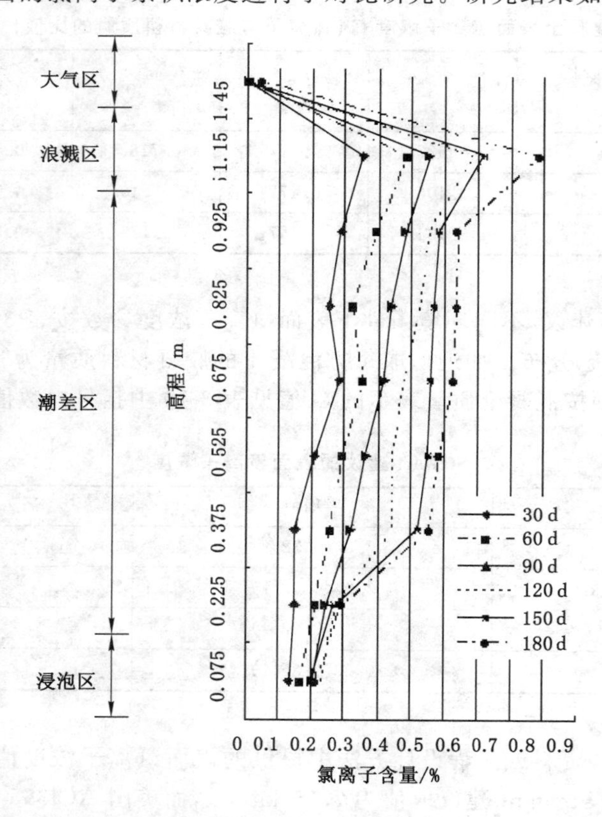

图3-22　海洋模拟环境不同区位混凝土的表面氯离子浓度

对于水下浸泡区，氯离子源恒定，表层氯离子含量应该为常数，且保持不变。由于刮取混凝土粉末试样时，总要提取一定的深度，不可能完全代表混凝土的绝对表面，严格地讲，图3-22中水下浸泡区的表层氯离子含量应该是0～2 mm深度范围的表面混凝土层中氯离子含量的平均值，从图中可以看出，在试验初期混凝土表层氯离子含量随试验龄期的延长而增大，3个月后基本达到稳定。对于浪溅区、潮差区和大气区，氯离子在混凝土表面有明显的累积现象，其中：浪溅区氯离子在混凝土表面的累积程度最大，6个月后浪溅区混凝土表面已出现明显的结晶现象；潮差区混凝土试件随着高度的升高，表层氯离子含量逐渐增大；大气区混凝土表层氯离子含量最低，累积速率远低于潮差区和浪溅区。

② 大气区混凝土表面氯离子浓度的可变性

a. 大气区混凝土表面氯离子浓度的空间可变性

M. Fluge 调查挪威的海上大桥后，发现箱梁受到大气盐雾作用累积在构件表面的氯离子浓度，随着离海平面高度方向距离的增加而降低。

近几年，更多的调查研究资料表明，近海的盐雾可以飘向离海很远的陆地。K. McGee 对澳大利亚塔斯马尼亚州 1 158 座桥梁进行现场检测后，得出了近海大气区混凝土表面氯离子浓度随建筑物距离海岸的距离 d 变化的函数：

$$C_s(d)=2.95\ \text{kg/m}^3 \quad d<0.1\ \text{km}$$
$$C_s(d)=1.15-1.81\log_{10} d \quad 0.1\ \text{km}<d<2.84\ \text{km} \tag{3-38}$$
$$C_s(d)=0.03\ \text{kg/m}^3 \quad d>2.84\ \text{km}$$

K. McGee 检测的 C_s 值为现场调查统计得到，调查时间和结构的使用寿命相比较短，且不同区位的 C_s 值往往并非来自同一结构和同一龄期，致使大气环境混凝土表面氯离子的累积效应没有得到体现。

b. 大气区混凝土表面氯离子浓度的时变性

沿海大气环境钢筋混凝土建筑物表面累积的氯离子主要是由空气中夹带的氯离子在风力的作用下逐步聚积的。沿海环境一般大气条件下，空气中的氯离子浓度为 0.001 2%，受到风向的影响迎风面建筑物表面氯离子累积速率最快，同时距离海岸的远近不同导致混凝土表面氯离子浓度年累积率和最大氯离子浓度不同，表 3-11 中给出氯离子侵蚀环境分类和氯离子浓度年累积率。

表 3-11　　侵蚀环境分类和氯离子浓度累积率

侵蚀环境	浓度累积率/(%/a)	最大浓度/%
潮差区	—	0.8
浪溅区	0.1	1.0
距海边 800 m 以内	0.04	0.6
距海边 800～1 500 m	0.02	0.6
停车场	0.015～0.08	0.8～1.0
郊区公路桥	0.01～0.56	0.56～0.7
市区公路桥	0.02～0.07	0.68～0.85

关于 $C_s(t)$ 函数的确定，有各种不同的看法：

$C_s(t)$ 随时间呈线性变化，即：

$$C_s(t) = kt \tag{3-39}$$

S. E. Weyers 从混凝土桥梁的实测结果发现，表面氯离子浓度的增长接近于时间的平方根函数，即：

$$C_s(x=0,t) = kt^{1/2} \tag{3-40}$$

式中，k 为表面氯离子浓度经验常数(或称氯离子浓度累积率)，在 3～12 kg/m³ 之间取值。

如果考虑最初的表面氯离子 C_0，则公式可进一步表示为：

$$C_s(t)=C_0+kt^{1/2}$$

$C_s(t)$随时间呈指数变化，即：

$$C_s(t)=C_0(1-e^{-kt}) \tag{3-41}$$

D 恒定，取为 $2.0\times10^{-8}\ cm^2/s$，保护层厚度 50 mm，$k=2\ kg/m^3$，初始时刻混凝土表面的氯离子浓度 $C_{s0}=2.95\ kg/m^3$，则钢筋表面氯离子浓度随时间的变化曲线如图 3-23 所示。

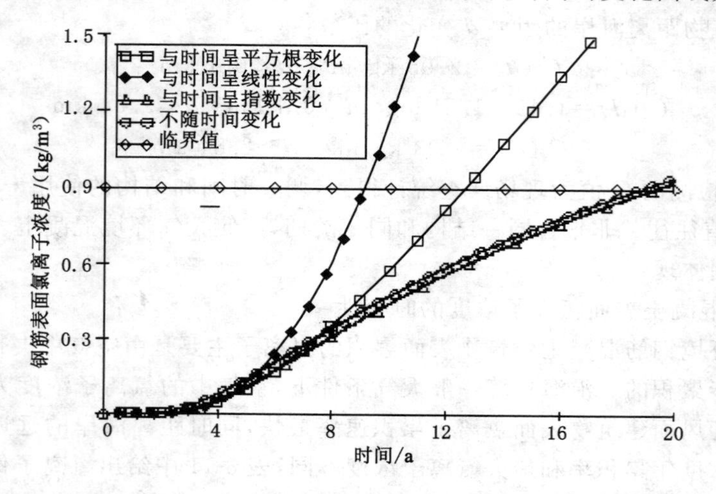

图 3-23　不同混凝土表面氯离子浓度模型的影响

根据图 3-23 可知，按照混凝土表面氯离子浓度随时间呈线性变化计算，钢筋表面氯离子浓度最早达到临界值；按照氯离子浓度随时间呈指数变化和不随时间变化的计算结果基本一致。为保证设计安全，在计算大气区构件的钢筋锈蚀时，应按照表面氯离子浓度随时间呈线性变化。

实际上，混凝土上表面氯离子累积浓度不会无休止地累积，对于不同环境条件，当混凝土表面氯离子累积浓度达到某一个值时，就不会再增大，达到一个稳定的状态，图 3-24 给出了直观的表示。

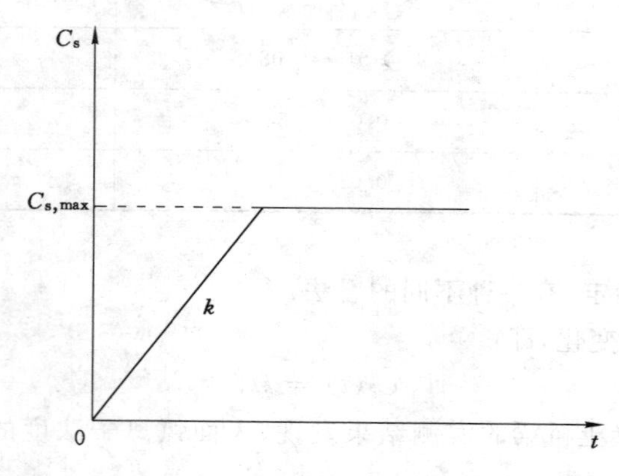

图 3-24　混凝土表面氯离子累积浓度变化规律

由此可得混凝土表面氯离子浓度累积的变化关系：

$$\begin{cases} C_s = kt & t < \dfrac{C_{s,\max}}{k} \\ C_s = C_{s,\max} & t \geqslant \dfrac{C_{s,\max}}{k} \end{cases} \tag{3-42}$$

式中，$C_{s,\max}$为所处环境中表面氯离子浓度可达到的最大值（kg/m^3），其他符号意义同前。

氯离子浓度的累积率 k 与混凝土所处的氯离子侵蚀环境有关。环境不同，累积率也不一样。因此，使用时需要对氯离子的侵蚀环境进行分类，而且需要大量的实测数据来确定不同环境下的累积率。

这种说法存在的主要问题是它仅是一种主观推测，缺乏理论依据和试验验证，另外即使这种观点成立，那么这段较长的时间到底是多长，1 年，10 年还是 50 年？如果这段时间很短（远小于结构的使用寿命），那么可以忽略这种变化。广州四航工程技术研究院华南海港暴露试验站 10 年暴露试验结果说明普通水泥混凝土（$W/C=0.40$）10 年龄期混凝土表面氯离子浓度的增长速率每年约为 0.018 4%，且 10 年龄期混凝土的 C_s值仍在增长。

3.4.3　混凝土表层对流区的界定

根据前面的阐述，在干湿交替区域（比如，海洋环境的潮差区与浪溅区），氯离子在混凝土表层的侵蚀机理非常复杂，主要依靠毛细管吸收和非饱和渗流作用随孔隙液的流动向混凝土内传输，而在混凝土的深层则仍以扩散作用为主。表层干湿交替作用的影响深度与混凝土材料的配合比、胶凝材料类型、浇筑质量等有关，还与环境条件（如干湿时间比等）有密切联系。这一表层氯离子传输机理复杂的部分称为对流区，对流区深度通常用 Δx 表示，如图 3-25所示。对流区范围的界定非常重要，如果对流区的范围较小，则可以通过改进的 Fick 定律消除对流区对氯离子传输过程的影响，如果对流区的范围较大，则必须建立于与其传输机理相对应的速率模型。

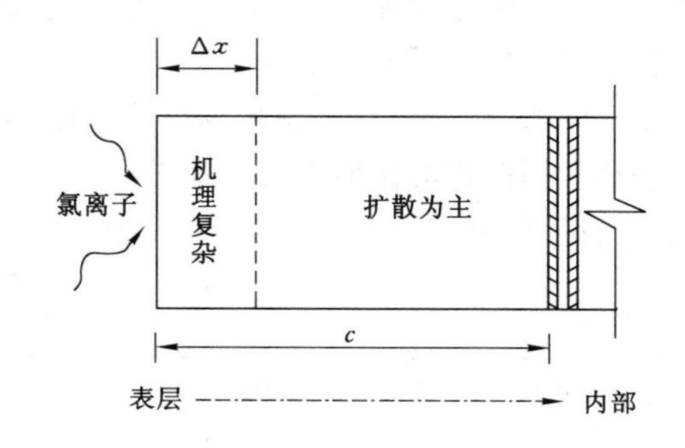

图 3-25　氯离子侵蚀机理示意图

在干湿循环条件下，在混凝土的表层一般存在一个氯离子浓度的上升段，氯离子浓度的最大值并不在混凝土的表面，而是在距混凝土表面的某一深度处。由于导致混凝土表层出现氯离子浓度上升段的主要原因同样为干湿交替作用，所以目前的研究普遍用混凝土表层氯离子浓度上升段的长度来界定对流区的范围，对其形成机理的解释如图 3-25 所示。如果这一界定条件成立，那么在用 Fick 定律计算氯离子扩散速率时，就可以通过误差函数对实测的氯离子含量深度分布曲线进行最优拟合得到理论上的表面氯离子浓度，用 C_{sa}表示（如图 3-26 所示）。将 C_{sa}取代实测的混凝土表面氯离子浓度 C_s用于 Fick 定律预测氯离子环境下的结构寿命就可以消除对流区对氯离子传输过程的影响。

由于氯离子含量的最大值通常在可测定的混凝土保护层内，所以通过测量氯离子含量分布曲线就可以得到氯离子浓度上升段的长度，目前大都以这一长度代表对流区的影响深度。C. Gehlen 在未考虑与氯离子源距离的条件下，通过对 127 条海洋环境的氯离子含量分

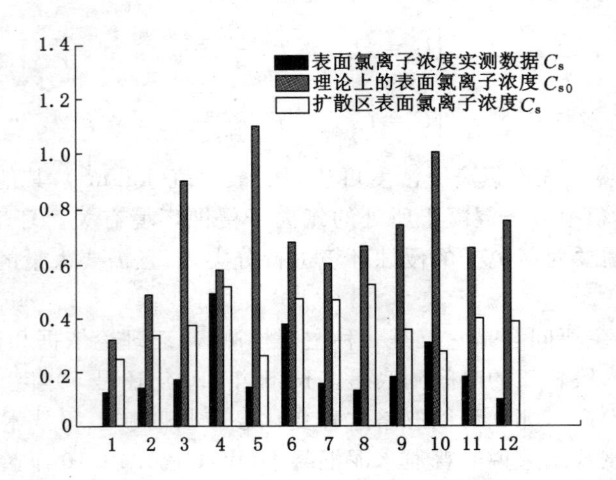

图 3-26　码头 12 个混凝土芯样中 C_s、C_{s0}、C_{sa} 的拟合数据

布曲线的分析，发现对流区深度 Δx 符合 Beta 分布 B(μ=8.9 mm;σ=63%;a=0;b=50)。国内通常认为对流区深度为 10 mm 左右，O. Rincon 等则认为对流区深度应为 20 mm 左右。欧洲 LIFECON 报告通过对不同组分混凝土材料的对流区深度进行总结得到以下结论：混凝土水胶比每增加 0.1 会导致对流区深度增加 2～4 mm；即便水胶比低到 0.3，据推算其对流区深度也在 2～3 mm；掺有硅粉、粉煤灰或高炉矿渣可以使对流区深度降低到对应普通硅酸盐水泥混凝土的 60%左右。

欧洲 Duracrete 中对流区深度 Δx 的取值，与设计时为减轻锈蚀风险所付出的费用和今后修理费用的相对比值有关。如果修理费用不高，设计时的可靠指标或保证率就可以取得低些，设计时分三个等级选用，见表 3-12。

表 3-12　　Duracrete 中关于 Δx 取值的规定

维修费相当于减少风险所需的费用	高	一般	低
Δx/mm	20	14	8

上述对流区 Δx 和湿分布影响深度 L 的定义是一致的，对流区的形成机理与湿分布影响深度的形成机理相同。混凝土表层出现氯离子浓度上升段的原因则是混凝土表层孔隙液的氯离子浓度大于海水的氯离子浓度而引起的向外界海水反向扩散的结果。

在海洋环境的潮差区，潮起时，混凝土表层因毛细吸水而迅速饱水，吸入的水分随后在湿度梯度的作用下，以非饱和渗流方式向混凝土内部迁移，在湿分布影响湿度范围内，氯离子的侵入直接由孔隙液流动造成。潮落后，外界环境又变得干燥，纯水从毛细孔对大气开放的一端向外蒸发，使混凝土表层孔隙液中盐分浓度增高，这样在混凝土表层与内部的孔隙液中形成氯离子浓差，驱使混凝土孔隙液中的盐分靠扩散机理向混凝土内部扩散。这样，风干时水分向外迁移，而盐分则向内迁移。在下一次再被海水润湿时，又有更多的盐分以溶液的形式带进混凝土的毛细管孔隙中。周而复始，混凝土表层的氯离子浓度 C_s 不断增大。

当混凝土表层孔隙液中的氯离子浓度大于海水中的氯离子浓度后，再被海水润湿时，虽然氯离子继续随孔隙液流动向混凝土深部传输(如图 3-27 中水流方向)，而混凝土表层孔隙液中的氯离子则因浓差作用向外界的海水中反向扩散，在混凝土表层的一定区域形成氯离子浓度的上升段，混凝土孔隙液的氯离子浓度分布如图 3-27(a)中曲线(2)所示，其氯离子含量(占混凝土质量百分比)分布曲线如图 3-27(a)中曲线(3)所示；潮落后，水分蒸发使混凝土表层孔隙液中氯离子浓度增高，混凝土孔隙液的氯离子浓度分布如图 3-27(b)中曲线(2)所示，这样在混凝土表层与内部的孔隙液中形成氯离子浓差，驱使混凝土孔隙液中的盐分靠扩散机理向混凝土内部扩散，但其氯离子含量(占混凝土质量百分比)分布曲线中的上升段基本不变[如图 3-27(b)中曲线(3)所示]。

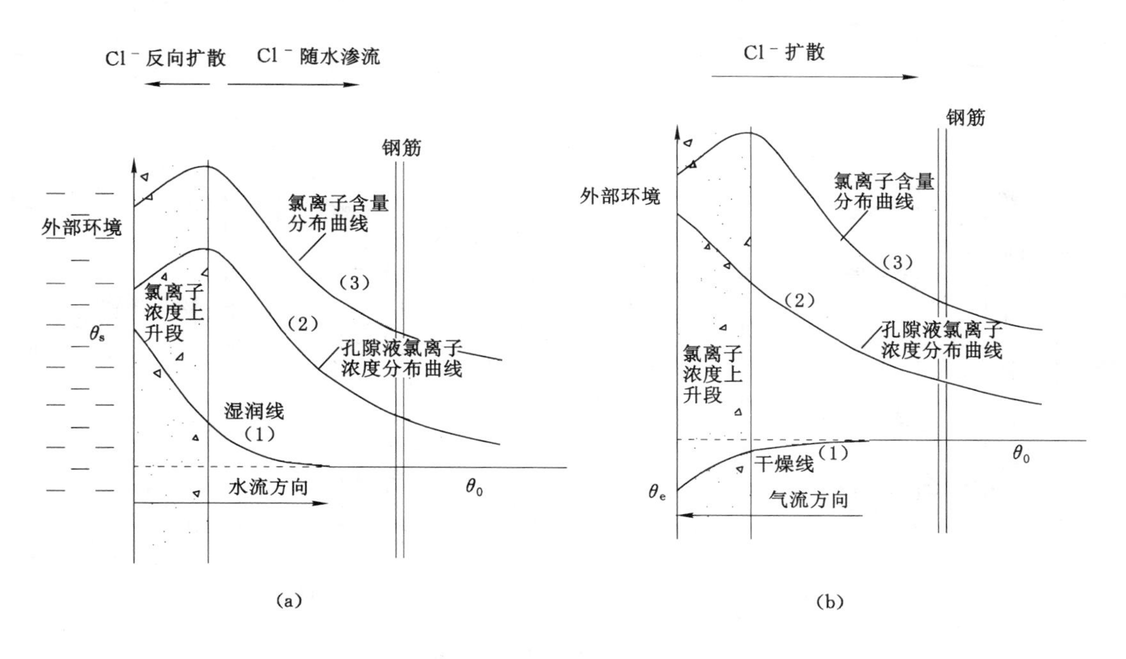

图 3-27　涨落潮过程的氯离子含量分布和湿分布

(a) 涨潮过程；(b) 落潮过程

由于涨潮时氯离子反向扩散的方向和孔隙液向内流动的方向相反，而且在湿分布影响深度范围内孔隙液的流动是氯离子向混凝土传输的主驱动力，所以可以预测湿分布影响深度和氯离子浓度上升段的范围并不相同，虽然这两者都是由于干湿交替作用所引起。3.3.1 节的研究结果表明，海洋潮差区的最大湿分布影响湿度可达 30 mm，而该试验由于取样精度(5 mm)的限制和试验时间短的原因，没有检测出氯离子浓度的上升段，这充分证明氯离子浓度上升段的长度远小于湿分布影响深度，对流区的范围取决于湿分布影响深度，包括氯离子反向扩散区和向内的非饱和渗流区两个部分，其对流、扩散区域的界定如图 3-28(b)所示。

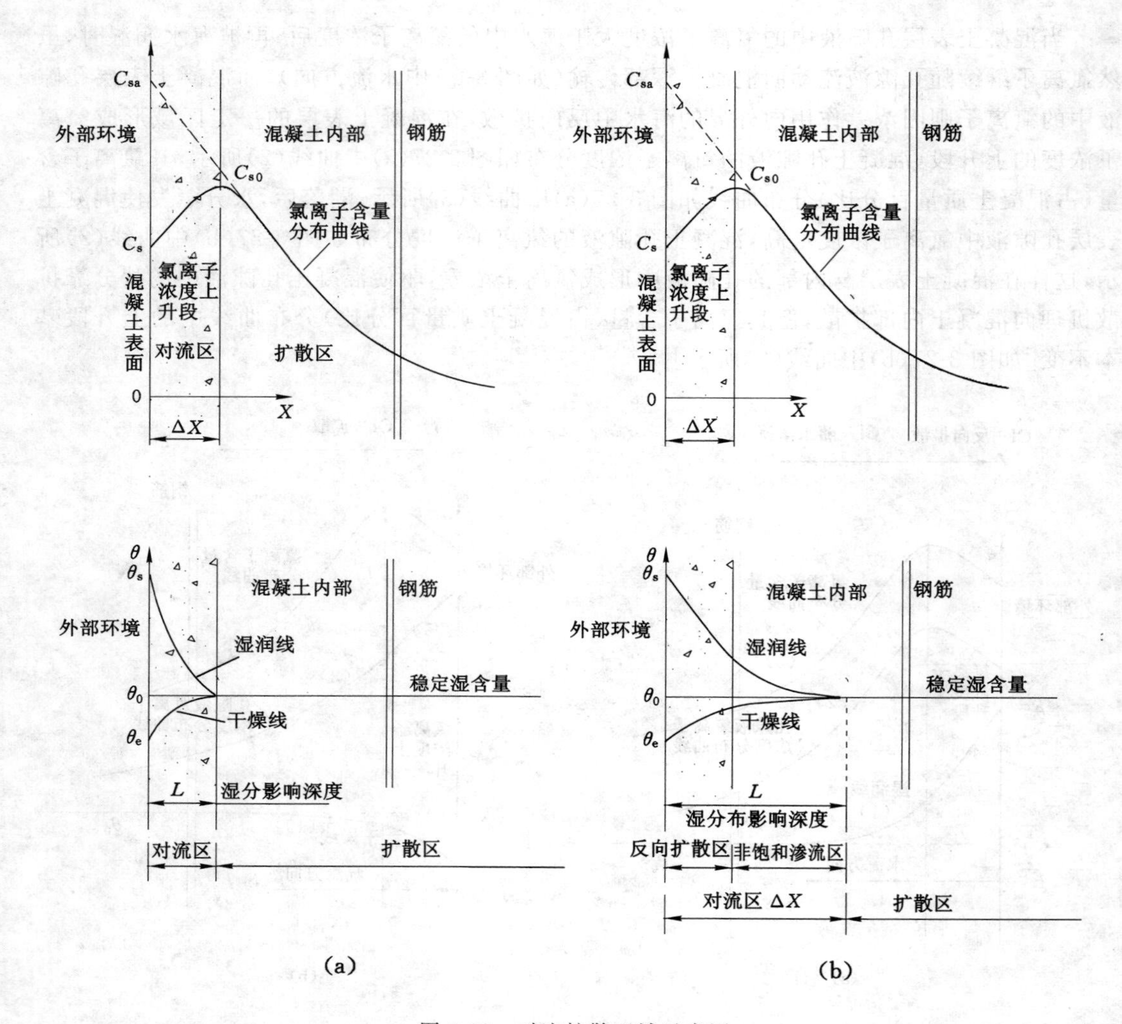

图 3-28　对流扩散区域示意图

第 4 章　混凝土的硫酸盐腐蚀

4.1　混凝土硫酸盐腐蚀概述

硫酸盐侵蚀作为混凝土化学腐蚀的一种，很早以来就引起了人们的重视，美国学者米勒从 1923 年开始在含硫酸盐土壤中进行混凝土的腐蚀试验。与国外相比，我国在混凝土硫酸盐腐蚀方面的研究起步较晚，从 20 世纪 50 年代初期，才开始混凝土抗硫酸盐腐蚀的实验方法和破坏机理的探索。长期的研究中取得了一定的成果，主要集中在混凝土硫酸盐腐蚀的侵蚀性介质、腐蚀机理的探讨上，还对腐蚀后的混凝土物理力学性能变化规律和本构关系进行了研究。

4.1.1　混凝土硫酸盐腐蚀的危害

在我国青海湖地区周围环境中的混凝土结构，由于硫酸盐的侵蚀，基本上是“一年粉化，三年坍塌”。我国的天津、河北、山东等省市，还有大片的盐碱地。在这些地方的混凝土结构物，也由于硫酸盐的侵蚀而产生“烘根”。广大西部地区，由于硫酸盐侵蚀和其他作用，埋在盐渍土地带的水泥电杆，一年后即发现纵向裂缝，两年后即出现了纵筋和螺旋筋外露。

近年来，在公路、桥梁、水工等工程中均发现混凝土结构物受硫酸盐腐蚀的问题，严重的甚至导致混凝土结构物的破坏。漫长海岸线上的海港码头，广阔的盐碱地带以及北方仍大量使用除冰盐的地区，都潜存盐害条件。像滨海地区(如深圳、珠海等地的沿海地区)，由于近年来受到降雨量减少等因素的影响，咸潮的危害日益加重，有些地方的地下水中含盐量超过 900 mg/L，甚至达到 3 000 mg/L。由于海水中含有大量的可溶性硫酸盐，水工结构物和靠近码头的建筑很容易受到硫酸盐的腐蚀，从而导致混凝土开裂，钢筋锈蚀，直至整个结构崩解。另外酸雨也成为硫酸盐的重要来源。我国环境污染相当严重，工业生产过程中排放的 SO_2，1998 年统计数据为 2 090 万 t，酸雨覆盖面积达国土面积的 30%，目前已达到 40%。

我国海岸线较长，早期的海港工程有 1898 年的青岛大港码头和 1913 年的烟台港码头。海港工程建设中积累了丰富的混凝土抗腐蚀经验。海港工程中通常是作“五十年不大修”的设计。我国腐蚀速度最快、破坏较严重的地区是青藏高原海拔 4 000 m 以上的地区和西北干旱区、干燥度指数 $K>4.0$ 的地区，特别是在混凝土的干湿交替带。由于日照时间长、辐射强、昼夜温差大、干湿交替和冻融循环频率高[冻融循环也可理解为高温(30～40 ℃)到低温(4～5 ℃)的转换频率高]，是硫酸盐结晶腐蚀的重要条件。在低温条件下 $CaSO_4$、Na_2SO_4 与其他盐比较，饱和浓度较低。西藏羊卓雍措(海拔 4 441 m)，湖滨干湿交替带混凝土受到地下水(SO_4^{2-} 含量 600 mg/L)影响迅速破坏。唐古拉山青海长江源头第一桥沱沱河桥，黄河源头第一桥玛多桥，河水 SO_4^{2-} 含量 200～300 mg/L，桥墩干湿交替带，被腐蚀的程度，与海拔低于 3 000 m 的桥墩比较，虽然混凝土质量与水质相同，但腐蚀程度差别极大，海拔愈高的腐蚀愈强烈。新疆若羌罗布泊干燥度指数 $K>16$，是我国极端干旱地区，公路桥灌注桩，在弱透水土层中，无干湿交替、冻融循环作用，地下水 SO_4^{2-} 含量 9 000 mg/L，浸泡 11 年，腐蚀轻微，仅表层平均约 10 mm 较疏松，内部坚硬无损，该地具有干湿交替的同一水质中，多种混凝土试件，3 个月全部崩解溃散。天津某厂地下水 SO_4^{2-} 含量 1 000 mg/L，弱透水土层，无干湿交替、冻融循环作用，普通硅酸盐素混凝土基础，浸泡 50 年，坚硬无损。

4.1.2 我国硫酸盐腐蚀环境分布

我国地域宽广，硫酸盐的分布非常广泛。我国拥有 1.8 万 km 长的海岸线，海水中大约含有 3.5%（质量）的可溶盐，其中硫酸根离子的含量大致为 2.54～3.06 g/L，镁离子的含量为 1.50～1.78 g/L，钠离子的含量为 9.95～11.56 g/L，氯离子的含量为 17.83～21.38 g/L。海洋工程如跨海大桥、海洋平台、港口和大坝等的混凝土不可避免地受到海水中硫酸盐的腐蚀。

除海水外，硫酸盐还大量地存在于滨海地区的盐渍土中。滨海地区成陆时间短，受海水浸渍和海岸移退影响，经过蒸发作用，海水中盐分积聚于地表或地表下一定深度的土层中，即形成了滨海盐渍土。滨海盐渍土主要分布在长江以北，江苏、山东、河北和天津等滨海平原，长江以南沿海也有零星分布。一般认为，当土层内平均易溶盐含量大于 0.3%时，可称为盐渍土。由于土壤的毛细吸附作用和表层土壤中水分的蒸发，经常导致地表土或地表下不深的土层中含盐量大于 5%，同时滨海盐渍土中的硫酸盐浓度大于海水中硫酸盐的浓度。

还有滨海地区如深圳、珠海等地的沿海城市，由于近年来海平面的升高，同时受到城市地下水超量开采、降雨量减少等因素的影响，咸潮的危害日益加重。由于海水中含有大量的可溶性硫酸盐，通过海水倒灌入城市河道，又由于地下水的超量开采，地下水位下降，从而入侵至土壤和地下水中。有些地方的水中含盐量超过 900 mg/L，甚至达到 3 000 mg/L。

在工业发达地区，特别是高污染的重工业地区，由于工业化的发展，空气污染严重，导致酸沉降的发生也是混凝土硫酸盐腐蚀的产生原因之一。酸沉降是造成环境酸化的原因之一，包括湿沉降和干沉降：前者是指大气中的酸性气体（主要是指 CO_2、SO_x、H_2S 和 NO_x 等）通过降水（雨、雾、露、雪等）的形式迁移至地表，形成 pH 值小于 5.6 的湿沉降物，即酸雨；后者是指气流把含酸的气体或气溶胶直接迁移到地面，其中 SO_x 主要是烧煤引起的，而 NO_x 则为高温燃烧炉中 N_2 和 O_2 发生化学反应的结果，主要排放源为燃煤烟囱及汽车尾气。酸雨是举世瞩目的全球性环境问题，大量的调查结果表明，酸雨不仅对生态系统、农作物，而且对各种建筑材料都会产生严重的影响。

我国西部地区分布着 1 000 多个盐湖，盐湖卤水及附近的盐渍土地区中主要腐蚀离子浓度大约是海水的 5～10 倍。这些地区除含有导致混凝土中钢筋锈蚀的氯离子外，还含有导致混凝土自身损伤破坏的硫酸根离子。如内蒙古盐湖卤水中 SO_4^{2-} 浓度最高达到 36 445 mg/L，博斯腾湖地区的地下水中 SO_4^{2-} 浓度高达 12 728 mg/L。另一方面，我国盐湖地区处高原内陆，气候条件十分恶劣，夏季炎热，蒸发量极大，有干热等气候特点。这些地区混凝土建（构）筑物受硫酸盐腐蚀破坏的工程实例十分普遍。

另外在我国的部分山区、矿区的土壤和地下水中也有硫酸盐的存在，部分地区硫酸盐的浓度还比较高，如成昆铁路百家岭隧道所经过地区地下水中硫酸根离子的浓度为 700～

2 000 mg/L。多个煤矿区的水样经过现场采样和分析后发现，硫酸根离子的浓度超过1 000 mg/L，同时还含有较高浓度的镁离子，对该区域的混凝土工程影响较大。

从以上可以看出，我国从东部沿海地区到西部干旱地区，从工业污染城市到滨海城市，从矿区到山区土壤和地下水中，硫酸盐的分布非常广泛，并且由于硫酸盐对混凝土的腐蚀所导致的结构损伤非常严重，需要引起足够的重视。

4.1.3　混凝土结构硫酸盐腐蚀典型案例

隧道工程在铁路、公路及水工工程中应用很多，其混凝土衬砌直接与土壤或地下水接触，极易受到土壤或地下水中硫酸盐的腐蚀，下面介绍两个典型的混凝土硫酸盐腐蚀案例。

(1) 百家岭隧道混凝土腐蚀案例

成昆铁路百家岭隧道自 1966 年 7 月建成后，连续发生病害，进行了多次整治，但病害一直未得到根治。从资料看，隧道左右边墙及拱部开裂严重，裂缝有 3～4 cm 的纵向裂纹和横向裂纹。

该隧道通过一个较完整的向斜地质构造，向斜轴呈东北—西南走向，与隧道出口右侧一组大断层方向大体一致，隧道位于大断层的东南盘上，断层带附近岩层有倒转现象。隧道进口处有一断层，初步推断为正断层，岩层节理发育，密度较大，且节理面平直、密贴，共有两组节理发育。

从地质、地貌和现场观察来看，隧道通过地段没有统一的含水层，但存在局部小的含水层，主要为层间溶洞水、层间裂隙水。地下水基本上顺层流向轴部，接近轴部的地下水又顺向斜倾伏方向流动，向斜轴部附近成为富水地带。隧道内右侧边墙混凝土的腐蚀比较严重，这与地下水顺层渗流有密切关系。地下水化学成分与围岩岩性密切相关。在石膏、硬石膏地段流动的地下水，由于溶解作用而富集高浓度硫酸根离子。

百家岭隧道地下水经过石膏、硬石膏地层时，由于石膏的溶解，硫酸根离子局部含量可高达 2 000 mg/L，所以硫酸根离子的侵蚀应该是很强烈的，由此导致混凝土的开裂和破坏。硫酸根离子和水泥中的水化铝酸钙发生反应，生成钙钒石。钙矾石中含有 32 个结晶水，其体积与反应前相比增加了两倍多。由于体积膨胀，在混凝土内部产生肿胀力，造成混凝土开裂、强度降低。

硫酸盐侵蚀混凝土的另一个方面就是硫酸根离子与水化硅酸钙反应(混凝土的主要成分就是水化硅酸钙)，反应如式(4-1)所示：

$$2CaO \cdot 1.17H_2O + 2SO_4^{2-} + 6.83H_2O \xlongequal{} 2(CaSO_4 \cdot 2H_2O) + H_4SiO_4 + 4OH^- \quad (4\text{-}1)$$

上面的反应使水化硅酸钙转变为石膏，改变了水泥的成分，引起混凝土结构的破坏。从上述生成石膏和钙钒石的反应式可以看出，反应中生成了氢氧根离子，由此可以推断是否生成石膏和钙钒石与溶液的酸碱度有直接的关系。

溶液的 pH 值越低，酸性越强，达到反应平衡所需的硫酸根离子浓度越低。硫酸根离子浓度相当小时，虽然在酸性条件下也能够与水化硅酸钙反应生成石膏，但由于浓度太低，生成物数量有限，在实际应用中意义不大，现一般将硫酸根离子浓度侵蚀下限定为 250 mg/L。当硫酸根离子浓度为 250 mg/L 时，可计算出相应的 pH 值为 10.24，也就是在碱性条件下也能够生成石膏，仅仅根据硫酸根离子浓度来确定其是否发生侵蚀是片面的。所以溶液中的硫酸根是否侵蚀水化硅酸钙生成石膏决定于溶液的 pH 值和钙离子浓度两个基本条件。酸度的增加，可以大大降低硫酸根离子的起始侵蚀浓度。从百家岭隧道地下水化学分析资料来看，地下水中硫酸根离子浓度普遍大于 250 mg/L，而且地下水的 pH 值在 7 左右，远远小于 10.24，完全满足生成石膏的反应所需要的条件。

在百家岭隧道混凝土施工中还存在误用含有石膏的弃渣作混凝土骨料的情况，由于石膏的溶解使混凝土孔隙液中的硫酸根离子浓度很高。在干旱季节时，水分蒸发，另外火车进出隧道时形成的气流也使水分迅速蒸发，孔隙液中的硫酸根离子和盐分达到饱和状态，各种硫酸盐晶体结晶析出，而结晶时体积膨胀，在混凝土孔隙中产生结晶膨胀压，导致混凝土中裂隙变大变深，使混凝土的结构遭到破坏。雨季来时，混凝土内部的各种硫酸盐晶体溶解，使混凝土内部的结晶膨胀压逐渐减小，由于混凝土的抗拉强度很差，如此在混凝土内部的一张一松，就会造成混凝土的结构酥软，强度降低。随着雨季与干旱季节交替进行，混凝土内部结晶和溶解作用交替发生，最终导致混凝土松软，继而剥落，成为豆渣状。

另外在隧道内可以看出整体道床发生局部隆起和下陷，从资料来看，主要隆起和破裂地段与硬石膏层的分布相一致，说明硬石膏的膨胀是道床破裂的重要原因之一。硬石膏的分子式为 $CaSO_4$，其水化方程式为：

$$CaSO_4 + 2H_2O = CaSO_4 \cdot 2H_2O \tag{4-2}$$

$CaSO_4$ 和 $CaSO_4 \cdot 2H_2O$ 的摩尔体积分别为 45.94 cm^3/mol 和 74.69 cm^3/mol，在此反应中水是外来的，在硬石膏中并不含有水，所以式(4-2)反应硬石膏的体积膨胀率为 62.6%，由此导致道床破裂以及混凝土的膨胀酥软。

综上所述，在百家岭隧道衬砌混凝土的破坏主要是由于硫酸盐腐蚀所造成的。

(2) 四川崇州某水电站引水隧洞混凝土腐蚀

某水电站位于四川省崇州市境内，其引水隧洞总长 7 000 余米，为 2.6 m×3.0 m 的直墙拱形净断面，混凝土壁厚 30 cm，强度等级为 C15。1999 年 10 月至 2001 年 10 月，隧洞多处洞段在历经浇筑 3～20 余个月的时间后，陆续发生腐蚀变质，部分混凝土表面腐蚀部分的强度下降为零。

据现场观察，在混凝土腐蚀程度较高、特征较为明显的部位，其表面形成了 0.1～1.2 m^2 面积的云朵状或不规则状的无胶凝强度的疏松稀散物质。在局部洞段混凝土集料中，如果混有洞内岩块，这些岩块也与胶结物砂浆一起同时腐变，且腐变时间更为快速。混凝土腐蚀由表及里，多以某一中心向四周扩散、扩张、扩展，腐蚀程度和深度则由中心向四周减弱。混凝土变质部位大多出现在隧洞底板以上 30～150 cm 的边墙处，其表面多平行墙面膨胀起层开裂，稍遇外力极易脱落。在腐蚀中心部位，稍深一些的混凝土胶凝物质（基质成分）强度完全消失，水分饱和呈泥状，用手抠即可使其脱离。目前这种腐蚀变质从表至里的深度大多在 0.2～10.0 cm 之间，若将表面的腐蚀部分清除剥离后，内部未遭腐蚀部分仍然坚硬如初，符合强度要求。混凝土腐蚀面积和深度逐渐扩大、加深的趋势十分明显，其表面后期清缝和抹面处理的 1∶1 水泥砂浆凝固后的腐蚀速度更快，几乎全部泥化，毫无强度可言。

造成混凝土腐蚀的原因经分析有如下结论：

① 地层与岩性。在隧洞掘进得到证实，其主要岩性为硬石膏岩、膏质白云岩、灰质石膏岩、含石膏黏土岩以及石膏矿层等。另外，区内其他地层中富含硫铁矿、煤、石膏及其他有机质。

② 水文地质及化学性质。在提供的资料中，未对隧洞工程涉及的环境水（地下水）的埋藏条件、侵蚀性、水位水量变化幅度及规律以及地下水在建筑物施工和使用中可能产生的变

化及影响进行评价。根据隧洞施工地质编录资料和实地勘察，洞体衬砌后可见从边墙、底板排水孔中股状涌出的地下水，全部承压。岩石的吸水性、可溶性及膨胀性都十分强烈，岩层褶皱发育混乱，局部极其破碎，富水性极好。据取样分析，水中主要阴、阳离子的含量很高，尤其是 SO_4^{2-} 的含量均大于1 000 mg/L。

③ 水泥成分。由于水泥中 f-CaO 的存在必然会与非常规环境中的某些物质发生不良反应。根据对隧洞中程度不同的腐蚀混凝土取样测定，基本完好的试样中的 f-CaO 明显高于已经腐蚀的试样。这充分说明，随着腐蚀程度的增高，其中的 f-CaO 因参与腐蚀反应形成新的物质后，含量明显降低。

从隧洞混凝土腐蚀洞段的地层、岩石、水文地质及水化学性质以及水泥成分和混凝土腐蚀表面特征分析来看，不良地质环境和水泥产品是导致混凝土腐蚀的根本原因。由于环境水中酸根阴离子，尤其是 SO_4^{2-} 和 HCO_3^- 的大量存在并与混凝土中游离活性钙、镁阳离子等发生反应，从而对混凝土产生硫酸盐及碳酸水侵蚀。

4.2　混凝土的硫酸盐腐蚀类型及机理

混凝土材料的技术发展有极为悠久的历史。基本上混凝土是由水泥、水及骨料等三种以上性质不同的材料所组成的，而水泥是一种胶结性材料，这种材料与水或水溶液拌和后所形成之浆体能胶结其他物料，而经过一系列的物理与化学反应后，会逐渐硬化并形成具有强度的实体。

而地下结构与地下有害气体、地下水、岩土介质等各种特殊环境紧密接触，由此引发的结构耐久性问题非常严重。并且地下环境中硫酸钠、硫酸钾、硫酸镁等硫酸盐均会对混凝土产生侵蚀作用，通常是硫酸钠和硫酸镁的侵蚀。

4.2.1　混凝土的腐蚀类型

混凝土腐蚀过程复杂、种类繁多，分类标准有很多种，按侵蚀介质种类分为两大类：第一种为无机物侵蚀，包括酸、盐、强碱与混凝土的组成成分发生化学反应，生成无凝胶作用或膨胀性物质，改变混凝土结构成分，因而导致混凝土腐蚀；第二种为有机物与微生物侵蚀，在适当的环境中，微生物分解消化有机物，释放有机酸、二氧化碳、硫化氢等腐蚀性介质，使混凝土劣化。

B. M. 莫斯克又将混凝土的腐蚀分为溶出性腐蚀、分解性腐蚀和膨胀性腐蚀三种基本类型。

(1) 溶出性腐蚀：能够溶解水泥石组分的液体介质(水溶液)在混凝土内发生的全部腐蚀过程。当水在流动或压力的情况下长期冲刷水泥石，会将混凝土中的氢氧化钙溶解析出带走，水化硅酸盐和水化铝酸盐失去稳定性开始分解。混凝土的溶出性腐蚀，在各类建筑物中都能看到，特别是在水与混凝土接触后的干燥部位。溶解在水中的氢氧化钙碳化后生成碳酸钙沉淀下来，在混凝土表面形成白色沉淀物。

(2) 分解性腐蚀：指水泥成分和溶液间发生化学反应的生成物丧失胶凝性而引起的腐蚀。这些产物或是由于扩散原因易于溶解，或是随渗流水从水泥石结构中析出，或是以非结晶体形式聚集。酸和某些盐的溶液与混凝土作用时所发生的侵蚀过程属于这一类腐蚀。当生成物不具备阻止侵蚀性介质进一步渗透的胶结性和足够密实性，而是被溶解掉或被机械地冲洗掉，那么混凝土的深层就会裸露出来，腐蚀过程会一直继续下去，直到整块混凝土完全破坏为止。当生成物不溶解而是遗留在混凝土表面，就会形成一层反应物薄层，那么混凝土的腐蚀破坏速度取决于反应物薄层的性质。在工业建筑、地下建筑和水工建筑中，分解性腐蚀非常普遍，具体形式有酸性侵蚀、碳酸侵蚀、硫氢酸侵蚀、镁盐与铵盐侵蚀等。

(3) 膨胀性腐蚀：当混凝土空隙内发生腐蚀时，难溶的反应产物开始聚集和结晶，固相体积或物相转化过程中生成的聚合物的体积增大，以及在相似过程中混凝土空隙内的固相体积也增大，在混凝土内部发生的结晶现象和其他二次过程会形成内应力，这种内应力将损坏混凝土的结构。这种腐蚀过程对混凝土的破坏作用很大，其中硫酸盐的化学腐蚀作用就属于此类。

4.2.2 混凝土硫酸盐腐蚀的机理

现阶段的研究成果认为混凝土的硫酸盐腐蚀主要是物理腐蚀和化学腐蚀。

(1) 硫酸盐的物理腐蚀

所谓物理腐蚀就是硫酸盐的结晶腐蚀，结晶腐蚀是由于硫酸盐溶液渗入混凝土孔隙中，然后蒸发呈结晶析出，产生结晶压力引起水泥石结构的崩裂。工程实践表明，盐类结晶对混凝土的破坏速度较其他方式更快，破坏力更大，更应引起水泥混凝土工作者的注意。

从物理化学原理得知，盐类结晶产生的必要条件是溶液存在过饱和度。对混凝土的孔液来说，两种情况可使孔液达到过饱和度：一是外来离子向混凝土孔进行扩散，其扩散速度取决于外界离子的浓度和混凝土的内部结构，即毛细管大小及其连通程度；另外还取决于产物的溶解度。外界环境离子浓度大则向混凝土内扩散速度快，连通孔长则易向内部扩散；结晶产物溶解度小则容易达到过饱和度。

具有一定矿化度的环境水在混凝土毛细管作用下从潮湿一端被吸入，由暴露于大气的另一端蒸发，混凝土孔液经浓缩而析晶，使混凝土遭受盐类结晶的膨胀压力。其破坏速度及破坏程度远超过化学腐蚀。破坏位置发生在水位变化区、干湿交替地带以及单侧线水头压力的混凝土薄壁结构。

盐类结晶是在混凝土的毛细孔中产生，但并不是一出现盐类结晶混凝土就破坏，开始的盐类结晶只是填充毛细孔，使混凝土结构致密，甚至使强度增加，以后随着盐结晶的继续生成和积聚，结晶压力超过混凝土的抗拉强度，从而使混凝土结构破坏。因此，混凝土结构破坏的速度取决于盐结晶的数量和速度，而盐结晶的数量和速度又取决于混凝土所处的环境。除了环境侵蚀溶液的浓度外，环境干湿循环是产生盐类结晶的重要条件。

从盐溶液中结晶的条件是在一定温度下溶质的浓度达到和超过饱和浓度。一般地说，过饱和度越大，结晶压力越大。对于过饱和度 $C/C_s=2$ 时从密度、分子量和分子体积计算得的一些常见盐类结晶压力见表 4-1。

这些盐类结晶压力最大的是岩盐，在过饱和度 $C/C_s=2$ 时，8 ℃时的结晶压力达 554 atm(56 MPa)，最小的为溢晶石，为 50 atm(5.1 MPa)，若以混凝土抗拉强度为抗压强度的 1/10 计，后者足可使抗压强度为 51 MPa 的混凝土破坏。

盐湖地区埋设的各种水泥配制的水灰比 0.65 的混凝土经 3～6 月之后，地表上干湿变化部位已出现盐类结晶破坏，即使是 C_3A 含量低的高抗硫酸盐水泥的混凝土，对干旱地区抗盐类结晶破坏也没有改善，甚至比普通硅酸盐水泥的还差。水灰比为 0.50 的高抗硫酸盐水泥混凝土，在察尔汗超盐渍地区埋设 6 年之后，处于干湿变化地区的混凝土已破坏，而同一条件下的普通水泥混凝土则只出现严重露石子。在非抗硫酸盐水泥中掺入矿渣、火山灰等混合材，抗化学腐蚀性能好而抗盐类结晶破坏性差。降低水灰比、提高混凝土密实性对抗盐类结晶破坏有决定性作用。

表4-1　盐类的结晶压力

结晶盐	化学方程式	密度/(g/cm^3)	分子量/(g/mol)	摩尔体积/(cm^3/mol)	结晶压力/atm	
					8 ℃	50 ℃
无水石膏	$CaSO_4$	2.96	136	46	335	398
二水石膏	$CaSO_4 \cdot 2H_2O$	2.32	127	55	282	334
水镁石	$MgSO_4 \cdot 2H_2O$	2.45	138	57	272	324
六水硫酸镁	$MgSO_4 \cdot 6H_2O$	1.75	228	130	118	141
七水硫酸镁	$MgSO_4 \cdot 7H_2O$	1.68	246	147	105	125
十二水硫酸镁	$MgSO_4 \cdot 12H_2O$	1.45	336	232	67	80
硫酸钠	Na_2SO_4	2.68	142	53	292	345
十水硫酸钠（芒硝）	$Na_2SO_4 \cdot 10H_2O$	1.46	322	220	72	83
水碱（含水碳酸钠）	$Na_2CO_4 \cdot H_2O$	2.25	124	55	280	333
七水碳酸钠	$Na_2CO_4 \cdot 7H_2O$	1.51	232	154	100	119
十水碳酸钠	$Na_2CO_4 \cdot 10H_2O$	1.44	286	199	78	92
岩盐	NaCl	2.17	59	28	554	654
水氯镁石	$MgCl_2 \cdot 10H_2O$	1.57	203	129	119	142
溢晶石	$MgCl_2 \cdot CaCl_2 \cdot 12H_2O$	1.66	514	310	50	59

(2) 硫酸盐的化学腐蚀

无论是海水还是盐湖中的盐水，其化学成分中都包括硫酸镁，水泥基材料的镁硫型硫酸盐侵蚀也是一种酸性硫酸型侵蚀，在低pH值下发生的主要腐蚀反应产物是水镁石、石膏和硅酸镁凝胶(M-S-H)。水泥基材料的镁硫型侵蚀外观变化没有钙矾石型和石膏型硫酸盐侵蚀明显，只是物理化学性能严重劣化，试件断面呈连续层状分布。这种破坏形式是潜在的和连续的，由于无明显外观变化，其后果将会更加严重，而且一旦发生即快速发展。侵蚀介质为硫酸根离子和镁离子，侵蚀最终目标是C-S-H相。

Mg^{2+}的存在会加重SO_4^{2-}对混凝土的侵蚀作用，因为生成的$Mg(OH)_2$的溶解度很小，反应可以完全进行下去，所以在一定条件下硫酸镁的侵蚀作用比其他硫酸盐侵蚀更加激烈。$Mg(OH)_2$与硅胶体之间还可能进一步反应，也可引起破坏，主要是因为氢氧化钙转变为石膏伴有形成不溶的低碱氢氧化镁，导致C-S-H稳定性下降并且也易受到硫酸盐侵蚀。在硫酸镁溶液中，砂浆一直以增加的速率膨胀。抗压强度的减少，在硫酸镁环境要远大于硫酸钠环境。但如果溶液中SO_4^{2-}浓度很低，而Mg^{2+}的浓度很高的话，则镁盐侵蚀滞缓甚至完全停止，这是因为$Mg(OH)_2$的溶解度很低，随反应的进行，它将淤塞于水泥石的孔隙而显著地阻止Mg^{2+}向水泥石内部扩散。

当溶液中存在Mg^{2+}时，硫酸盐与氢氧化钙反应生成石膏，并且能将C-S-H置换成M-S-H，此时混凝土只能产生微小的膨胀，而更多的是表现为使混凝土强度、刚度和黏结力的降低。

硫酸镁与水化水泥产物的反应方程式如(4-3)、式(4-4)和式(4-5)所示：

$$Ca(OH)_2+MgSO_4+2H_2O \longrightarrow CaSO_4 \cdot 2H_2O+Mg(OH)_2 \quad (4\text{-}3)$$

$$(xCaO \cdot ySiO_2 \cdot zH_3O)+xMgSO_4+(3x+0.5y-z)H_2O \longrightarrow$$
$$x(CaSO_4 \cdot 2H_2O)+xMg(OH)_2+0.5y(2SiO_2 \cdot H_2O) \quad (4\text{-}4)$$

$$4Mg(OH)_2+SiO_2 \cdot nH_2O \longrightarrow 4MgO \cdot SiO_2 \cdot 8.5H_2O+(n-4.5)H_2O \quad (4\text{-}5)$$

硫酸镁侵蚀首先发生式(4-3)的反应，然而式(4-3)生成的$Mg(OH)_2$与NaOH不同，它的溶解度很低仅为0.01 g/L，而NaOH是1.37 g/L，饱和溶液的pH值是10.5，而$Ca(OH)_2$是12.4，NaOH是13.5，在此pH值下钙矾石和C-S-H均不稳定，低的pH值环境将产生以下结果：

① 次生钙矾石不能生成；

② 由于镁离子和钙离子具有相同的化合价和几乎相同的半径，所以两者能很好地结合，因此$MgSO_4$很容易与C-S-H发生反应，生成石膏、氢氧化镁和硅胶($2SiO_2 \cdot 2H_2O$)，这种胶体较C-S-H胶体的黏结性小。

③ 为了增加自身的稳定，C-S-H胶体要不断地释放出石灰来增加pH值(即通常称为C-S-H胶体的去钙过程)，但释放出来的石灰却并没有增加pH值，而是继续与$MgSO_4$发生式(4-3)反应，生成更多的C-S-H和$Mg(OH)_2$。

④ 随着C-S-H胶体中石灰的析出和胶结性的降低，胶体中的石膏和$Mg(OH)_2$将不断地增加。

⑤ 随着$Mg(OH)_2$的增加将不断地发生式(4-5)的反应，生成没有胶结力的水化硅酸镁(M-S-H)。

所以硫酸镁侵蚀始于不断地发生式(4-4)和式(4-5)的反应，将C-S-H胶体生成没有胶结力的水化硅酸镁(M-S-H)。此种类型腐蚀的特点是硬化水泥浆体表面层的软化和剥落以及石膏和氢氧化镁的不断生成，使氢氧化镁最终变成M-S-H。

可见硫酸镁侵蚀与C_3A无关，传统通过降低C_3A含量的抗硫酸盐水泥对改善硫酸镁型侵蚀的作用不大。所以在实验研究和实际的工程中，必须弄清混凝土所暴露的硫酸盐环境，以进行研究或采取相应的措施。

(3) 硫酸盐的物理化学腐蚀

硫酸盐侵蚀混凝土破坏是一个复杂的物理化学过程，其实质是外界侵蚀介质中的SO_4^{2-}进入混凝土的孔隙内部，与水泥石的某些组分发生化学反应生成膨胀性产物，而产生膨胀内应力，当膨胀内应力超过混凝土的抗拉强度时，就会使混凝土强度严重下降，导致混凝土遭受破坏。根据结晶产物和破坏型式的不同，硫酸盐侵蚀破坏可分为以下两种类型：

① 钙矾石型腐蚀破坏：绝大多数硫酸盐对混凝土都有显著的侵蚀作用，这主要是由于硫酸钠、硫酸钾等多种硫酸盐都能与水泥石中的$Ca(OH)_2$作用生成硫酸钙，硫酸钙再与水泥石中的固态水化铝酸钙反应生成三硫型水化硫铝酸钙($3CaO \cdot Al_2O_3 \cdot 3CaSO_4 \cdot 31H_2O$，即钙矾石，简写为AFt)。以$Na_2SO_4$为例，其反应方程式为：

$$Na_2SO_4 \cdot 10H_2O + Ca(OH)_2 = CaSO_4 \cdot 2H_2O+2NaOH+8H_2O \quad (4\text{-}6)$$

$$3(CaSO_4 \cdot 2H_2O) + 4CaO \cdot Al_2O_3 \cdot 12H_2O + 14H_2O = 3CaO \cdot Al_2O_3 \cdot 3CaSO_4 \cdot 31H_2O + Ca(OH)_2 \quad (4\text{-}7)$$

钙矾石是溶解度极小的盐类矿物，在化学结构上结合了大量的结晶水，其体积约为原水化铝酸钙的 2.5 倍，使固相体积显著增大，加之它在矿物形态上是针状晶体，在原水化铝酸钙的固相表面呈刺猬状析出，放射状向四方生长，互相挤压而产生极大内应力，致使混凝土结构物受到破坏。钙矾石膨胀破坏的特点是混凝土试件表面出现少数较粗大的裂缝。

② 石膏型腐蚀破坏：当侵蚀溶液中 SO_4^{2-} 浓度相当高（大于 1 000 mg/L）时，水泥石的毛细孔若为饱和石灰溶液所填充，不仅有钙矾石生成，而且在水泥石内部还会有二水石膏（$CaSO_4 \cdot 2H_2O$）结晶析出，反应方程式为式(4-6)。$Ca(OH)_2$ 转变为石膏，体积增加为原来的两倍，使混凝土因内力过大而导致膨胀破坏。

从以上腐蚀过程可以看出包括两个方面：一方面由于硫酸盐同混凝土内的胶凝材料铝酸钙发生化学反应，生成非胶凝产物，使混凝土的强度降低；另一方面化学反应的生成产物钙矾石或石膏由于体积膨胀使混凝土内产生拉应力。而膨胀破坏，也是结晶腐蚀的物理腐蚀过程，所以此类硫酸盐腐蚀又可以称是物理化学腐蚀。

可见硫酸钠侵蚀主要是与含铝的水化产物反应，所以《抗硫酸盐硅酸盐水泥》（GB 748—2005）规定抗硫酸盐水泥的 C_3A 含量应低于 5%，如果 C_3A 含量在 5%～8%之间，则有可能引起硫酸钠侵蚀，如果 C_3A 含量大于 8%，则肯定产生腐蚀。此外，还有两个因素影响此种类型的侵蚀：一个是水泥中 C_4AF 含量，尽管 C_4AF 较 C_3A 对硫酸钠侵蚀的影响小，但它能生成与钙矾石类似但膨胀量较少的产物。因此，《抗硫酸盐硅酸盐水泥》（GB 748—2005）也规定抗硫酸盐水泥中 C_4AF 的含量，即 $C_4AF + 2C_3A$ 含量＜20%，其次方程式(4-6)中生成的石膏的体积大于反应物的体积，生成的 NaOH 对膨胀性钙矾石的稳定有利，所以应限制抗硫酸盐水泥生成的 $Ca(OH)_2$ 的量，这可以通过降低 C_3S/C_2S 值或掺入超细粉来实现。

4.2.3　受硫酸盐腐蚀后混凝土微观结构变化

在试验室加速腐蚀过程中，进入混凝土中未发生化学反应的 Na_2SO_4 不断地处于吸水膨胀和脱水收缩的状态，此种状态下的 Na_2SO_4 与水结合形成 $Na_2SO_4 \cdot nH_2O$ 晶体，这种盐的结晶作用使混凝土开裂而强度降低。随着腐蚀作用的进行，SO_4^{2-} 与水泥石中的氢氧化钙 $Ca(OH)_2$ 和水化铝酸钙 $3CaO \cdot Al_2O_3 \cdot 6H_2O$ 反应生成三硫型水化硫铝酸钙 $3CaO \cdot Al_2O_3 \cdot 3CaSO_4 \cdot 31H_2O$（钙矾石），固相体积增大 94%。如果硫酸盐浓度较高时，则不仅生成钙矾石，而且还会有石膏结晶析出（$CaSO_4 \cdot 2H_2O$），一方面石膏的生成使固相体积增大 124%，在内部产生很大的内应力，导致混凝土膨胀开裂破坏；另一方面，消耗了 $Ca(OH)_2$，水泥水化生成的 $Ca(OH)_2$ 不仅是 $3CaO \cdot Al_2O_3 \cdot 6H_2O$ 等水化矿物稳定存在的基础，而且对混凝土的力学强度有破坏作用，会导致混凝土的强度损失和耐久性下降。为了进一步了解硫酸盐侵蚀的机理及腐蚀程度，对受硫酸盐腐蚀后不同腐蚀厚度的混凝土试件做了扫描电镜试验，来观察在腐蚀的过程中，水泥浆体形貌的变化情况。

(1) 未受腐蚀时微观结构

未受硫酸盐腐蚀的混凝土 C-S-H 凝胶完整、密实，$Ca(OH)_2$ 结晶的非常整齐、完整[图 4-1(a)]。

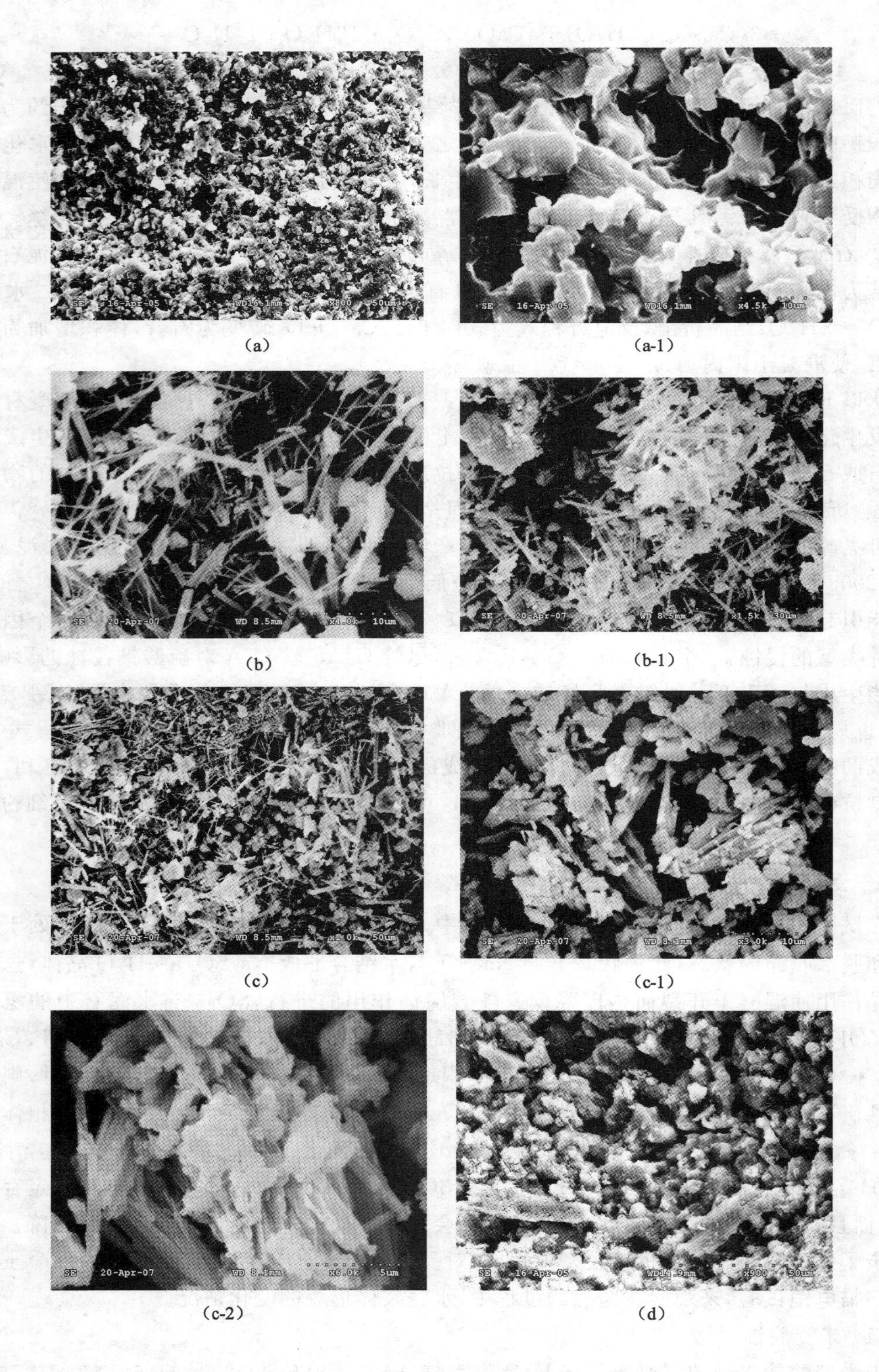

(a) (a-1) (b) (b-1) (c) (c-1) (c-2) (d)

图 4-1　不同腐蚀程度的水泥浆体形貌图

(d-1)

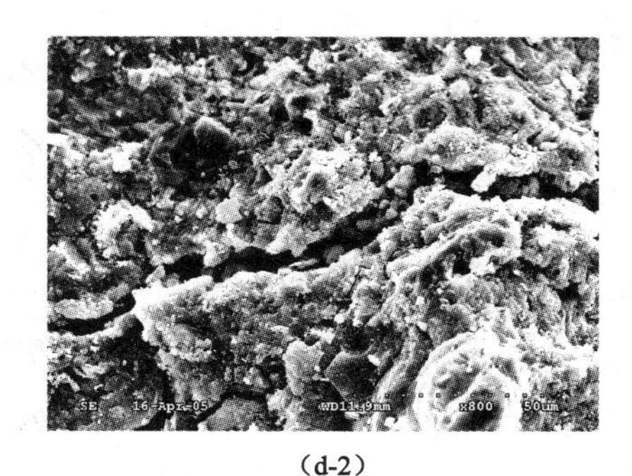

(d-2)

续图 4-1 不同腐蚀程度的水泥浆体形貌图

(a) 未腐蚀试件电镜扫描照片;(a-1) (a)图局部放大图;(b) 腐蚀初期电镜扫描照片;(b-1) (b)图局部放大图;
(c) 腐蚀膨胀期电镜扫描照片;(c-1) (c)图局部放大图;(c-2) (c)图局部放大图;
(d) 腐蚀开裂期电镜扫描照片;(d-1) (d)图局部放大图;(d-2) (d)图局部放大图

(2) 腐蚀开始时

随着侵蚀的进行,$Ca(OH)_2$晶体不可见,在混凝土内部逐渐产生孔隙,并能看到少量针状钙矾石和纤维积聚型块状石膏晶体[图 4-1(b)]。

(3) 腐蚀加剧时

随着腐蚀层的增加,混凝土内部孔隙逐渐变大,同时针状钙矾石变多变大且纤维积聚型块状石膏晶体增多[图 4-1(c)]。

(4) 腐蚀严重时

随着侵蚀的进行,混凝土内部结构变得非常松散,裂缝增多,局部可见贯通的裂缝[图 4-1(d)],孔隙中有大量的石膏晶体,此时 $Ca(OH)_2$晶体和钙矾石已不可见。

由此可见,随着腐蚀层的不断增加,混凝土内部微观结构不断变化,同时内部结构随着腐蚀层的增加逐渐松散,甚至出现膨胀裂缝。

4.3 混凝土硫酸盐腐蚀的影响因素

4.3.1 硫酸盐腐蚀溶液的温度、浓度和 pH 值

根据 Arrhenius 方程,温度每升高 10 ℃,对于一般化学反应的速度大约增加 2～3 倍。温度的升高将导致 SO_4^{2-} 扩散的提高,同时也将导致离子运动速度和化学反应速度的提高,这些将导致混凝土硫酸盐侵蚀速度的提高。

有研究表明在硫酸钠溶液中,温度的增加能显著地降低普通水泥砂浆硫酸盐腐蚀第一阶段的时间,从而很快地进入第二阶段,对第二阶段的膨胀速率影响不大(图 4-2),在硫酸镁溶液中,温度的增加也能增加普通水泥砂浆的膨胀速率(图 4-3)。

侵蚀溶液浓度改变,反应机理也发生变化。以 Na_2SO_4侵蚀为例,低 SO_4^{2-} 浓度(＜1 000 ppm SO_4^{2-})下,反应产物主要是钙矾石,而在高浓度(＞8 000 ppm SO_4^{2-})下,主要产物是石膏,在中等程度浓度(1 000～8 000 ppm SO_4^{2-})下,钙矾石和石膏同时生成。在 $MgSO_4$侵蚀情况下,在低 SO_4^{2-} 浓度(＜4 000 ppm SO_4^{2-}),反应产物主要是钙矾石,在中等程度浓度

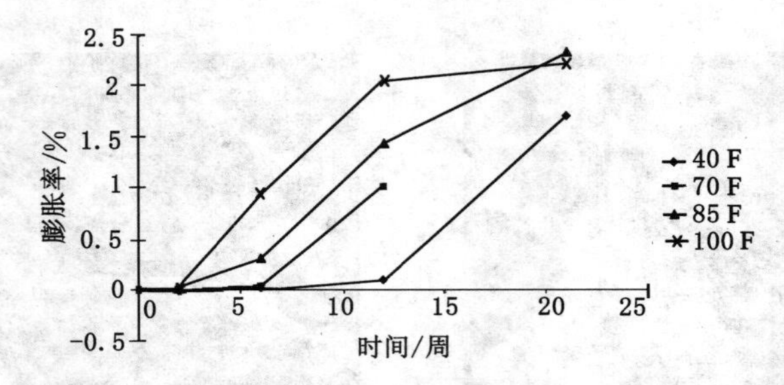

图 4-2 不同温度的硫酸钠溶液中普通水泥砂浆的膨胀

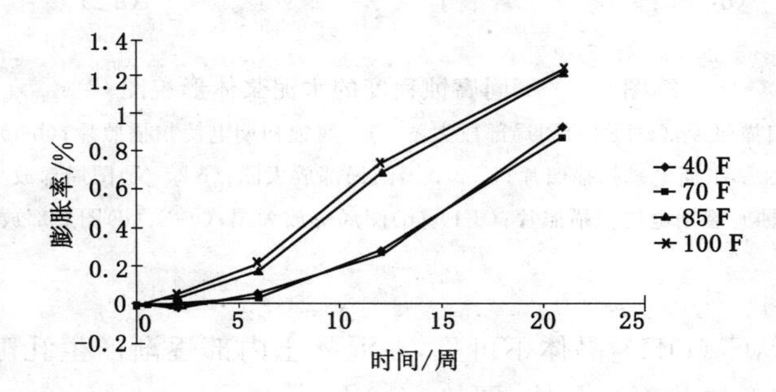

图 4-3 不同温度的硫酸镁溶液中普通水泥砂浆的膨胀

(4 000～7 500 ppm SO_4^{2-})下，钙矾石和石膏同时生成；而在高浓度(＞7 500 ppm SO_4^{2-})下，镁离子腐蚀占主导地位。

在硫酸钠和硫酸镁溶液中的膨胀都可分为两个阶段，如图 4-4 所示。

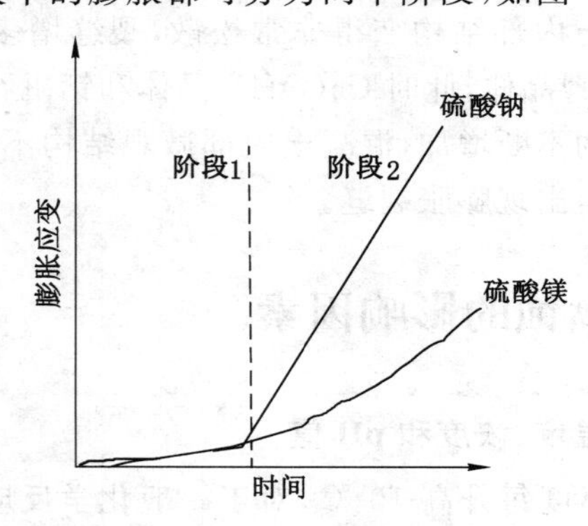

图 4-4 硫酸钠和硫酸镁溶液中的膨胀规律

在硫酸钠溶液中，浓度的增加不改变第一阶段的膨胀速率，却显著地增加第二阶段的膨胀速率，在硫酸镁溶液中，浓度的增加能增加普通水泥砂浆的膨胀速率，如图 4-5 和图 4-6 所示。

但 ASTM 标准所建议的将试块浸泡并不能真实地代表现场情况，因为在浸泡过程中，混凝土中的碱不断地析出，使溶液的 pH 值很快地由 7 上升到 12 左右，而且 SO_4^{2-} 浓度也随着浸泡而降低。一般说来，连续浸泡的实验室试块与现场暴露的试块相比，具有较强的抗侵蚀性能，这是因为现场暴露的试块往往处于恒定浓度和 pH 值的硫酸盐侵蚀之中，并且受环境条件的影响如干湿循环等，而这些恰恰是加速侵蚀的条件。

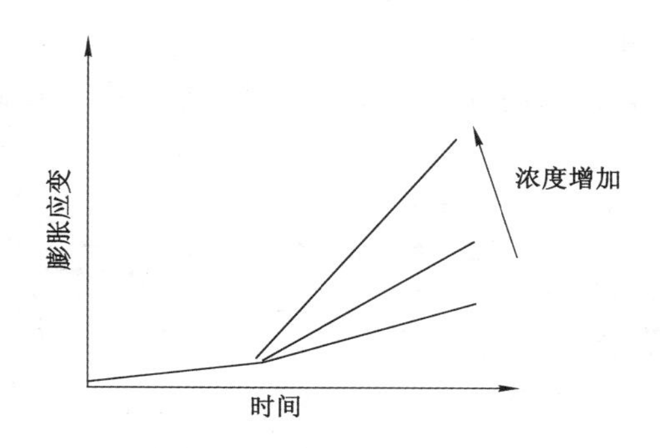

图4-5 不同浓度硫酸钠溶液中普通水泥砂浆的膨胀

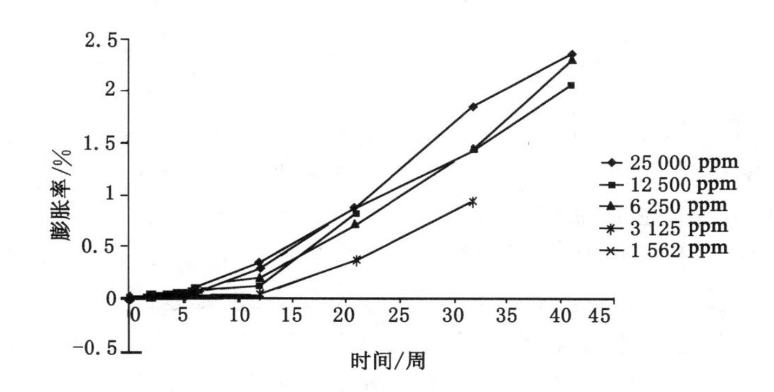

图4-6 不同浓度硫酸镁溶液中普通水泥砂浆的膨胀

有人曾提出了一种新的实验方法，即不断地加入 H_2SO_4 使 Na_2SO_4 溶液的pH值始终保持同一水平(6.2)，发现不含 C_3A 的水泥的抗侵蚀性与含 C_3A 水泥的一样差，用X射线衍射发现了大量的石膏的存在，表明将pH值控制在酸性范围内，使侵蚀机理转向石膏侵蚀型破坏，认为此种实验方法是可行而有效的。然而，很多研究人员认为，此测试方法因为使用了硫酸，其侵蚀机理是酸侵蚀而不是硫酸盐侵蚀。还有学者采用了类似的实验方法来研究侵蚀过程中控制pH值，实验采用了三种pH值(6.0、10.0和11.5)和不控制pH值，进行连续浸泡实验，发现随着pH值的降低，混凝土的抗侵蚀性能(以砂浆试块的线性膨胀和立方体抗压强度的降低表示)下降，但与pH值没有明显的相关性。此种实验虽然没有被广泛重复使用，但其所提供的研究结果却让我们认识到在研究硫酸盐侵蚀时，应该考虑到溶液中pH值的影响，因为这更接近于实际情况。

国内学者也认识到了这个问题，研究表明随着侵蚀溶液pH值的下降，侵蚀反应也不断变化，当pH=12.5～12时，钙矾石结晶析出，当pH=11.6～10.6时，石膏结晶析出，当pH<10.6时，钙矾石开始分解。与此同时，当pH<12.5，C-S-H凝胶也将溶解和再结晶，其钙硅比 CaO/SiO_2 逐渐下降，由pH=12.5时的2.12降到pH=8.8时的0.5，水化产物的溶解—过饱和—再结晶过程不断进行，从而引起混凝土的孔隙率、强度和黏结力的变化。当pH<8.8时，即使掺超塑化剂和活性混合材的混凝土也难免遭受侵蚀。

4.3.2 混凝土的水灰比

从混凝土自身来看，混凝土的水灰比对抗硫酸盐腐蚀能力有重大影响，其他条件相同的前提下，水灰比越小，混凝土越密实，强度等级越高，混凝土的抗硫酸盐腐蚀的能力越强。不同水灰比的混凝土试块在硫酸盐腐蚀溶液中的长期浸泡试验结果如图 4-7 所示。

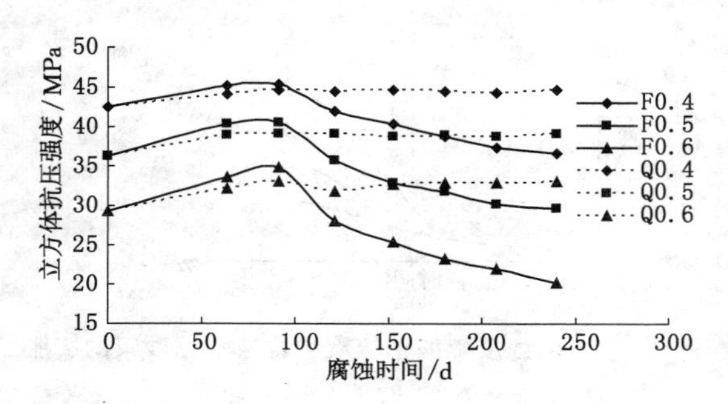

图 4-7　不同水灰比清水及腐蚀组试块抗压强度曲线图

图 4-7 中虚线 Q0.4、Q0.5 和 Q0.6 分别是水灰比 0.4、0.5 和 0.6 的混凝土试块在清水中浸泡的强度曲线，F0.4、F0.5 和 F0.6 分别是水灰比 0.4、0.5 和 0.6 的混凝土试块在 10% 硫酸钠溶液中浸泡的强度曲线。由图 4-7 可得以下规律：

① 依水灰比的不同，浸泡腐蚀的初始强度由高到低依次为 0.4、0.5、0.6，这是因为水灰比越小，混凝土表面及内部孔隙则越少，混凝土越密实，强度则越高；

② 无论是清水组还是腐蚀组，在整个过程中都以水灰比 0.4 组的立方体抗压强度最高，水灰比 0.6 组的立方体抗压强度最低，水灰比 0.5 组抗压强度曲线在两者之间，表明抗腐蚀能力依水灰比的减小而提高。

这些规律与上一节腐蚀现象所表现出来的规律是对应的，表明了水灰比越小，混凝土抗硫酸盐腐蚀效果越好。

4.3.3　干湿交替和冻融循环的影响

当受硫酸盐侵蚀的混凝土处于冻融状态时，其破坏程度要加剧。这是因为当混凝土处于冻融循环状态时，其体积会发生变化，强度降低，结构变得疏松，混凝土抗渗性能降低，SO_4^{2-} 渗入所受到的阻力将减小，渗入的速度将增加，从而加速了破坏。

硫酸盐侵蚀的程度也受溶液运动状态的影响。在流动的水中，反应所需要的 SO_4^{2-} 源源不断，生成氢氧化钠也能及时被排走，那么就不断有侵蚀产物生成。如果氢氧化钠不能及时排走，而是聚集在混凝土附近，即使 SO_4^{2-} 的浓度再高，也不可能完全反应。因此，如果混凝土处于流动的水中，其破坏程度要加剧。当混凝土处于干湿交替状态时，破坏的程度也要加速。因为对于石膏型破坏而言，只有当 SO_4^{2-} 和 Ca^{2+} 的浓度达到一定程度时，才会结晶析出产生膨胀。在干湿交替的情况下，由于水分的蒸发而使得侵蚀溶液浓缩，从而致使石膏结晶析出，使混凝土发生破坏。

比较了混凝土在硫酸钠溶液中受连续浸泡、干湿循环、冻融循环作用下混凝土膨胀量的情况，结果表明干湿循环中的膨胀量最大，冻融循环次之，连续浸泡最小，见图 4-8。这与研究结果一致，这说明在研究硫酸盐的侵蚀时，环境条件是一个重要的影响因素。

昆明铁路局科学研究所在研究成昆铁路工程混凝土硫酸盐侵蚀破坏问题时，曾采用干湿循环的加速试验方法和现场浸泡的方法进行对比试验。干湿循环制度为：室温浸泡 14 h→取出擦干表面水分 1 h→80 ℃恒温烘干 6 h→冷却观察 1 h，即为一个循环，每个循环

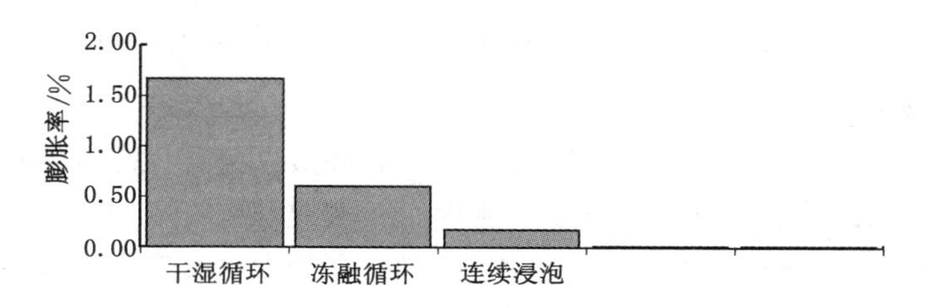

图 4-8　不同环境条件硫酸钠侵蚀混凝土的膨胀量比较

为 24 h。把干湿循环法的试验结果与现场长期浸泡的结果进行对比，发现两种方法具有较好的一致性。

4.3.4　混凝土结构应力状态的影响

在应力状态下的混凝土的抗蚀性与无荷载的混凝土不同。对水泥基材料的应力腐蚀的研究，早在 20 世纪 50 年代，苏联就已经就应力状态对混凝土抗蚀性的影响进行了研究，研究发现应力的种类(拉应力或压应力)和级别是决定混凝土抗蚀性的主要因素。但比较系统性的研究是由奥地利维也纳科技大学的 U. Schneider 及其合作者在 1984 年首先开始的。他们先后对水胶比、水泥类型、荷载水平、介质浓度、试件的表面处理与涂层以及试件的槽口深度等因素对水泥砂浆、普通混凝土的弯曲强度的影响进行过研究。

国内在混凝土应力腐蚀方面的研究起步较晚，也不系统。部分研究表明，氯化钠和硫酸钠溶液的有效扩散系数与压应力级别的依赖关系为：当压应力为$(0.4\sim0.6)f_c$时，有效扩散系数减小，当高于上述值时则增大。

4.4　混凝土硫酸盐腐蚀的抑制方法

当某一地下结构所处的土壤和地下水中含有硫酸盐时，在进行混凝土结构设计中必须要考虑到混凝土的抗硫酸盐腐蚀性能。现阶段对于混凝土的抗硫酸盐腐蚀的方法主要为提高混凝土的强度和密实度、合理选择水泥品种控制 C_3A 的含量、掺入矿物掺合料如粉煤灰和矿渣等，下面将分别对这些方法进行简单介绍。

4.4.1　提高混凝土的密实度和强度

提高混凝土的密实度和强度是提高混凝土抗侵蚀性能最主要、也是最重要的措施。因为不管是混凝土遭受化学侵蚀，还是冻融交替或是干湿交替作用，甚至几种情况同时存在的最不利情况，共同的必要条件是混凝土的透水性。由于水及其中侵蚀介质能渗透到混凝土的内部，才会发生一系列物理化学变化，致使混凝土产生腐蚀损坏。如果在修建地下结构时，采用了防水混凝土，提高了混凝土的密实度和强度，外界侵蚀性水就不易渗入混凝土内部，从而减缓了环境水的侵蚀速度，就可以提高混凝土的耐久性，降低侵蚀的影响。

一般用控制水灰比、集料级配法和掺外加剂法配制防水混凝土，来提高地下结构混凝土的密实性和防水性。由于是现场浇筑，在有地下水活动的地段，往往很难保证防水混凝土的质量，从而影响其防水性，因此要采取相应的措施。

混凝土由于采用现场浇筑的施工方法，其质量与施工和养护紧密相关。防腐混凝土必须采用机械拌和、机械振捣并且根据水泥品种有足够的养护时间。防腐蚀混凝土结构物外露面边缘、棱角、沟槽应为圆弧形；钢筋混凝土的保护层不得小于 5 cm。

4.4.2 外掺矿物掺合料

硅酸盐系列的水泥中熟料成分主要有硅酸三钙、硅酸二钙、铝酸三钙和铁铝酸四钙等矿物成分。硅酸钙水化后，会产生氢氧化钙。水泥中主要是氢氧化钙和铝酸三钙导致水泥的腐蚀性。氢氧化钙在动态淡水中会发生溶出性腐蚀，在酸中也会发生腐蚀。

由于腐蚀主要是由于混凝土中游离的 $Ca(OH)_2$ 等引起的，可以采取降低混凝土中 $Ca(OH)_2$ 浓度的措施来达到抗侵蚀的目的。在混凝土中掺入矿物掺合料可以起到降低 $Ca(OH)_2$ 浓度的目的，主要的矿物掺合料有粉煤灰、硅灰和矿渣等。

矿物掺合料的加入有等量取代法、超量取代法和外加法。以粉煤灰为例：

① 等量取代法：确定不加粉煤灰的配合比后，用一定质量的粉煤灰取代相同质量的水泥。

② 超量取代法：确定不加粉煤灰的配合比后，用一定质量的粉煤灰取代相同质量的水泥，再加一部分粉煤灰取代等量的砂。也就是取代后，水泥和砂都少了。

③ 外加法：直接加入粉煤灰即可。

矿渣也是一样的，不过当然用的是磨过的粒化高炉矿渣，或者更细的矿渣微粉。

一般用的是超量取代法，当混凝土强度要求较大或配制大体积混凝土时可采用等量取代法，为改善混凝土和易性时可采用外加法。

掺入矿物掺合料除了可以起到降低 $Ca(OH)_2$ 浓度外，掺入粉煤灰还可以通过二次反应除去游离的 $Ca(OH)_2$，且给予铝相以不活泼性。

也可以直接在水泥中掺入矿物掺合料，如矿渣硅酸盐水泥，即在硅酸盐水泥中加入矿渣取代部分水泥熟料，从而减少易腐蚀的成分含量（氢氧化钙和铝酸三钙）。另外，矿渣粉末中含有活性成分，在碱性环境中，会产生二次反应，这个过程中也降低了氢氧化钙的含量，所以提高了水泥及其混凝土的抗腐蚀性能。

4.4.3 选用耐硫酸盐腐蚀水泥

硫酸盐对混凝土的腐蚀，主要是由于 SO_4^{2-} 达到一定浓度后与水泥水化时生成的 $Ca(OH)_2$、水化铝酸钙 C_3AH 产生反应，生成水化硫铝酸钙（钙矾石），因其体积增大造成混凝土开裂，使混凝土结构的耐久性劣化。混凝土的抗硫酸盐腐蚀取决于其水泥的 C_3A 含量、混凝土的水灰比和矿物微细粉的品种、质量和数量，且与介质中 SO_4^{2-} 的浓度有关。

许多国家在制定硫酸盐侵蚀介质条件下选用水泥的控制标准时，均以 C_3A 含量多少来衡量。各国的抗硫酸盐水泥，C_3A 均不大于 5%。我国根据环境水的侵蚀程度，分别控制水泥中 C_3A 含量不大于 8%或 5%。检验混凝土抗硫酸盐腐蚀性首先是检验所使用水泥（或胶凝材料）的抗硫酸盐性能。

可以参考 ASTM C1012 检验水泥砂浆在 5% Na_2SO_4 溶液中浸泡 15 周后的膨胀率，如 6 个试件的平均膨胀值小于 0.4%，则认为该种水泥（或胶凝材料）的抗硫酸盐性能合格。然后，用这种水泥（或胶凝材料）配制混凝土，并根据混凝土结构所处环境条件，控制混凝土的最大水胶比，因为混凝土的抗硫酸盐腐蚀性能除与胶凝材料有关外，还与水胶比（W/B）有关。

4.4.4　混凝土结构外部防护措施

外部防护措施主要是指将侵蚀性环境水排离地下结构周围，减少侵蚀性地下水与地下结构混凝土的接触。目前隧道工程中，在地下水丰富地区，用泄水导洞法将地下水引至导洞内，减少地下水对隧道结构的影响，泄水洞一般应根据地下水的活动规律和流向做在主洞的上游，拦截住地下水；地下水不发育地区，在隧道背后做盲沟，将地下水排入盲沟，从而减少对隧道衬砌的腐蚀。

除了以上外部排水措施之外，还可以使用密实的与混凝土不起化学作用的材料，在隧道衬砌的外表面做隔离防水层。国内常用的防水卷材有 EVA、ECB、PE、PVC 等，这些材料的耐酸碱性能稳定，作为隔离防水层，是较理想的材料。具有腐蚀性的地下水在防水卷材的隔离下，无法达到混凝土的表面，因而也是一种好的抗腐蚀的方法。也有在衬砌表面涂抹水泥防蚀涂料的方法，常用的有阳离子乳化沥青乳胶涂料、编织乙烯共聚涂料，近几年又使用了焦油聚氨酯涂料、RG 防水涂料等等。还有向衬砌混凝土背后压注防蚀浆液的方法，但这种方法只适用于一般隧道。常用的材料有阳离子乳化沥青、沥青水泥浆液等沥青类的乳液，高抗硫酸盐、抗硫酸盐水泥类浆液。

第5章　混凝土中钢筋的锈蚀

暴露在大气环境或水中的钢材锈蚀问题已在金属材料学领域形成了较为成熟的、专门的科学分支；但是，混凝土内钢筋的锈蚀问题，无论是对土木工程学科还是对金属材料学科来讲，均是一个新的课题。混凝土材料是一种固态、液态与气态共存的介质，混凝土内钢筋的锈蚀行为受大气环境影响，但更直接的影响是混凝土微环境；混凝土内钢筋发生电化学锈蚀反应的环境介质是混凝土。由此可见，混凝土内钢筋的锈蚀问题较大气环境或水中钢筋的锈蚀问题更为复杂。作为从事混凝土结构领域的科学技术人员，了解混凝土内钢筋锈蚀的基本原理是必要的。另外，钢筋锈蚀的主要危害是引起钢筋力学性能的退化，进而引起钢筋混凝土结构性能的退化。因此，了解钢筋锈蚀的发展特征以及锈蚀形态特征，是了解锈蚀钢筋力学性能退化特征的基础，本章也将对此问题进行阐述。

5.1　混凝土中钢筋的锈蚀原理

5.1.1　钢筋的钝化

暴露在潮湿空气中的钢筋，其表面很容易发生锈蚀现象，而处于混凝土中的钢筋，在无碳化和氯盐侵蚀等诱发锈蚀的条件下，混凝土内钢筋一般不会发生如同大气环境下的钢筋锈蚀现象。

以硅酸盐水泥为胶凝材料的混凝土为例，孔隙液中包含着饱和的 $Ca(OH)_2$ 溶液，使混凝土孔隙液具有高碱性（pH 值为 12.5～13）。在这种高碱性溶液中，钢筋表面会迅速生成一层非常致密的、厚 $(2\sim10)\times10^{-9}$ m 的尖晶石固溶体（Fe_3O_2-Fe_2O_3）膜，该膜牢牢地吸附于钢筋表面上，使钢筋难以发生锈蚀反应，这层膜称为“钝化膜”。

其钝化机理可以通过如下试验表述进行说明。将金属放在高碱性溶液中，并仅含有少量的氧气；在初始的电化学锈蚀作用下，金属表面会迅速生成一层非常致密的钝化膜，生成过程简述如下：

① 溶液中的氢氧根离子失去电子，发生氧化反应，生成水和活性氧原子：

$$2OH^- - 2e \longrightarrow [O] + H_2O \tag{5-1}$$

② 反应生成的活性氧原子被金属表面化学吸附，并从金属中夺得电子形成氧离子，从而在金属表面产生高压的双电层（图 5-1）：

$$[O] + 2e \longrightarrow O^{2-} \tag{5-2}$$

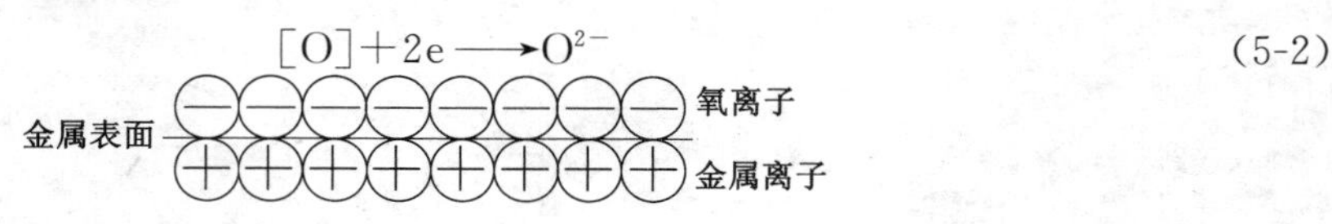

图 5-1　碱性溶液中金属表面双电层示意图

在双电层电场力的作用下，氧离子或者挤入金属离子晶格之中，或者把金属离子拉出金属表面，使其形成金属氧化物。

这样，在阳极区域发生的电化学反应的综合反应式如下：

$$2OH^- + M \longrightarrow MO + H_2O + 2e \tag{5-3}$$

$$2OH^- + M \longrightarrow M(OH)_2 + 2e \tag{5-4}$$

通过上述反应，金属(M)表面就形成一层致密的金属氧化物和金属氢氧化物晶体薄膜，电化学称为“成相膜”，其厚度为$(3 \sim 6) \times 10^{-9}$ m。此膜无色透明，与金属密切接触、致密无隙，是离子迁移和扩散的阻碍层，通常称“钝化膜”。

混凝土内钢筋钝化膜的化学成分可借助于原子吸收光谱、电子探针等仪器来确定，其晶体结构则可采用X-射线衍射、电子衍射等方法测定。纯铁的钝化膜主要由γ-Fe_2O_3晶体结构组成，钝化膜中的γ-Fe_2O_3与膜中的水结合生成水合产物$Fe_2O_3 \cdot H_2O$，通常简写为FeOOH。但是，钢筋的材质中含有碳、硅、锰、铬、镍等多种合金元素，因而其表面上的“钝化膜”成分与微结构要比纯铁的钝化膜复杂得多。根据仪器检测的结果，混凝土中钢筋表面上的“钝化膜”主要由铁的氧化物、氢氧化物和来自水泥的矿物质组成，且其厚度远大于上述金属钝化试验的“成相膜”厚度。

5.1.2 钢筋的活化

如前所述，由于混凝土中的钢筋首先处于钝化状态而对钢筋的进一步锈蚀产生了抑制作用，但是，酸性气体和氯化物对混凝土的侵入，则会导致混凝土内钢筋钝化膜破坏而进一步发生锈蚀。

当酸性气体侵入混凝土内，混凝土碱性就会下降，逐渐向中性化发展。由于钝化膜只能在高碱性环境下存在，因此，混凝土碱性下降就会导致钢筋钝化膜破坏，钢筋因此会失去钝化膜的保护；当氯盐侵入混凝土后，由于氯离子对钝化膜具有较强的穿透能力，也会导致钝化膜破坏。这种钢筋钝化膜破坏称为钢筋“去钝化”，或称为钢筋“活化”。导致钝化膜破坏的条件称为“钢筋初始锈蚀临界条件”，或称为“钢筋锈蚀门槛值”。钢筋钝化膜破坏后，当混凝土内具备水分和氧气的条件，活化的钢筋就会发生电化学反应而锈蚀。

(1) 混凝土碳化引起的钢筋活化

在混凝土碳化过程中，混凝土孔隙水溶液pH值从12～13逐渐下降；当混凝土完全碳化时，混凝土孔隙水溶液pH值降到约8.5。根据目前对钢筋锈蚀门槛值的研究结果，通常将pH值$=11.5$作为碳化条件下钢筋锈蚀门槛值。当钢筋处于pH值>11.5的混凝土区域，钢筋处于钝化状态，不发生锈蚀；当钢筋处于pH值$\leqslant 11.5$的混凝土区域，钢筋处于活化状态。

(2) 氯盐侵蚀引起的钢筋活化

氯离子侵入混凝土主要通过混凝土毛细孔内溶液作为载体；由于混凝土的微结构存在明显的不均匀性，在不同混凝土部位，氯离子侵入速率不同，在钢筋表面积聚的氯离子浓度也不同；所以，在钢筋表面某些部位会首先发生钝化膜破坏。

影响钢筋锈蚀的氯离子临界浓度(门槛值)的因素很多，混凝土碱性程度是影响钢筋锈蚀门槛值的一个因素，通常采用氯离子/氢氧根离子浓度的比值来表示。此外，混凝土微结构以及混凝土微环境因素均会影响钢筋初始锈蚀的门槛值。在一些技术规范中，给出了钢筋初始锈蚀的门槛值,作为工程应用的参考,一般取值偏于保守。我国尚未形成一个统一门槛值规定,通常对于硅酸盐水泥普通混凝土,要求混凝土内总的 Cl^- 含量不超过 0.10%(水泥质量百分比);对于预应力混凝土,要求总的 Cl^- 含量不超过 0.06%。

5.1.3 钢筋的电化学锈蚀机制

混凝土具有微孔结构,在微孔中含有氧气和水等锈蚀介质,这些介质可以到达钢筋表面引起活化钢筋的锈蚀。由于表面吸附作用,水首先以水膜的形式存在于孔壁及与孔相接的钢筋表面,剩余的水才在毛细作用下充填于孔腔形成水柱;氧气首先伴随空气充填于孔腔中的无水空腔,然后部分溶于孔隙水中,并通过扩散等方式传递到钢筋表面,如图 5-2 所示。因此,除非极端干燥条件,混凝土内钢筋总是处在含有氧气的水环境下。当水较少时,水以水膜的方式存在于钢筋表面,氧气大量充斥于混凝土孔隙的空腔,并通过在水膜中的溶解和扩散向钢筋表面输运,形成供氧较为充分、供水较为欠缺的电解质环境;当水较多时,水以水柱的方式存在于钢筋表面,氧气主要通过向水柱中溶解并向钢筋表面扩散,形成供氧较为欠缺、供水较为充分的电解质环境。

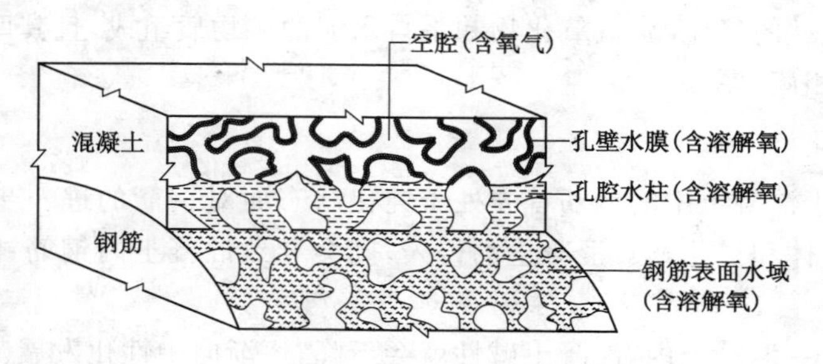

图 5-2 混凝土中钢筋锈蚀的局部环境

当混凝土受到碳化作用或 Cl^- 侵入后,会不同程度破坏钝化膜而使钢筋的部分表面重新处于活化状态,于是,活化钢筋表面就在上述局部锈蚀环境下发生锈蚀。

在上述局部锈蚀环境下,钢筋的锈蚀是一个电化学过程,它同时包括两个基础的电极反应,一个是阳极 Fe 的氧化反应,另一个是阴极 O_2 的还原反应,具体如下:

$$Fe - 2e \longrightarrow Fe^{2+} \tag{5-5}$$

$$\frac{1}{2}O_2 + H_2O + 2e \longrightarrow 2OH^- \tag{5-6}$$

显然,阳极反应必须首先进行,其产生的电子通过钢筋导体传到阴极之后,阴极反应才得以进行。因此,电子在钢筋中的定向流动形成钢筋电化学锈蚀的必须外电路。

对于电极反应产物 Fe^{2+} 和 OH^-,它们首先进入钢筋表面附近的孔隙溶液,在孔隙溶液中相遇后结合成难溶的 $Fe(OH)_2$,反应如下:

$$Fe^{2+} + 2OH^- \longrightarrow Fe(OH)_2 \tag{5-7}$$

$Fe(OH)_2$ 遇到充足的 O_2 后进一步氧化为 $Fe(OH)_3$,见式(5-8);$Fe(OH)_3$ 脱水后变成 $Fe_2O_3 \cdot H_2O$(红锈),见式(5-9);如果氧气供应不足,$Fe(OH)_2$ 不完全氧化为 Fe_3O_4(黑锈),见式(5-10)。

$$4Fe(OH)_2 + O_2 + 2H_2O \longrightarrow 4Fe(OH)_3 \tag{5-8}$$

$$2Fe(OH)_3 \longrightarrow 2H_2O + Fe_2O_3 \cdot H_2O \tag{5-9}$$

$$6Fe(OH)_2 + O_2 \longrightarrow 6H_2O + 2Fe_3O_4 \tag{5-10}$$

因此，稳定状态下，根据供氧条件不同，混凝土中钢筋耗氧锈蚀所包含的同步反应有以下 3 种情况：

(1) 供氧充分时：式(5-5)＋式(5-6)；式(5-7)；式(5-8)＋式(5-9)。

式(5-6)和式(5-8)两个反应需要耗氧，其中当式(5-8)耗掉 1 份 O_2 时，同时需要 4 份 $Fe(OH)_2$ 参与反应，继而需要 8 份OH^-参与式(5-7)的反应，再继而又需要 2 份 O_2 参与式(5-6)的反应。因此，式(5-6)的耗氧量占总耗氧量的 2/3。

(2) 供氧不足时：式(5-5)＋式(5-6)；式(5-7)；式(5-10)。

与上面类似，式(5-6)的耗氧量占总耗氧量的 3/4。

(3) 供氧一般时：式(5-5)＋式(5-6)；式(5-7)；式(5-8)＋式(5-9)＋式(5-10)。

式(5-6)耗氧量占总耗氧量的 2/3～3/4。

忽略钝化区极慢的阳极溶解过程之后，钢筋锈蚀的外电路可视为由 2 路并联而成，如图 5-3所示，其中第①路为阴、阳极过程均发生在活化区的活化区—活化区电路；第②路为阳极过程发生在活化区、阴极过程发生在钝化区的活化区—钝化区电路。由于第②路中钝化膜近乎绝缘的电导特性而使该路相对于第①路而言可以忽略(另一方面，钝化膜致密的物理结构使OH^-和 O_2 也无法通过钝化膜传输而在膜内表面进行阴极过程)，因此可认为钢筋锈蚀的外电路仅为第①路，即锈蚀的阴、阳极过程均只发生在活化区。

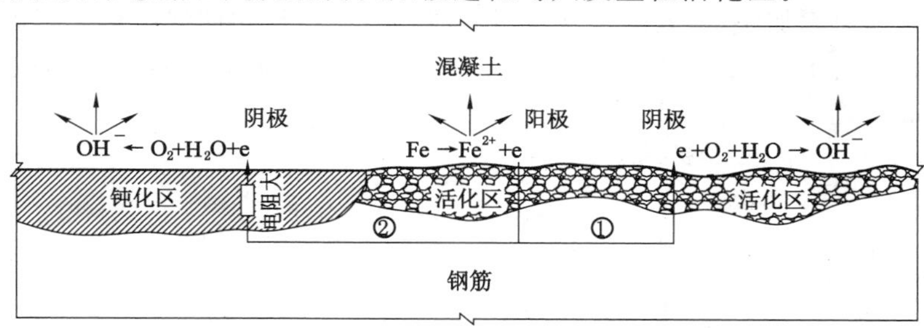

图 5-3　混凝土中钢筋的锈蚀电路示意图

5.1.4　钢筋锈蚀进程的控制模式与影响因素

钢筋失钝而活化以后，其锈蚀进程将存在两种可能的控制模式。

当混凝土孔隙水含水率极高或混凝土保护层极密实时，氧供应将受到限制，而水供应相对充足，此时，根据钢筋锈蚀极化曲线(图 5-4)，钢筋的锈蚀速率将由阴极的氧浓差极化控制(或称氧扩散控制，对应于阴极极化曲线的末段)。

其他一般大气环境条件下混凝土孔隙水含量并不高，氧供应是充足的，而水供应相对不足，所以锈蚀将主要由电化学极化控制。而电化学极化过程又主要受供水条件的控制，因此，这种条件下钢筋的锈蚀速率实际上将由供水条件控制(对应于阳极极化曲线的初段)。

下面讨论各因素对钢筋锈蚀进程的影响。

(1) 钢筋表面混凝土孔隙水

钢筋表面混凝土孔隙水对钢筋锈蚀速率起着极为关键的影响。当孔隙水含量增多时，孔隙液中Fe^{2+}、OH^-以及 O_2 的浓度均降低。Fe^{2+}浓度的降低主要会引起阳极平衡电位的负移，因此，阳极极化曲线整体负移；另一方面，OH^-浓度和 O_2 浓度(或分压)的降低对阴极

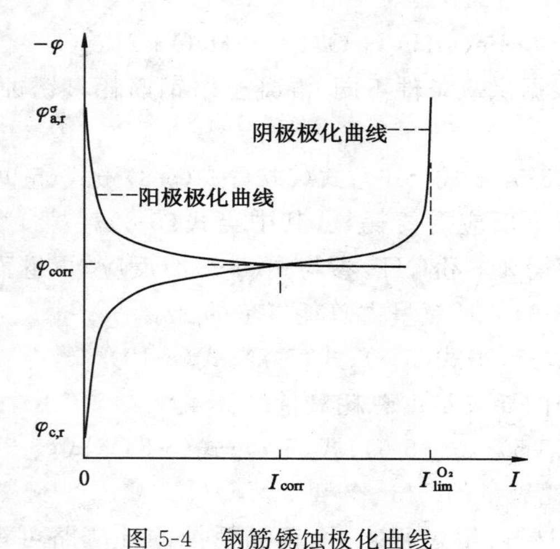

图 5-4　钢筋锈蚀极化曲线

φ_{corr}——钢筋的锈蚀电位；I_{corr}——钢筋的锈蚀电流；$I^{O_2}_{lim}$——供氧控制下钢筋的极限锈蚀电流

浓差极化率和平衡电位二者均起到相反的影响，因此总体影响不大，但 O_2 浓度的降低会引起供氧控制下钢筋极限锈蚀电流 $I^{O_2}_{lim}$ 的降低。

综合考虑，钢筋表面混凝土孔隙水含量较多时，由于阳极极化曲线的整体负移会导致锈蚀电位较负、锈蚀速率加快，但孔隙水含量过多时，阴、阳极极化曲线将交于阴极极化曲线的供氧控制段，此时由于 $I^{O_2}_{lim}$ 的降低而导致锈蚀速率又趋于下降。孔隙水含量对钢筋锈蚀速率（包括锈蚀电位）的影响情况见图 5-5。

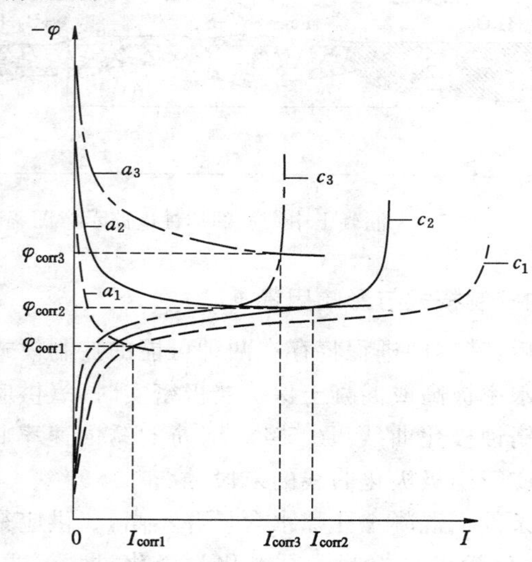

图 5-5　孔隙水含量对钢筋锈蚀速率的影响

下标 1、2、3——分别代表由小到大 3 种不同孔隙水含量的条件；

a_i，c_i——分别为 3 种条件下的阳极和阴极极化曲线；

φ_{corri}，I_{corri}——分别为 3 种条件下的锈蚀电位和锈蚀电流

孔隙水含量还对钢筋的锈胀效应有重要影响。含水量较低时，锈蚀产物主要为膨胀率较高的"红锈"，而较少的电解液又集中在钢筋表面附近，因此"红锈"也集中停留在钢筋表面

附近，在锈蚀量一定的条件下，锈胀开裂效应较为明显；含水量较高时，锈蚀产物将同时包含“红锈”和“黑锈”乃至全为“黑锈”，而较多的电解液又处在钢筋表面以外较大的范围，因此锈蚀产物也分布在一个较大的范围内，再加上“黑锈”的膨胀率较低，因而，在锈蚀量一定的条件下，锈胀开裂效应相对较弱。

(2) 环境温度

环境温度对混凝土内钢筋锈蚀速率的影响是多方面的。在较干燥条件(电化学极化控制)下，温度升高会提高电极反应速率，加速氧气及产物离子的扩散速率，从而提高钢筋的锈蚀速率；但在极湿条件(氧浓差极化控制)下，温度升高时，一方面会提高电极反应速率，从而提高钢筋的锈蚀速率，另一方面又使大气中氧浓度降低，孔隙液中氧的溶解度降低，从而降低钢筋的锈蚀速率。综合考虑，一般情况下还是电极反应速率的提高起到控制作用，因而此条件下钢筋的总体锈蚀速率还是增大。

(3) Cl^- 含量

Cl^- 对钢筋锈蚀的作用有三个方面：一是破坏钝化膜而使钢筋活化，二是对电化学反应起到催化作用，三是通过吸湿提高混凝土含水率。Cl^- 含量越高，钢筋的活化面积就越大，对电化学反应的催化作用就越明显，混凝土含水率也越高，因而锈蚀速率也增大。

(4) 钢筋应力

应力的影响在于使阳极的平衡电位负移，因此，在较干燥条件(电化学极化控制)下，应力可以提高钢筋的锈蚀速率；但在极湿条件(氧浓差极化控制)下，锈蚀速率取决于阴极供氧水平，应力引起的阳极平衡电极电位负移并不引起锈蚀速率的改变。

(5) 混凝土孔隙率

混凝土孔隙率影响含水率和供氧量，继而影响锈蚀速率。当孔隙率较小时，如果环境湿度也较低，则孔隙含水率会更低，电化学极化控制下的锈蚀速率也会更低；如果环境湿度极高(引起混凝土饱水)，则氧扩散阻力会更大，氧浓差极化控制下的锈蚀速率也会更低。

(6) 环境变异状况

环境温湿度恒定且无风的条件下，传质过程以扩散方式为主；但当环境温湿度剧烈变化且有大风的条件下，能斯特扩散层以外的对流传质将对整个传质过程产生较大影响，从而使两种极化控制条件下的锈蚀速率均增大。

(7) 锈蚀发展时间

随锈蚀发展时间的增长，较干燥条件下混凝土内的水分将会逐渐减少；同时，锈蚀产物也将不断填充钢筋附近混凝土孔隙，使该处孔隙率减小，继而减小混凝土孔隙水含量(较干燥条件下)或供氧水平(极湿条件下)，因此导致两种控制条件下的锈蚀速率均降低。

5.2　混凝土中钢筋的平均锈蚀速率发展特征

处在混凝土中的钢筋，在长期服役过程中，其锈蚀速率发展过程极其复杂，一方面受到外部腐蚀环境的影响，另一方面受到混凝土内部三相介质环境的影响，尤其还受到混凝土开裂带来的影响。根据长期试验观察，混凝土中钢筋锈蚀速率的平均发展过程如图 5-6 所示。

图 5-6 表明，钢筋锈蚀速率发展全过程可分为 2 个大的阶段，即锈胀开裂前阶段和锈胀开裂后阶段，在每个大的阶段内，各自又可分为 3 个小的阶段，即总共以下 6 个小阶段：

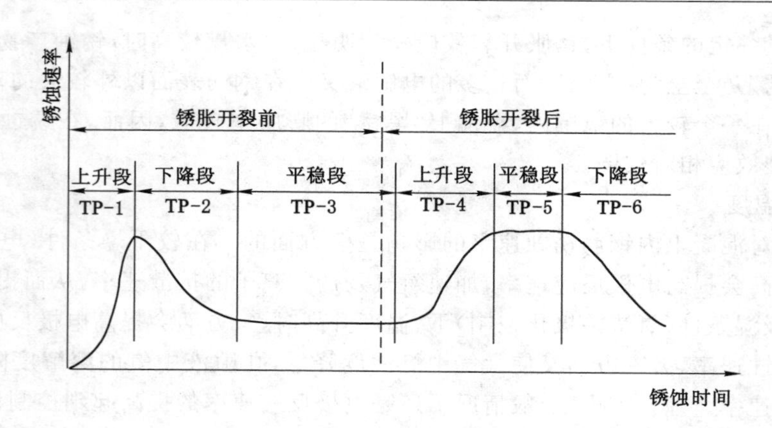

图 5-6 钢筋平均锈蚀速率发展模式

① 锈胀开裂前的初期上升阶段：该段实际为钢筋锈蚀的“萌发期”。此过程形成的主要原因是：钢筋钝化膜破坏有一个过程，即钢筋由钝化状态逐渐进入活化锈蚀状态，钢筋锈蚀电流密度逐渐增大，故钢筋锈蚀速率处于上升过程。

② 锈胀开裂前的下降阶段：随着钢筋锈蚀的发展，钢筋与混凝土界面区由多孔性的过渡区逐渐转变为密实的锈蚀层，混凝土内空气与水的传输通道被堵塞，钢筋表面氧气和湿气的供给速率下降，钢筋锈蚀的阳极反应受到抑制，从而表现为锈蚀电流密度下降。

③ 锈胀开裂前的平稳阶段：当钢筋锈蚀电流密度下降至某一水平时，钢筋表面氧气和湿气的消耗速率与供给速率将达到平衡，锈蚀速率趋于稳定。

④ 锈胀开裂后的上升阶段：在混凝土保护层锈胀开裂的初期，锈胀裂缝宽度较小（<0.2 mm），外界氧气和湿气从锈胀裂缝进入的阻力很大，此时的锈胀裂缝尚未影响到锈蚀速率的明显变化。随着锈胀裂缝宽度增大，锈胀裂缝为氧气和湿气传输提供了新的通道，锈蚀区域氧气和湿气的供给速率大于消耗速率；钢筋锈蚀速率开始上升。

⑤ 锈胀开裂后的平稳阶段：随锈蚀程度增大，锈蚀物逐渐向锈胀裂缝内填充，氧气和湿气的传输通道再次被堵塞；钢筋锈蚀速率从加速向平稳阶段转变。

⑥ 锈胀开裂后的下降阶段：随着锈蚀的不断发展，尽管锈胀裂缝宽度已经较宽，但锈蚀产物依然能够不断充填锈胀裂缝，使得锈胀裂缝内部和过渡区不断变得更加密实，氧气和湿气向钢筋表面的传输越发变得困难，同时钢筋阳极反应生成的 Fe^{2+} 向周围扩散也受阻，从而抑制了钢筋的锈蚀，锈蚀速率出现大幅度下降。

5.3 混凝土中钢筋的锈蚀形态特征

5.3.1 总体锈蚀形态特征

混凝土中钢筋的锈蚀形态特征与钢筋类别（微观组织结构）、去钝化诱因以及通过混凝土介质提供的氧气与水供应条件有关，是一个十分复杂的问题。

总体而言，碳化引起的钢筋锈蚀，其锈蚀形态表现为相对均匀一些；而氯盐侵蚀引起的钢筋锈蚀，其锈蚀形态表现为相对不均匀一些，即表现出更为显著的坑蚀形态特征。

由于混凝土碳化、氯盐侵蚀、氧气与水的供给等锈蚀要素均在靠近钢筋保护层一侧先行实现或到达，因而钢筋的锈蚀也是先从靠近保护层一侧开始，并在该侧优先发展；换言之，钢筋在靠近保护层一侧的锈蚀程度总比在背向保护层一侧的更为严重。

对比普通钢筋与高强预应力钢筋，由于二者的微观组织结构差别较大，因此二者的锈蚀形态也有较大差别。在氯盐侵蚀条件下，高强预应力钢筋比普通钢筋呈现出更为显著的坑蚀形态特征，如图 5-7 所示。

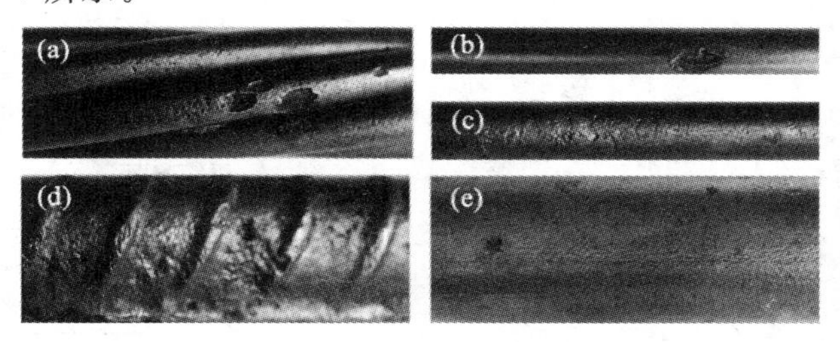

图 5-7　几种钢筋的坑蚀显著性对比

(a) ϕ15.2 钢绞线；(b) ϕ15.2 钢绞线的中心钢丝；(c) ϕ6 热轧光圆钢筋；
(d) ϕ16 热轧带肋钢筋；(e) ϕ16 热轧光圆钢筋

5.3.2　氯盐侵蚀下变形钢筋蚀坑的分布与演化特征

前已述及，氯盐侵蚀条件下，混凝土中各类钢筋均会呈现出不同程度的坑蚀形态，也就是说，在钢筋表面会散布有许许多多大小不同、形状各异的蚀坑，这些散布的蚀坑正是影响钢筋力学性能退化的关键部位。因此，有必要了解蚀坑的几何形状和大小，以及其分布特征和演化规律。

在氯离子侵蚀下，混凝土内钢筋的坑蚀大致经历三个阶段：点蚀形核、亚稳态细观蚀坑以及稳态宏观蚀坑。

① 点蚀形核：在钢筋表面总是存在化学上或物理上的不均匀，在这些地方，更容易吸附侵蚀性氯离子，生成酸性溶液；侵蚀性氯离子透过钢筋钝化膜侵蚀钢筋基体。点蚀形核是一个不稳定的过程，大多数点蚀形核由于腐蚀电流的波动而消亡，留存下来的点蚀小孔将向钢筋基体深处发展，成长为蚀坑个体。

② 细观蚀坑：蚀坑个体进入亚稳态阶段，大多以深而窄的半球蚀坑形式出现，直径小于 0.2 mm，深度小于 0.15 mm，肉眼可以观察到，但传统手段难以测量；多数亚稳态蚀坑发育到一定程度后，由于蚀坑的再钝化而停止生长。

③ 宏观蚀坑：一部分亚稳态微观蚀坑将继续发育，进入稳态阶段，成长为宏观蚀坑。

细观蚀坑尺寸相对于钢筋直径很小，主要从均匀锈蚀的层面上影响钢筋力学性能退化；宏观蚀坑则通过引起钢筋局部力学性能突变的方式对钢筋总体力学性能产生显著影响。因此，关于蚀坑的影响主要考虑宏观蚀坑问题。下面介绍宏观蚀坑的形状、分布及演化特征。

(1) 蚀坑形状类型

根据对氯盐侵蚀混凝土内钢筋表面宏观蚀坑形状的观察，钢筋表面宏观蚀坑可归纳成 4 种典型形状，即深椭球形、圆球形、长椭球形和凹槽形。各种形状的特点描述如下：

① 深椭球形：坑口长度和宽度基本相等，深度大于坑长的 1/2，蚀坑底面较尖锐。其蚀坑示意和实例测量如图 5-8(a)所示。

② 圆球形：坑口长度和宽度相近，深度小于长度的 1/2。其蚀坑示意和实例测量如图

5-8(b)所示。

③ 长椭球形:坑口长度大于宽度,坑的深度也小于坑长度的1/2。其蚀坑示意和实例测量如图5-8(c)所示。

④ 凹槽形蚀坑:坑口边界不太明显,坑底面较为平缓,形似槽状。其蚀坑示意和实例测量如图5-8(d)所示。

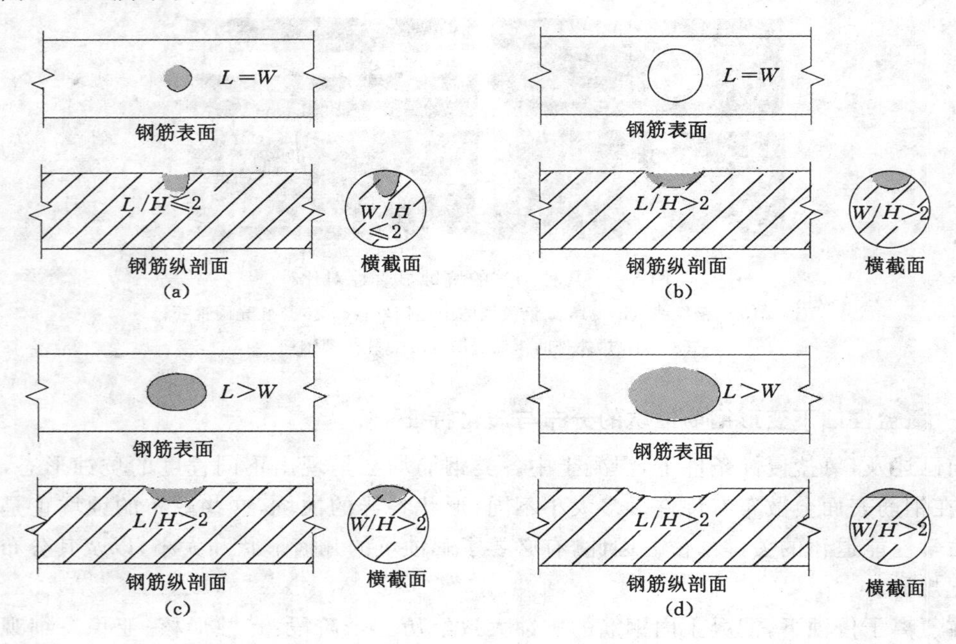

图5-8　钢筋蚀坑典型形状

(a) 深椭球形蚀坑;(b) 圆球形蚀坑;(c) 长椭球形蚀坑;(d) 凹槽形蚀坑

(2) 不同锈蚀程度下各类蚀坑出现的概率

① 长椭球形蚀坑:随着锈蚀率的增大,长椭球形蚀坑的出现概率逐渐增大,当锈蚀率在5%左右时达到最大,然后又逐渐减小。

② 圆球形蚀坑:在锈蚀初期,圆球形蚀坑出现的概率较大;随着锈蚀的发展,其出现概率逐渐降低,下降速率逐渐加快。

③ 深椭球形蚀坑:在锈蚀初期,深椭球形蚀坑出现的概率也较大;随着锈蚀的发展,其出现概率快速降低,但降低速率逐渐减慢。

④ 凹槽形蚀坑:在锈蚀初期,凹槽形蚀坑基本不会出现;随着锈蚀的发展,该蚀坑出现概率逐渐增大;当平均锈蚀率超过5%时,其出现概率迅速增大。

(3) 蚀坑生长与形状演变

随着钢筋腐蚀的发展,其蚀坑大小也在不断生长,蚀坑形状在不断演变,其过程如图5-9所示,具体描述如下:

① 蚀坑形核首先演变为亚微观蚀坑,亚微观蚀坑的三维尺寸小,其形状多为半球形;在此基础上,部分蚀坑继续生长,演变为稳态的宏观蚀坑。

② 在锈蚀率较小时(<2%),出现概率较大的形状为深椭球形、圆球形和长椭球形。约40%的蚀坑在宽度和长度方向上的增长速率基本相同,仍保持为圆球形;在闭塞电池作用

下，约 20%的蚀坑深度方向的锈蚀速率较大，其形状逐渐向深椭球形演变；另外约 35%的蚀坑长度方向的锈蚀速率超过宽度，其形状逐渐向长椭球形演变。

③ 在中等锈蚀程度下(2%～4%)，蚀坑形状以圆球形和长椭球形为主。但是，随锈蚀率增加，由于三维尺寸增长速率不同，部分深椭球形蚀坑向圆球形演变，使得深椭球形蚀坑所占比例大幅下降；部分圆球形蚀坑向长椭球形蚀坑演变，由于圆球形蚀坑减少的数量多于由深椭球形蚀坑转变来的新坑的数量，使得其总体出现的概率逐渐下降。

④ 当锈蚀率较大(超过 4%)时，蚀坑形状以长椭球形和凹槽形为主。随锈蚀率增加，圆球形蚀坑沿长度方向的锈蚀速率加快而转变成长椭球形蚀坑；长椭球形蚀坑转变为凹槽形，或者多个蚀坑连在一起，变成长椭球形蚀坑或者凹槽形蚀坑。

⑤ 长椭球形蚀坑，在所测量的锈蚀率范围内，始终具有较高的出现概率。

坑蚀是钢筋力学性能退化的主要原因，而不同形状的蚀坑对钢筋力学性能的退化具有不同的影响。只有在对蚀坑形状演化有深刻认识的基础上，才能进一步深入分析钢筋力学性能退化的机理和规律。

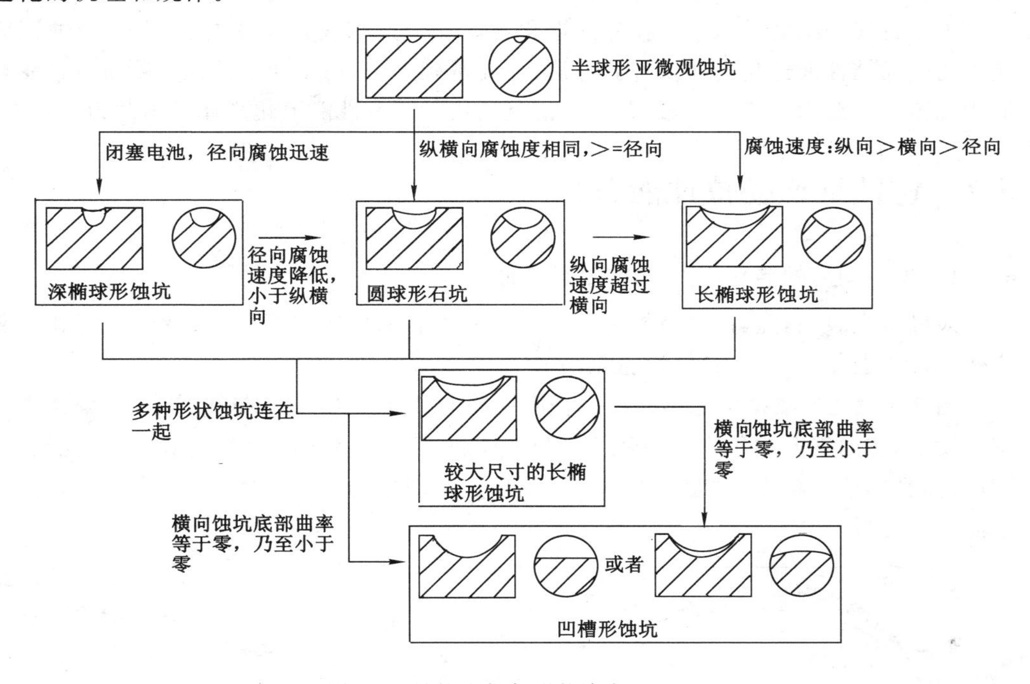

图 5-9　蚀坑生长与形状演变

第 6 章　锈蚀混凝土构件承载力计算

锈蚀环境下，侵蚀物质首先在混凝土保护层厚度范围内进行传输，这一过程不会引起构件性能退化；当侵蚀物质到达钢筋表面并达到临界锈蚀条件以后，钢筋开始锈蚀直至出现锈胀裂缝；锈胀开裂以后，有害物质的侵蚀速率加快、钢筋的锈蚀发展加剧，钢筋的力学性能将显著退化，钢筋与混凝土的黏结性能也可能明显退化，受压区混凝土保护层的锈胀开裂也将引起截面损伤，混凝土构件的承载力也将有不同程度的下降。正确计算锈蚀混凝土构件的承载力是锈蚀混凝土结构承载力评估、设计及使用寿命预计的重要基础。

本章首先介绍锈蚀钢筋受拉性能退化规律及受拉承载力计算方法，以及锈蚀钢筋与混凝土之间黏结性能退化规律及计算方法；在此基础上，进一步介绍锈蚀混凝土构件受弯性能退化规律及承载力计算方法，以及锈蚀混凝土构件压弯性能退化规律及承载力计算方法。

6.1　锈蚀钢筋受拉性能退化

6.1.1　锈蚀钢筋的名义应力-应变曲线特征

大量研究表明，随着钢筋锈蚀的发展，钢筋的名义屈服强度、名义极限强度和名义极限应变均发生退化，屈服平台缩短直至消失。

图 6-1 为几条氯盐引起不同锈蚀程度钢筋的名义应力-应变曲线，深入观察这些曲线的特征发现，锈蚀钢筋的曲线在线弹性段与整体屈服段之间存在一个变形模量逐渐退化的过渡段，而且锈蚀率越大，过渡段也越长。出现这种现象的根本原因在于钢筋的不均匀锈蚀，下面予以分析。

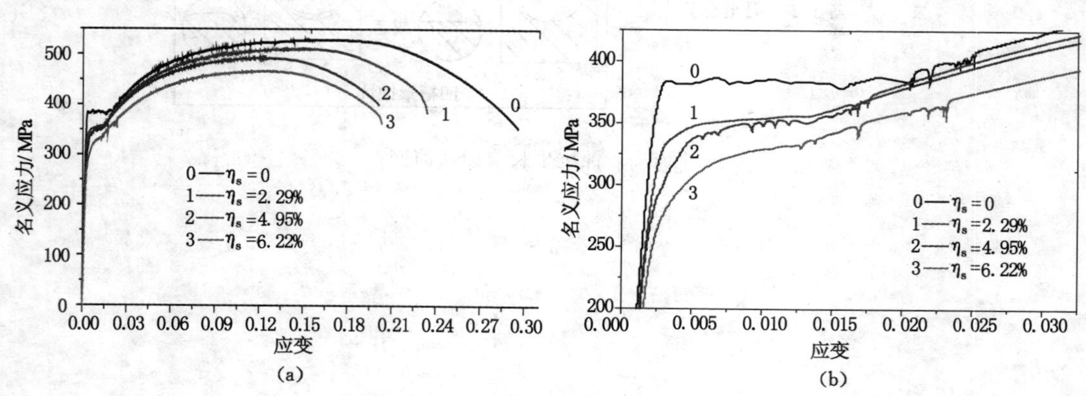

图 6-1　不同锈蚀率钢筋的名义应力-应变曲线对比

(a) 全曲线；(b) 局部曲线

钢筋锈蚀的发展体现在两个方面：一是从点到片到面的总体锈蚀发展，二是蚀坑从小到大到连片的局部锈蚀发展。因此，任何锈蚀程度的钢筋都显现为由相对较均匀的锈蚀与散布于其中的若干较明显的局部锈坑组成。当锈蚀程度较轻时，散布的锈坑数量较少，锈坑的尺寸也较小；当锈蚀程度增大时，散布的锈坑数量增多，锈坑的尺寸也增大。

图6-2为考虑钢筋不均匀锈蚀对其应力-应变曲线影响的分析，为便于分析，把钢筋上锈蚀程度相近的区域集中到一起(实际散布在钢筋表面)，如此形成几个锈蚀区段，这几个区段也只是示意性的，实际会有很多区段。此时，当钢筋受拉时，锈蚀程度严重的1区首先屈服，其他区域尚处在线弹性阶段；1区完成屈服变形以后进入应变强化阶段，其截面抗拉能力重新增长，这种增长又使锈蚀程度较轻的2区相继进入屈服阶段和应变强化阶段；随着2区应变强化的发展，锈蚀程度更轻的3区又会相继进入屈服阶段和应变强化阶段；如此往复，直到最终全面完成屈服而进入应变强化阶段。

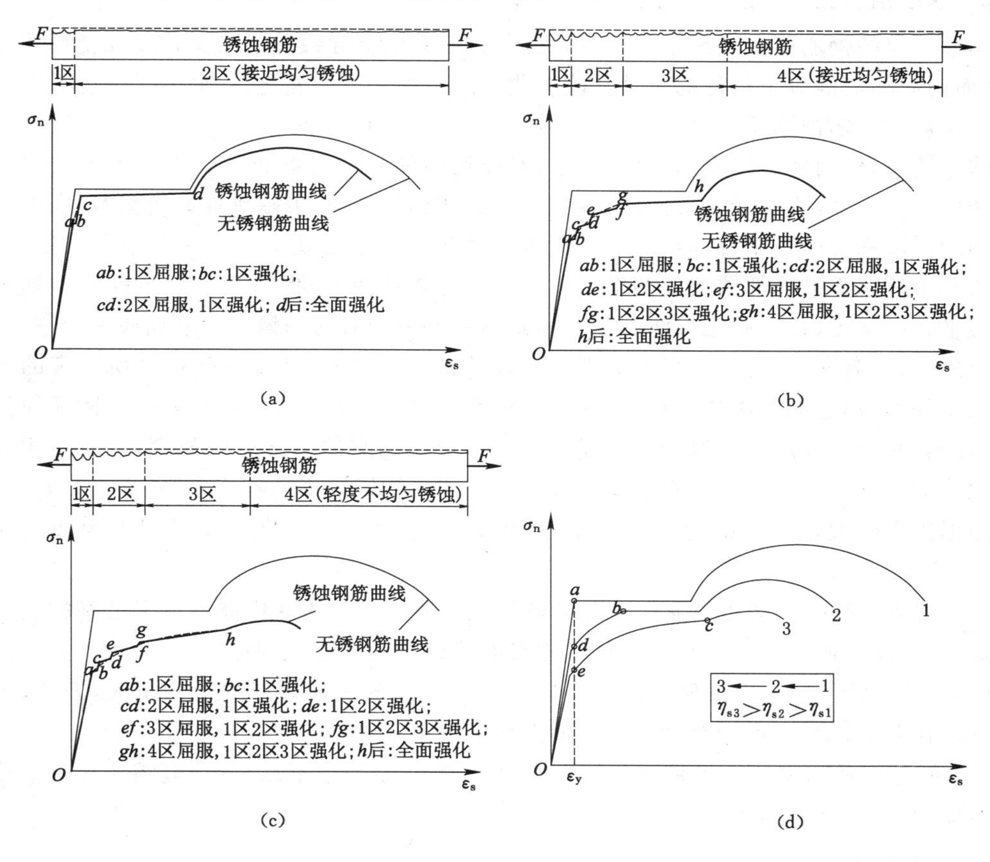

图6-2　锈蚀钢筋名义应力-应变曲线分析

(a) 锈蚀程度较轻；(b) 锈蚀程度中等；(c) 锈蚀程度严重；(d) 曲线演进

在某个区域局部发生屈服的过程中，其屈服伸长量被平均到整个标距范围内后所得名义应变增量将会很小，因此总体名义应力-应变曲线会出现一个很小的屈服台阶；当多个局部区域先后发生屈服后，总体名义应力-应变曲线将在线弹性段与整体屈服段之间出现一个变形模量逐渐退化的过渡段——应变强化段，而且锈蚀率越大，过渡段也越长。因此，锈蚀钢筋的总体名义应力-应变曲线可以分为如下几段：总体线弹性段（记作 TE 段），显著坑蚀区屈服强化段（记作 LYH 段），相对均匀锈蚀区屈服段（记作 TY 段），总体强化段（记作 TH 段）。

随锈蚀率增大，TE 段缩短，LYH 段增长，TY 段和 TH 段均缩短乃至消失；在 TE 段，随锈蚀率增大，名义弹性模量减小，如图 6-2(d)所示。

在一般钢筋混凝土构件中，过大的应变可能早已使受压区边缘混凝土超过其极限压应变而破坏，换句话说，在一般钢筋混凝土构件中，锈蚀钢筋的应力应变尚未发展到 b 点或 c 点时构件就已破坏。因此，以图 6-2(d)中 b 点（曲线 2）或 c 点（曲线 3）对应的应力作为设计用屈服强度是冒进的，不安全的，有必要基于应变控制确定设计用屈服强度。在尚无充分研究资料的情况下，可以参考硬钢条件屈服强度的取法，取 $\sigma_{0.2}$ 作为锈蚀普通钢筋屈服强度。

6.1.2 锈蚀钢筋受拉性能特征参数退化规律

锈蚀引起的钢筋截面积减小和蚀坑处应力集中效应会导致钢筋名义强度和变形性能降低，从而引起钢筋混凝土构件的力学性能退化。随锈蚀程度的变化，钢筋名义强度和变形性能的退化规律是锈蚀钢筋混凝土构件力学性能评价所关心的基本问题。

前已述及，任何锈蚀程度的钢筋都由相对较均匀的锈蚀与散布于其中的若干较明显的局部锈坑组成。因此，对于名义极限强度和名义极限应变以及极限延伸率等参数，它们都由最不利的局部锈坑所控制；同时，对于名义屈服强度，若该强度是基于应变控制所确定，则其主要由若干较明显的局部锈坑处的率先屈服强化过程所控制；但若名义屈服强度是基于屈服应力平台所确定（传统确定方法都如此），则其主要由相对均匀锈蚀区的屈服所控制。

因此，对于名义极限强度、名义极限应变、极限延伸率以及基于应变控制所确定的名义屈服强度等参数，它们都由局部锈坑所控制，因此，它们的退化程度要大于平均锈蚀损伤程度（平均锈蚀率）本身；反之，对于基于屈服应力平台所确定的名义屈服强度，它是由相对均匀锈蚀区的屈服所控制，因此，它的退化程度要小于平均锈蚀损伤程度本身。

根据国内外大量有关试验研究结果，锈蚀钢筋力学性能退化规律可归纳为如下几个方面：

(1) 锈蚀钢筋的名义屈服强度和名义极限强度随锈蚀率的变化都体现了较好的线性退化规律，其名义极限应变或延伸率总体上也具有较好的线性退化规律。

(2) 相比之下，名义极限强度比名义屈服强度受局部坑蚀效应的影响更大，因此，名义极限强度比名义屈服强度随锈蚀率增大而退化的速率更快。

(3) 锈蚀钢筋名义弹性模量退化问题比较复杂，在锈蚀率不高时，一般随锈蚀率呈线性退化趋势，且退化系数接近于 1.0。

6.1.3 锈蚀钢筋抗拉强度计算

国内外对锈蚀普通钢筋的抗拉屈服强度退化问题进行了广泛的研究，在此基础上，我国《混凝土结构耐久性评定标准》(CECS 220：2007)给出了基于试验拟合结果的屈服强度退化模型，该模型可以视作屈服强度平均值预计模型，模型如下：

当 $\eta_s \leqslant 5\%$ 且锈蚀较均匀时：

$$f_{ym,c} = (1 - 1.0\eta_s) f_{ym,0} \tag{6-1}$$

当 $\eta_s \leqslant 5\%$ 且锈蚀不均匀，以及 $5\% \leqslant \eta_s \leqslant 12\%$ 时：

$$f_{ym,c}=(1-1.077\eta_s)f_{ym,0} \tag{6-2}$$

式中，$f_{ym,c}$ 和 $f_{ym,0}$ 分别为锈蚀和未锈蚀普通钢筋的抗拉屈服强度平均值；η_s 为钢筋的平均锈蚀率。

在我国结构设计领域，已经采用了实用概率极限状态设计方法，其中材料强度主要采用标准值和设计值，这两个取值实际上是具有一定概率意义的取值。对于非锈蚀钢筋，其强度标准值和设计值已有成熟的取值方法，但对于锈蚀钢筋，这两个强度尚没有成熟的取值方法。这种情况下，可以先把平均值的退化模型直接移植到标准值和设计值上以方便应用，于是：

当 $\eta_s \leqslant 5\%$ 且锈蚀较均匀时：

$$f_{yk,c}=(1-1.0\eta_s)f_{yk,0} \tag{6-3}$$

$$f_{y,c}=(1-1.0\eta_s)f_{y,0} \tag{6-4}$$

当 $\eta_s \leqslant 5\%$ 且锈蚀不均匀，以及 $5\% \leqslant \eta_s \leqslant 12\%$ 时：

$$f_{yk,c}=(1-1.077\eta_s)f_{yk,0} \tag{6-5}$$

$$f_{y,c}=(1-1.077\eta_s)f_{y,0} \tag{6-6}$$

式中，$f_{yk,c}$ 和 $f_{yk,0}$ 分别为锈蚀和未锈蚀普通钢筋的抗拉屈服强度标准值；$f_{y,c}$ 和 $f_{y,0}$ 分别为锈蚀和未锈蚀普通钢筋的抗拉屈服强度设计值。

6.2　锈蚀钢筋黏结性能退化

钢筋混凝土构件是由钢筋体与混凝土体两部分组合而成的复合体，钢筋与混凝土之间良好的黏结作用是其正常工作的必要基础。这种基础作用主要体现在两个方面：一是锚固区的黏结作用，用以保证钢筋混凝土构件整体的基本几何不变性，从而保证钢筋与混凝土之间的整体共同工作属性；二是裂缝区段的黏结作用，用以保证钢筋混凝土构件截面的基本几何不变性，从而保证钢筋与混凝土之间的局部共同工作属性。

6.2.1　锈蚀钢筋基本黏结性能退化规律

(1) 黏结滑移曲线特征与黏结滑移机理

与未锈蚀普通钢筋的黏结滑移曲线类似，锈蚀普通钢筋与混凝土的黏结滑移曲线总体上均由上升阶段和下降阶段组成，其中上升阶段又可分为刚性阶段和强化阶段，而下降阶段又可分为软化阶段和残余阶段，如图 6-3 所示。下面对各阶段的黏结滑移机理进行分析。

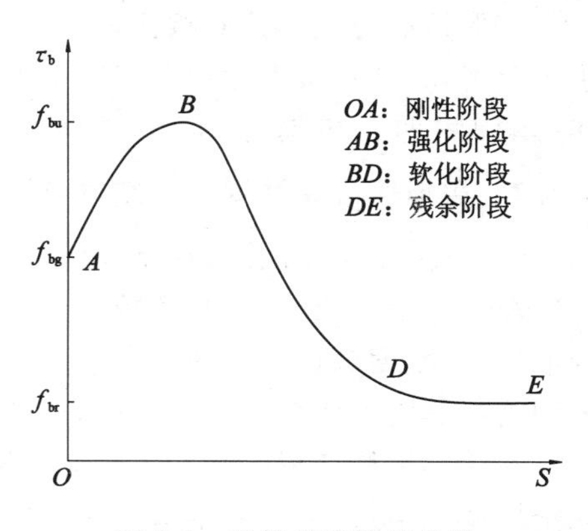

图 6-3　黏结滑移特征曲线

① 刚性阶段

在受力初期，黏结滑移极小的条件下，主要由化学胶着力工作，该阶段可视作刚性阶段。该阶段具有明显的线性特征和很大的斜率，体现了很大的拔出刚度，因此，这里近似称其为刚性阶段，其末点应力可称为胶着强度或刚性强度，记作 f_{bg}。总体来说，钢筋锈蚀越严重，化学胶着力就退化得越多，刚性强度 f_{bg} 也退化得越多；但是，当钢筋锈蚀程度较小时（例如锈胀裂缝宽度 $w<0.2$ mm），锈胀作用增加了钢筋与混凝土之间的摩擦力，这种作用也在一定程度上影响到刚性强度，往往会使刚性强度有所提高。

② 强化阶段

在化学胶着力遭到破坏后，进入摩擦和咬合共同工作的阶段，该阶段即为强化阶段，对应于总体滑移曲线上升段的后半段，末点对应着极限黏结强度 f_{bu}。该段曲线具有非线性的滑移强化特征，其两端点割线斜率明显小于刚性阶段的斜率。当钢筋锈蚀量不大时，摩擦作用有所增强，所以导致极限黏结强度 f_{bu} 也增大，但当钢筋锈蚀量过大以后，摩擦作用反而下降，所以导致极限黏结强度 f_{bu} 也下降。

③ 软化阶段

在达到极限黏结强度以后，混凝土被劈裂（无锈胀裂缝构件）或锈胀裂缝急剧变宽（有锈胀裂缝构件），摩擦作用和咬合作用迅速退化，曲线进入滑移软化阶段。钢筋锈蚀越严重，黏结应力下降的梯度也越大。

④ 残余阶段

当劈裂裂缝足够大时，咬合作用消耗殆尽，此时进入残余阶段。由于劈裂裂缝很大，因而纵向摩擦力很小，所以残余阶段黏结应力也很低，该应力可称为残余强度，记为 f_{br}。钢筋锈蚀越严重，变形钢筋的变形肋消损越多，残余强度也越小。

（2）黏结特征参数退化规律

根据上述黏结滑移特征曲线，可以用自由端初始滑移黏结强度、极限黏结强度、极限黏结滑移、残余黏结强度和初始残余黏结滑移等5个黏结特征参数来反映黏结滑移曲线特征。

① 黏结特征参数随钢筋锈蚀率退化的总体规律

根据大量试验数据观察，上述5个黏结特征参数随钢筋锈蚀率的退化均显示了较好的线性退化规律。

② 黏结特征参数随钢筋锈蚀率退化速率的横向比较

有箍筋约束条件下，各项黏结性能参数随钢筋锈蚀率的退化速率明显小于无箍筋约束条件下的，这说明箍筋对保持锈胀开裂构件黏结性能具有重要作用。

变形钢筋与光圆钢筋相比，前者的初始滑移黏结强度和极限黏结强度的退化速率明显小于后者，其余参数退化速率差别不大。这说明锈胀裂缝对光圆钢筋极限黏结前的黏结性能影响大于变形钢筋，这主要是因为在极限黏结前变形钢筋的变形肋发挥了重要作用。

6.2.2 裂缝区段锈蚀钢筋黏结性能退化特征及协同工作系数计算

（1）裂缝区段黏结应力分布与退化特征

在钢筋混凝土构件中，荷载及支座反力均直接作用在混凝土体上，于是，混凝土体发生变形反应，刚度属性又促使其产生应力反应；在混凝土体变形的过程中，黏结作用带动其中的钢筋与其同趋势变形，于是钢筋也产生了变形，继而产生应力反应；由于黏结刚度有限，混凝土在带动钢筋变形时会发生相对黏结滑移，因此，钢筋与混凝土在同趋势变形时互相并不完全协调。不过，由于黏结滑移往往非常小，因此，在钢筋混凝土构件计算中一般都会假定钢筋与混凝土的变形是协调的（在受拉开裂区也假定平均变形是协调的），这一假定典型体现在正截面承载力计算中所采用的平截面假定上。然而，当钢筋锈蚀以后（达到一定的锈蚀程度），钢筋与混凝土之间的黏结性能会遭到退化，此时，当荷载较大时，需要混凝土传递给钢筋的拉力较大，钢筋与混凝土之间将发生较为显著的滑移变形，这意味着钢筋与混凝土变形的不协调性增大，正截面承载力计算中平截面假定的适用性也变差。

下面以钢筋混凝土受弯构件为例，讨论裂缝区段黏结应力的分布及锈蚀对其产生的影响，讨论中假定端部锚固黏结承载力及刚度充分。

① 开裂前

在受拉区混凝土开裂之前，对于整根构件承受恒弯矩的情况，由于端部锚固可靠，钢筋与混凝土就必然处于良好的共同变形状态，非锚固区的钢筋与混凝土之间不存在黏结作用。

反之，当整根构件承受变弯矩时，非锚固区钢筋的应力也要求不均匀，因此钢筋与混凝土之间必然处处存在黏结作用。但是，由于尚未开裂，因此即使高弯矩区钢筋的应力也不高，因而用以保证钢筋应力变化所需要的黏结应力也很小，所以除非钢筋锈蚀到处于极弱的黏结状态，一般情况下钢筋与混凝土之间都能处于相对较好的共同变形状态。

② 开裂后

在受拉区混凝土开裂之后，对于整根构件承受恒弯矩的情况(裂缝截面上不存在剪力)，由于端部锚固可靠，钢筋与混凝土仍处于良好的共同变形状态，所有裂缝处钢筋的应力均相同，裂缝区段钢筋与混凝土的黏结应力来自混凝土回缩滑移，因此，区段内黏结应力对称分布，合力等于零[图 6-4(a)]。黏结性能退化严重时，黏结应力分布形态不变，只是应力值降低，混凝土回缩位移增大，裂缝宽度增大，而受弯承载力不会减小。

当整根构件承受变弯矩时(裂缝截面上还存在剪力，包括以箍筋为主形成的剪力 V_s 和剪压区混凝土形成的剪力 V_c)，钢筋与混凝土之间所需要的黏结应力增大，且区段内黏结应力不对称分布，合力不等于零[图 6-4(b)]。黏结性能退化严重时，正向黏结应力 τ_1 的分布范围扩大而合力减小，反向黏结应力 τ_2 的分布范围缩小且合力也减小，其结果是裂缝宽度增大，T_2 趋近于 T_1，从而可能使最不利截面上部边缘混凝土达到极限压应变时下部钢筋应变仍达不到屈服应变，从而降低承载力。需要注意的是，高弯矩区钢筋的拉力是通过黏结作用从低弯矩区逐渐增长而来，由于该过程中总的黏结长度往往较大，因而当黏结性能降低不严重时，T_2 总能长大到满足高弯矩区截面抗弯的要求，直到达到钢筋屈服，因此截面承载力并不降低，不利影响主要体现在挠度增大上。

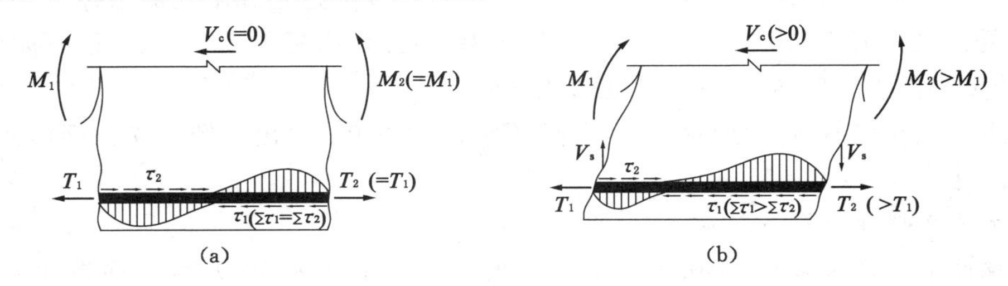

图 6-4　裂缝间黏结应力分布

(a) 恒弯矩区段；(b) 变弯矩区段

(2) 锈蚀受拉钢筋与受压混凝土的协同工作性能退化特征及计算模型

根据前面的论述，对于整根构件承受恒弯矩(或轴力)的情况，当端部锚固可靠时，裂缝区段受拉钢筋不需要周围混凝土通过黏结作用改变其受拉状态，受拉钢筋与周围混凝土自动处于良好的共同变形状态，因而构件截面承载力不会减小；而对于整根构件承受变弯矩

(或轴力)的情况，当端部锚固可靠时，裂缝区段受拉钢筋需要周围混凝土通过黏结作用改变其受拉状态，锈蚀引起的黏结性能退化导致受拉钢筋与周围混凝土不能处于良好的共同变形状态，这将影响到受弯构件截面上受拉钢筋与受压混凝土的线性变形关系(即导致截面不再服从平截面假定)，从而可能降低截面承载力。下面以变弯矩单筋受弯构件为例，讨论锈蚀引起的上述变形不协调对构件截面承载力的影响问题，即锈蚀受拉钢筋与受压混凝土的协同工作性能(简称截面协同工作性能)退化问题。

定性分析表明，截面配筋的多少直接影响着锈蚀截面的协同工作性能。当截面配筋较少时[图 6-5(a)]，在受压区边缘混凝土达到极限压应变时，根据截面平动平衡要求，混凝土受压区高度 x_c 也较小，受拉钢筋处混凝土的平均应变将较大，对应的平均黏结滑移和钢筋应变(ε_s)也将较大，钢筋容易屈服；相反，当截面配筋较多时[图 6-5(b)]，在受压区边缘混凝土达到极限压应变时，根据截面平动平衡要求，混凝土受压区高度 x_c 也较大，受拉钢筋处混凝土的平均应变将较小，对应的平均黏结滑移和钢筋应变(ε_s)也将较小，钢筋不容易屈服。

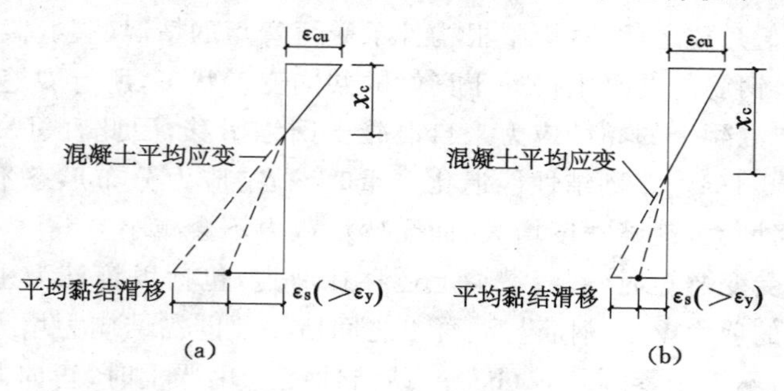

图 6-5 锈蚀混凝土构件极限状态截面应变关系

(a) 配筋较少时；(b) 配筋较多时

试验研究表明，即使对于黏结性能完全丧失的无黏结钢筋混凝土梁，极限状态下受拉钢筋也并不是完全不能屈服，其屈服与否与截面配筋指标[$A_s f_y/(f_c b h_0)$]有关，随着截面配筋指标的变化，可观察到三种明显不同的破坏形态：当配筋指标较小时，受拉钢筋能够屈服，梁具有明显的塑性破坏特征，变形能力良好；当配筋指标较大达到界限配筋指标时，钢筋虽已屈服，但受压区混凝土同时被压坏，延性已经很差；当配筋指标很高时，钢筋已不能屈服，此时梁具有明显的脆性破坏特征，塑性变形能力极差。

我国《混凝土结构耐久性评定标准》(CECS 220：2007)给出了锈蚀受拉钢筋强度利用系数 α_c 的计算方法：

① 无锈胀裂缝或配筋指标 $q_0 \leqslant 0.25$ 时，$\alpha_c = 1.0$；

② 钢筋平均锈蚀深度 $\delta \geqslant 0.3$ mm(对应的平均失重率为 9%)，且配筋指标 $q_0 > 0.25$ 时，按下式计算：

$$\alpha_c = \begin{cases} 1.45 - 1.82 q_0 & (0.25 < q_0 \leqslant 0.44) \\ 0.92 - 0.63 q_0 & (q_0 > 0.44) \end{cases} \tag{6-7}$$

③ 钢筋平均锈蚀深度 $\delta < 0.3$ mm，且配筋指标 $q_0 > 0.25$ 时，按下式计算：

$$\alpha_c = \begin{cases} 1.0 + (0.45 - 1.82q_0)\dfrac{\delta}{0.3} & (0.25 < q_0 \leqslant 0.44) \\ 1.0 + (-0.08 - 0.63q_0)\dfrac{\delta}{0.3} & (q_0 > 0.44) \end{cases} \tag{6-8}$$

④ 构件受拉区损伤长度小于梁跨 1/3 时，$\alpha_c = 1.0$。

配筋指标 q_0 按下式计算：

$$q_0 = \frac{A_s f_y + \sum (A_{sci} f_{sci})}{f_c b h_0} \tag{6-9}$$

式中，A_s，f_y 分别为受拉钢筋中未锈蚀钢筋截面面积、抗拉强度设计值；A_{sci}，f_{sci} 分别为第 i 根锈蚀受拉钢筋截面面积、抗拉强度设计值；f_c 为混凝土轴心抗压强度设计值；bh_0 为截面有效面积。

6.2.3 锚固区段锈蚀钢筋黏结性能退化规律及锚固承载力计算

(1) 黏结滑移分布及演化规律

对于锚固区这样较长的黏结区段来讲，在不同的拔出力作用下，其黏结滑移会受到黏结位置、侧向约束条件以及锈蚀程度等多因素的影响。图 6-6 为典型的锚固区段黏结滑移分布曲线。

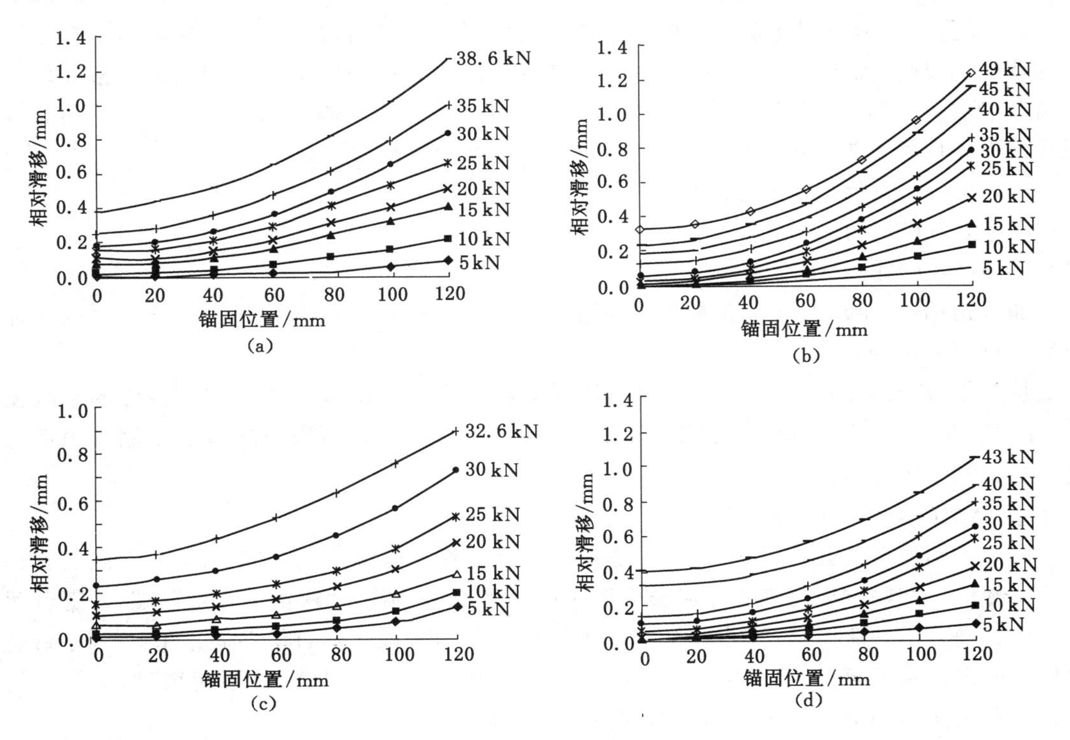

图 6-6　锚固区段黏结滑移曲线

(a) 无侧向约束，未锈蚀；(b) 有侧向约束，未锈蚀；

(c) 无侧向约束，锈裂宽 0.25 mm；(d) 有侧向约束，锈裂宽 0.25 mm

① 黏结滑移的分布范围及自由端初滑移荷载

加载初期，黏结滑移只出现在加载端附近；随着荷载的增大，黏结滑移逐渐从加载端向自由端延伸。

黏结滑移的分布范围以及黏结滑移开始延伸到自由端时的荷载（简称自由端初滑移荷载）受侧向约束条件及锈蚀程度的影响较为明显，具体表现在：就黏结滑移的分布范围而言，有侧向约束条件下的小于无侧向约束条件下的，未锈蚀条件下的小于锈胀开裂条件下的；就自由端初滑移荷载而言，则与黏结滑移延伸范围的对比情况正好相反。

显然，黏结滑移的分布范围及自由端初滑移荷载的大小都取决于黏结刚度的大小，而侧向约束有助于提高黏结刚度，相反，较宽的锈胀裂缝又会导致黏结刚度降低，这是出现上述对比情况的原因之所在。

② 黏结滑移分布的梯度

黏结滑移分布梯度也受到侧向约束条件及锈蚀程度的影响：有侧向约束条件下的大于无侧向约束条件下的，未锈条件下的大于锈胀开裂条件下的。究其原因，上述几种对比条件下，在黏结滑移尚未延伸到自由端之前，黏结滑移分布范围都是前者小于后者，因而黏结滑移分布梯度就是前者大于后者；在黏结滑移延伸到整个黏结区段之后，自由端的滑移仍然是前者小于后者，因而黏结滑移分布梯度也是前者大于后者。

③ 破坏阶段的黏结滑移发展

在破坏阶段（从劈裂或锈胀裂缝快速发展到极限荷载的阶段），黏结滑移显示了快速发展的特征，表现在图中即为极限荷载时的黏结滑移曲线与前一级荷载下的黏结滑移曲线的距离突然增大。同时，破坏阶段黏结滑移快速发展的特征在无侧向约束条件下以及锈胀开裂条件下体现得尤为突出，究其原因仍然是黏结刚度的区别所致。

（2）黏结应力分布及演化规律

图 6-7 为典型的锚固区段黏结应力分布曲线。

① 黏结应力的分布范围

加载初期，黏结应力只分布在加载端附近；随着荷载的增大，黏结应力的分布逐渐从加载端向自由端延伸。

从黏结应力曲线可以看出，较小荷载下的黏结应力分布范围受侧向约束条件的影响显著：在同级荷载下，有侧向约束试件小于无侧向约束试件，究其原因仍然是由于侧向约束有助于提高黏结刚度所致。

② 黏结应力的峰值移动特性

由于不同位置的黏结滑移不同，根据基本黏结滑移本构关系，黏结应力分布范围内会存在应力峰值。在黏结应力尚未布满整个黏结区段之前，黏结应力峰值靠近加载端，并随着荷载的增大向自由端略微移动；当黏结应力布满整个黏结区段之后，随着荷载的增大，黏结应力峰值向自由端显著移动，但极限荷载时尚未移动到与自由端平齐；极限荷载时，有侧向约束试件比无侧向约束试件的黏结应力峰值更为明显。

从黏结应力曲线可以看出，在极限荷载之前，即使黏结滑移最大的加载端附近其黏结应力也随荷载的增大而单调增大，这说明，在极限荷载之前，整个黏结区段都还处在基本黏结滑移本构关系曲线的上升段。在此前提下，黏结应力峰值随荷载增大而向自由端移动的原因，主要应归于靠近自由端处的混凝土受加载端混凝土端面压力的不利影响最小（该压力与劈裂拉力形成的复合应力更易引起混凝土的劈裂）；黏结区段中部侧向约束的存在相对凸显

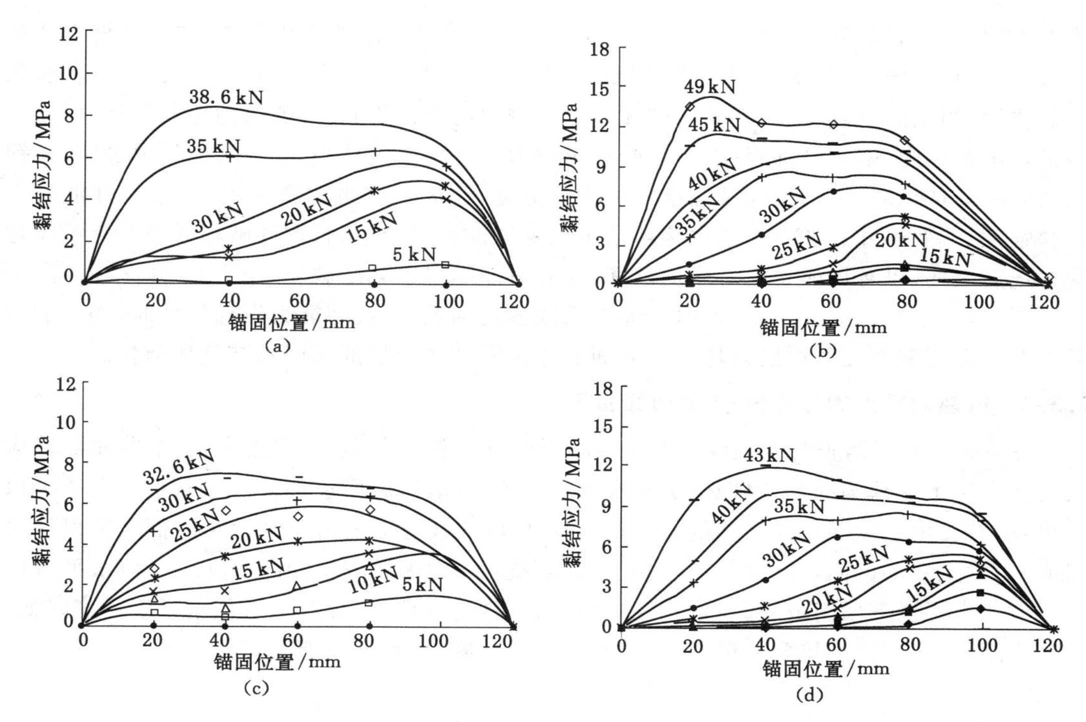

图 6-7　锚固区段黏结应力分布曲线

(a) 无侧向约束，未锈蚀；(b) 有侧向约束，未锈蚀；

(c) 无侧向约束，锈裂宽 0.25 mm；(d) 有侧向约束，锈裂宽 0.25 mm

了端面压力对加载端的不利影响，相应地也强化了靠近自由端黏结受力的有利条件。

③ 极限荷载时黏结应力分布的均匀性

极限荷载时，不同侧向约束条件、不同锈蚀程度条件下的黏结应力沿整个黏结区段的分布都显示了端部梯度很大而中部趋于较为平坦的平缓分布的总体趋势。

从极限黏结应力曲线可以看出，无侧向约束条件下比有侧向约束条件下的中部曲线相对更为平坦，亦即有侧向约束条件下的曲线的峰值点相对更为显著，究其原因仍是侧向约束强化了靠近自由端黏结受力的有利条件。

(3) 极限锚固承载力计算模型

根据有关试验研究结果，可以得到锈蚀条件下钢筋的极限锚固承载力计算模型如下：

$$F_{\mathrm{aud,c}} = \frac{7}{24}\pi^2 l_{\mathrm{a}}^2 d_{\mathrm{s}}(0.085 - 0.037w) \tag{6-10}$$

式中，$F_{\mathrm{aud,c}}$ 为锈蚀条件下钢筋的极限锚固承载力(N)；l_{a} 为锚固区段长度(mm)；d_{s} 为钢筋的直径(mm)；w 为锈胀裂缝宽度(mm)。

6.3　锈蚀混凝土构件受弯性能退化规律及承载力计算

6.3.1　锈蚀混凝土构件受弯破坏特征

大量研究成果表明，钢筋锈蚀对混凝土梁承载能力的上述影响，其程度随着钢筋锈蚀程度的不同而不同，最终的破坏形态也有所不同：① 在混凝土保护层锈胀开裂之前，钢筋截面损失率很小（一般小于 2%），锈蚀前后梁的受弯承载力和破坏形态没有明显变化。② 锈胀开裂之后，当钢筋锈蚀率＜10%时，破坏形态与锈蚀前基本相同，一般仍为弯曲破坏；但在该锈蚀程度范围内，随着锈蚀程度增大，受弯承载力和延性明显减小。③ 锈胀开裂之后，当钢筋锈蚀率＞10%时，钢筋强度及黏结性能严重退化，截面损伤也逐渐显现；由于构件混凝土材料强度、截面尺寸、配筋率、锚固构造措施以及锈蚀程度的不同，构件破坏形态既有可能是受弯适筋破坏，也有可能是受弯少筋破坏，还有可能是锚固黏结破坏。

因此，对于锈蚀混凝土受弯构件，随着锈蚀程度加重，当抗剪能力设计较强时，构件的破坏形态会由正截面受弯适筋破坏向正截面受弯少筋破坏或端部锚固黏结破坏演化。

6.3.2 锈蚀混凝土构件弯矩-挠度曲线特征

图 6-8 为不同锈胀裂缝宽度下锈蚀混凝土受弯构件的荷载-挠度曲线，其中曲线 6 对应的构件发生了端部锚固黏结破坏，其他构件发生的则是正截面适筋破坏。从图 6-8 中可以看出：所有发生正截面适筋破坏的构件其荷载-挠度曲线总体上由上升段和近似水平段两段组成，而发生端部锚固黏结破坏的构件其荷载-挠度曲线则总体上由上升段、近似水平段以及后期的突降段三段组成；随锈蚀程度的增大，曲线上升段斜率减小，近似水平段高度降低、长度变短，这表明梁的抗弯刚度降低、极限承载力下降、极限变形能力降低。

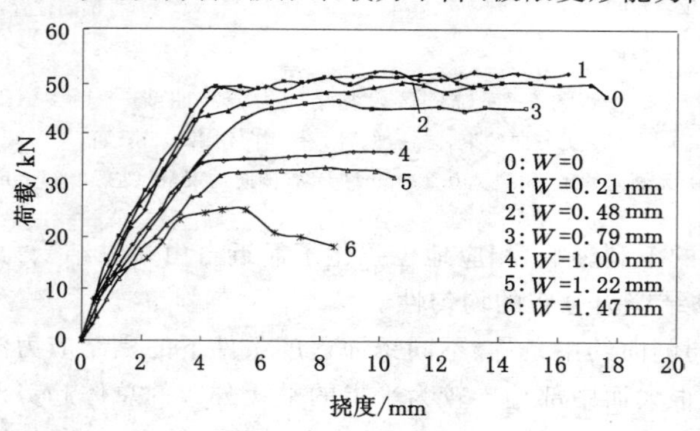

图 6-8 锈蚀混凝土梁荷载-挠度曲线

6.3.4 锈蚀混凝土构件受弯性能特征参数退化规律

根据锈蚀混凝土构件的荷载-挠度曲线，可以提炼出屈服荷载、极限承载力、屈服挠度、相限挠度以及延性系数等受弯性能参数，这些参数随锈胀裂缝宽度增大而退化的规律如下：屈服挠度随锈胀裂缝宽度变化的离散性较大，但总体上未显示出明显的随锈胀裂缝宽度增大而退化的趋势；除此之外，其余各参数随锈胀裂缝宽度的增大均显示了较明显的线性退化趋势。究其原因，锈蚀导致黏结性能下降，裂缝数量减少，裂缝宽度增大，但并没有减小梁的整体抗弯刚度，因此不会引起屈服挠度减小；相反，锈蚀引起钢筋抗拉性能退化和黏结性能退化，从而导致屈服荷载、极限承载力以及极限挠度降低。

6.3.5 锈蚀混凝土构件受弯承载力计算

（1）钢筋锈蚀的影响

前已述及，当钢筋锈蚀达到一定程度以后，混凝土梁承载力退化主要体现在三个方面：

① 钢筋抗拉、抗压承载力退化；② 受拉钢筋与受压混凝土的协同工作能力退化或端部锚固承载力退化；③ 受压区保护层锈胀开裂引起截面损伤。另外，对于受压钢筋，由于在整个受力过程中都不会出现横向裂缝，因而黏结长度始终较大，因此除非黏结性能退化非常严重，一般情况下都能达到其受压强度设计取值，不必要考虑其强度利用水平。因此，下面讨论锈蚀混凝土梁受弯承载力计算模型时将主要考虑上述三方面的影响。

在抗剪能力充分的前提下，锈蚀混凝土梁的破坏形态包括正截面受弯破坏和端部锚固黏结破坏两种形式，下面分别建立这两种破坏形态下的抗弯承载力计算模型，然后选取两种模型计算结果中的较小者作为最终的预计结果。

(2) 正截面受弯破坏抗弯承载力计算模型

① 静力平衡方程

众所周知，未锈蚀混凝土构件正截面受弯承载力极限状态时截面应变服从平截面假定，截面应力服从静力平衡条件。根据平截面假定可以求出材料的应力状态，根据静力平衡条件可以求出截面的极限承载力。

然而，当钢筋锈蚀且达到一定程度以后，受拉钢筋与混凝土之间便会产生相对滑移，受拉钢筋与受压混凝土之间的应变不再服从平截面假定，极限状态时受拉钢筋的应力难以确定，这成为锈蚀混凝土构件抗弯承载力计算中的棘手问题。我国《混凝土结构耐久性评定标准》(CECS 220：2007)根据西安建筑科技大学的研究结果采用锈蚀钢筋强度利用系数对其极限状态时的应力进行修正，使锈蚀受拉钢筋的应力得到了经验性的解答。

对于锈蚀混凝土构件，极限状态时的静力平衡条件依然自动得以满足，因此，在锈蚀受拉钢筋的应力问题解决以后，截面的极限承载力问题即可根据静力平衡条件得到解答。下面给出锈蚀混凝土构件正截面受弯承载力极限状态时的静力平衡方程，其中不考虑受压区保护层锈胀开裂引起截面损伤的影响(与 CECS 220：2007 相同)。

对于矩形截面或翼缘位于受拉边的倒 T 形截面普通混凝土受弯构件，其正截面受弯承载力极限状态时的静力平衡方程为：

$$A_s\alpha_c f_{yp,c} = \alpha_1 f_{cp} b x_p + A'_s f'_{yp,c} \tag{6-11}$$

$$M_{up,c} = \alpha_1 f_{cp} b x_p \left(h_0 - \frac{x_p}{2}\right) + A'_s f'_{yp,c}(h_0 - a'_s) \tag{6-12}$$

对于翼缘位于受压区的 T 形、I 形截面普通混凝土受弯构件，其正截面受弯承载力极限状态时的静力平衡方程为：

a. 当满足下列条件时：

$$A_s\alpha_c f_{yp,c} \leqslant \alpha_1 f_{cp} b'_f h'_f + A'_s f'_{yp,c} \tag{6-13}$$

为第一类 T 形截面，应按宽度为 b'_f 的矩形截面计算。

b. 当不满足上述条件时，为第二类 T 形截面，应按下面两式计算：

$$A_s\alpha_c f_{yp,c} = \alpha_1 f_{cp}[b x_p + (b'_f - b)h'_f] + A'_s f'_{yp,c} \tag{6-14}$$

$$M_{up,c} = \alpha_1 f_{cp} b x_p \left(h_0 - \frac{x_p}{2}\right) + \alpha_1 f_{cp}(b'_f - b)h'_f\left(h_0 - \frac{h'_f}{2}\right) + A'_s f'_{yp,c}(h_0 - a'_s) \tag{6-15}$$

式中，$M_{up,c}$，x_p 分别为锈蚀混凝土构件正截面受弯承载力概率取值、等效矩形应力图形的混凝土受压区高度，二者属于静力平衡方程中的未知量；A_s，A'_s 分别为锈蚀普通受拉钢筋、锈蚀普通受压钢筋的名义截面面积，等于各自未锈蚀时的公称截面面积；b 为矩形截面的宽度或倒T形截面的腹板宽度；h_0 为截面的有效高度；b'_f为T形或I形截面受压区的翼缘计算宽度；h'_f为T形或I形截面受压区的翼缘高度；a'_s为受压区纵向普通钢筋合力点至截面受压边缘的距离；α_1 为受压区混凝土矩形应力图的应力值与混凝土轴心抗压强度的比值；α_c 为考虑锈蚀引起受拉钢筋与受压混凝土协同工作能力退化的锈蚀钢筋强度利用系数；$f_{yp,c}$，$f'_{yp,c}$分别为锈蚀普通受拉钢筋、锈蚀普通受压钢筋的名义屈服强度概率取值；f_{cp}为受压混凝土的轴心抗压强度概率取值。

② 模型应用

上述静力平衡方程给出了锈蚀普通混凝土受弯构件正截面抗弯承载力的实用概率极限状态计算模型，其中锈蚀普通受拉钢筋和锈蚀普通受压钢筋的名义计算强度概率取值 $f_{yp,c}$ 和 $f'_{yp,c}$ 可根据不同计算或验算要求取各自的标准值（$f_{yk,c}$、$f'_{yk,c}$）或设计值（$f_{y,c}$、$f'_{y,c}$），它们的计算公式详见前面 6.1.3 节；受压混凝土的轴心抗压强度概率取值 f_{cp}也对应的根据不同的计算或验算要求取其标准值（f_{ck}）或设计值（f_c）；锈蚀钢筋强度利用系数 α_c 暂且可按确定性变量考虑，其计算方法详见前面 6.2.2 节；各已知几何参数也可按确定性变量考虑，根据其设计公称尺寸取值。

在材料概率强度、锈蚀钢筋强度利用系数及已知几何参数的取值确定之后，便可根据上述静力平衡方程求解出基于材料强度标准值或设计值的锈蚀普通混凝土受弯构件正截面抗弯承载力预计结果（即 $M_{uk,c}$、$M_{u,c}$）。值得注意的是，等效矩形应力图形的混凝土受压区高度 x_p 也对应地获得 2 种解答（x_k、x）。

上述静力平衡方程需要满足以下条件：

$$x_p \geqslant 2a'_s \tag{6-16}$$

$$x_p \leqslant \xi_{bsp} h_0 \tag{6-17}$$

$$\frac{A_s \cdot (f_{yp,c}/f_{yp,0})}{bh_0} \geqslant \max\left\{0.002, 0.45\frac{f_{tp}}{f_{yp,c}}\right\} \tag{6-18}$$

式中，$f_{yp,0}$为普通受拉钢筋未锈蚀时的屈服概率强度（即标准值 $f_{yk,0}$、设计值 $f_{y,0}$）；f_{tp}为混凝土的抗拉强度概率取值（即标准值 f_{tk}、设计值 f_t）；ξ_{bsp}为普通混凝土构件的相对界限受压区高度概率取值，与锈蚀普通钢筋的屈服应变有关，根据前面的讨论，锈蚀普通钢筋的屈服应变问题比较复杂，目前尚没有相对成熟的研究结果，这里建议可取其与未锈蚀时的屈服应变相等，于是，对普通钢筋按下式计算：

$$\xi_{bsp} = \frac{\beta_1}{1 + \dfrac{f_{yp,0}}{E_s \varepsilon_{cu}}} \tag{6-19}$$

式中，β_1 为矩形应力图与实际应力图的受压区高度比值；E_s 为普通钢筋的弹性模量；ε_{cu}为混凝土的极限压应变。

当最小受压区高度不能满足时，可近似取 $x_p = 2a'_s$，于是，可按下式求解 $M_{up,c}$：

$$M_{up,c} = A_s \alpha_c f_{yp,c}(h_0 - a'_s) \tag{6-20}$$

当最大受压区高度不能满足时，可近似取 $x_p = \xi_{bsp} h_0$，即可求得 $M_{up,c}$。

(3) 端部锚固黏结破坏承载力计算模型

端部锚固黏结破坏时，受弯构件的承载力不仅仅是由锚固区锈蚀钢筋与混凝土的黏结承载力决定的，实际上是由影响主斜裂面上抗弯承载力的各因素共同决定的。参考 GB 50010—2002 中关于受弯构件斜截面抗弯承载力计算方法，以图 6-9 所示的受力条件为例，锈蚀条件下,构件承载力概率取值(由支座反力 $R_{up,c}$ 和隔离体上的均布荷载 $q_{up,c}$ 反映,其中 $R_{up,c}$ 由跨内集中荷载和均布荷载共同引起)主要由锈蚀受拉纵筋的锚固承载力 $F_{aup,c}$(概率取值)与锈蚀箍筋的抗拉承载力 $A_{sv}f_{yvp,c}$(概率取值)决定(由于箍筋特殊的闭合构造特征,一般认为锈蚀箍筋不发生锚固黏结破坏)。根据转动平衡(给受压区合力点 C 取矩)有:

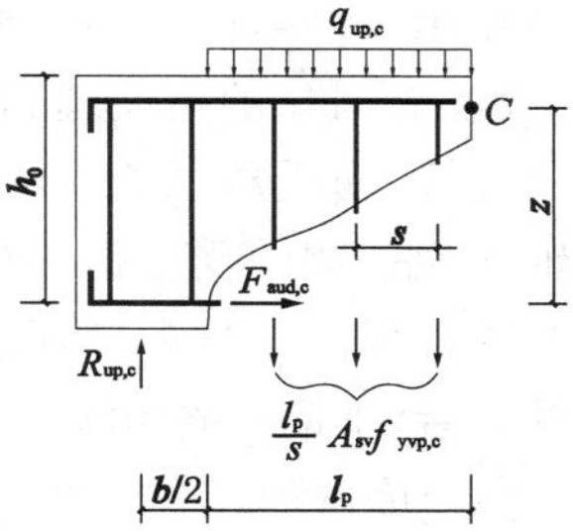

$$R_{up,c}\left(\frac{b}{2}+l_p\right)+\frac{1}{2}q_{up,c}l_p^2=F_{aup,c}z+\frac{l_p}{s}A_{sv}f_{yvp,c}\frac{l_p}{2} \tag{6-21}$$

图 6-9 端部锚固黏结破坏抗弯承载力计算简图

其中斜裂面范围内各箍筋拉力 $A_{sv}f_{yvp,c}$ 到受压区合力点 C 的平均力臂为 $l_p/2$,斜裂面水平投影长度 l_p 近似可以取等于 h_0,受拉纵筋合力点到受压区合力点 C 的距离 z 可以取为 $0.9h_0$;锈蚀受拉纵筋的锚固承载力 $F_{aup,c}$ 可根据有关研究结果计算(标准值 $F_{auk,c}$ 或设计值 $F_{au,c}$);另一方面,锈蚀箍筋的名义抗拉强度概率取值 $f_{yvp,c}$(标准值 $f_{yvk,c}$ 或设计值 $f_{yv,c}$)可根据 6.1.3 节的有关公式计算。将锈蚀受拉纵筋锚固承载力的各概率取值与锈蚀箍筋的名义计算强度各概率取值对应地代入上式,即可得到具有不同可靠度水平的端部锚固黏结破坏承载力预计结果。

需要说明的是,在钢筋混凝土受弯构件中,当剪跨比大于1时,一侧剪跨区的主斜裂缝位置往往有两种可能,一种是从梁底支座侧出发,按平均近似45°的方向向上延伸;另一条是从加载点下部出发,按平均近似45°的方向向下延伸。当剪跨比接近1时,主斜裂缝则从梁底支座侧指向加载点下部。上述基于主斜裂面抗弯承载力所得的端部锚固黏结破坏抗弯承载力预计模型是根据从支座侧出发的主斜裂缝推导得到的,因为这条斜裂缝上的主筋锚固长度小于另一条斜裂缝上的主筋锚固长度,虽然前者的弯矩小于后者,但锚固长度的影响更为主要。

6.4 锈蚀混凝土构件压弯性能退化规律及承载力计算

6.4.1 锈蚀混凝土构件压弯破坏特征

偏心受压构件的正截面破坏特征与轴向压力的相对偏心距、纵向钢筋数量、钢筋强度和混凝土强度等因素有关。

(1) 大偏心受压构件

未锈蚀混凝土大偏心受压构件在荷载作用下首先会在受拉区产生横向裂缝;随着荷载的增加,主裂缝(往往有1~2条)逐渐显现;临近破坏荷载时,受拉钢筋首先屈服,受拉区横向裂缝迅速开展并向受压区延伸,从而导致混凝土受压区面积迅速减小,混凝土压应力迅速增大,并且受压区边缘附近出现纵向裂缝;当受压边缘混凝土达到极限压应变时,混凝土被压碎,构件即告破坏。这种破坏过程具有明显的预兆,属于延性破坏。

锈蚀后,大偏心受压构件仍然保持与未锈蚀构件类似的破坏过程与特征,有所不同的是,随着锈蚀程度增加,锈蚀构件屈服前受拉区横向裂缝的数目少于未锈蚀构件,裂缝发展深度也明显小于未锈蚀构件,很显然,这是由钢筋与混凝土的黏结性能退化所导致的。

(2) 小偏心受压构件

未锈蚀混凝土小偏心受压构件在荷载作用下截面大部分受压或全部受压,因此在远离轴向力作用一侧可能会出现横向裂缝(截面大部分受压的情况下),但出现得较晚,开展也不大,一般没有明显的主裂缝;临近破坏荷载时,在靠近轴向力一侧混凝土受压区边缘附近出现纵向裂缝;当受压区边缘混凝土达到极限压应变时,混凝土被压碎,构件即告破坏,此时,靠近轴向力一侧的受压钢筋达到了其抗压屈服强度,而另一侧钢筋不论受压还是受拉,但肯定不能受拉屈服。这种破坏过程无明显预兆,属于脆性破坏。

锈蚀后,小偏心受压构件仍然保持与未锈蚀构件类似的破坏过程与特征,有所不同的是,随着锈蚀程度增加,靠近轴向力一侧的混凝土更早地出现起皮剥落现象,锈蚀程度较大的构件甚至未出现受拉区裂缝而受压区保护层沿原有锈胀裂缝大片脱落,构件的破坏越来越呈现明显的脆性特征。显然,小偏心受压构件中,混凝土锈胀开裂对其破坏特征具有显著影响。

6.4.2 锈蚀混凝土构件轴力-变形曲线特征

偏心受压构件有轴力和弯矩共同作用,因此其变形也包括轴向压缩变形和侧向弯曲变形,下面分别讨论这两种变形随荷载增大而变化的特征。

(1) 轴力-挠度曲线

图 6-10 为偏心受压构件不同锈胀裂缝宽度下的轴向压力-跨中侧向挠度曲线(简称轴力-挠度曲线),下面对曲线特征进行分析。

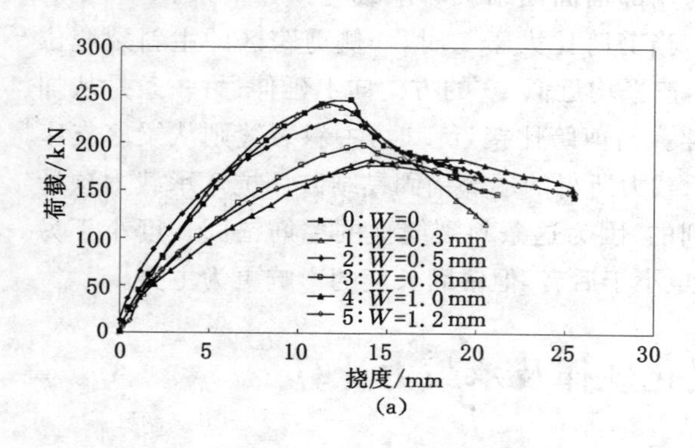

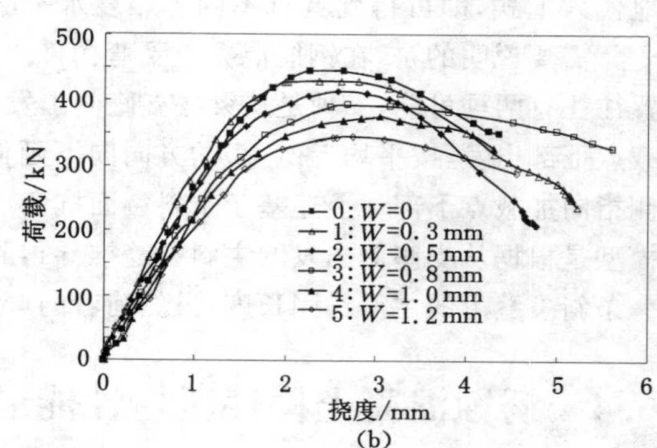

图 6-10 锈蚀普通混凝土柱轴力-挠度曲线

(a) 大偏心受压试件;(b) 小偏心受压试件

① 曲线总体特征

不管是大偏心受压构件还是小偏心受压构件,其轴力-挠度曲线总体上由上升段和下降段两段组成。上升段表现为刚度逐渐退化,说明随荷载增大,构件出现了一定的塑性变形;下降段的下降速率总体较小,说明偏心受压构件在卸载过程中的弯曲变形软化问题不十分突出,极限后的承载性能较好。

② 锈蚀程度对曲线特征的影响

随锈蚀程度的增大,曲线上升段平均斜率减小,顶点位置降低,这表明柱的压弯刚度和极限承载力随锈蚀程度的增大而逐渐降低。

相比之下,锈蚀率较小时两类构件曲线下降段的下降速率大于锈蚀率较大时的情况,其中大偏心受压构件显得尤为明显。究其原因,锈蚀程度较小时,截面损伤程度较轻,极限荷载前后截面状况差别很大,因而承载能力迅速下降,反之,锈蚀程度较大时,加载前截面损伤程度已经较重,加载时纵向弯曲的影响增大,侧向挠度发展较快,极限荷载前后截面状况差别相对较小,因而承载能力下降相对缓慢。这说明锈蚀严重的偏心受压构件极限后的承载性能较好,但不能忘记,此时构件的极限承载力已退化十分严重,因而没有余地发挥其较好的极限后承载性能。

(2) 轴力-压缩曲线

图 6-11 为偏心受压试件不同锈胀裂缝宽度下的轴向压力-纵向压缩变形曲线(简称轴力-压缩曲线),下面对曲线特征进行分析。

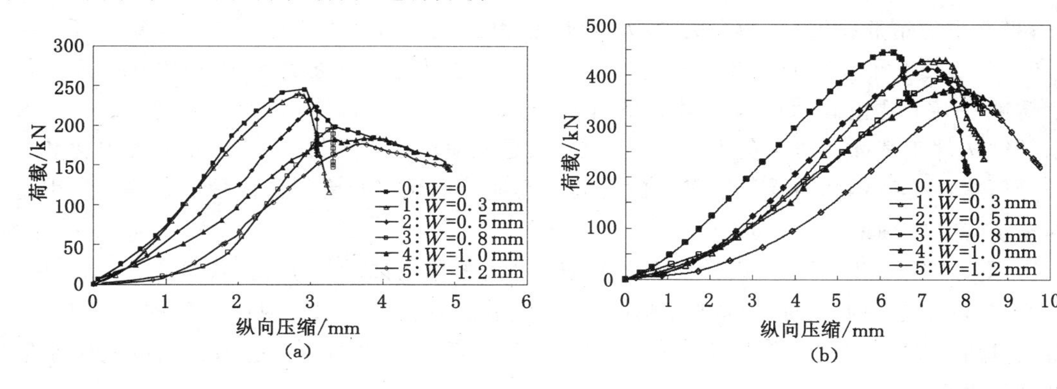

图 6-11　锈蚀普通混凝土柱轴力-压缩曲线

(a) 大偏心受压试件;(b) 小偏心受压试件

① 曲线总体特征

轴力-压缩曲线总体上也由上升段和下降段两段组成,上升段表现为刚度逐渐退化,下降段的下降速率总体较大,说明偏心受压构件在卸载过程中的压缩变形软化问题比较突出。结合轴力-挠度曲线下降段下降速率较小的特征可知,卸载过程中,构件主要发展纵向弯曲变形,而轴向变形发展很小。

② 锈蚀程度对曲线特征的影响

随锈蚀程度增大,轴力-压缩曲线呈现逐渐"被压扁"的趋势,顶点向下、向右移动,表明锈蚀压弯构件的轴向变形刚度随锈蚀程度的增大而减小。究其原因主要有两个方面:一是锈胀开裂导致截面发生损伤,截面抗压刚度减小;二是锈蚀钢筋的黏结性能退化导致钢筋对混凝土的纵向约束和横向约束能力下降,截面抗压刚度减小。

6.4.3　锈蚀混凝土构件压弯性能特征参数退化规律

锈蚀构件压弯性能参数随锈胀裂缝宽度变化的规律如下:极限承载力随锈蚀程度的增大而呈近似线性下降趋势,而极限挠度和极限压缩则随锈蚀程度的增大而呈近似线性增大趋势。极限荷载的减小和极限变形的增大其主要原因仍为如下两个方面:一是锈胀开裂导致截面发生损伤,截面承载力和刚度减小;二是锈蚀钢筋的黏结性能退化导致钢筋对混凝土的纵向约束和横向约束能力下降,导致截面承载力和刚度减小。

6.4.4　锈蚀混凝土构件压弯承载力计算

(1) 钢筋锈蚀的影响

钢筋锈蚀引起混凝土柱承载力退化的原因主要体现在三个方面:① 钢筋抗拉、抗压承载力退化;② 受拉钢筋与受压混凝土的协同工作能力退化或端部锚固承载力退化;③ 受压区保护层锈胀开裂引起截面损伤。其中受压区保护层锈胀开裂引起截面损伤对柱的承载力影响更为显著，尤其对小偏心受压构件。

受轴向压力的相对偏心距、纵向钢筋数量、钢筋强度以及混凝土强度等因素影响，偏心受压构件压弯破坏形态一般包括大偏心受压破坏和小偏心受压破坏两种类型。钢筋锈蚀以后，钢筋截面积减小、抗拉或抗压能力降低，但这一变化一般不会改变构件的破坏形态；钢筋锈蚀引起的截面损伤则有可能使有些构件的破坏形态由小偏心受压破坏转变为大偏心受压破坏；当严重的钢筋锈蚀引起端部锚固承载力退化时，还有可能发生端部锚固黏结破坏。

CECS 220：2007 根据中冶集团建筑研究总院和西安建筑科技大学的相关研究成果给出了锈蚀混凝土柱正截面压弯承载力的计算方法，该法的基本依据仍是 GB 50010—2002 中未锈蚀构件正截面抗压承载力的计算方法，只是考虑锈蚀钢筋抗拉、抗压承载力退化和大偏心受压构件受拉钢筋与受压混凝土的协同工作能力退化以及受压区保护层锈胀开裂引起截面损伤等几方面的修正，即：

① 受压钢筋的计算压力设计值由锈蚀前的 $f'_{y,0}A'_s$用锈蚀后的 $f'_{y,c}A'_s$代替。

② 大偏心受压构件受拉钢筋的屈服拉力设计值由锈蚀前的 $f_{y,0}A_s$ 用锈蚀后的 $\alpha_c \cdot f_{y,c}A_s$ 代替。其中系数 α_c 是考虑锈蚀引起受拉钢筋与受压混凝土协同工作能力退化的锈蚀钢筋强度利用系数。

③ 小偏心受压构件中远离轴向力一侧纵筋的“拉”力由锈蚀前的 $\sigma_{s,0}A_s$ 用锈蚀后的 $\sigma_{s,c}A_s$ 代替。

④ 截面尺寸(矩形截面)由锈蚀前的 h、b 用锈蚀后的 h_e、b_e 代替，二者按下式计算：

$$h_e = h - \sum_{i=1}^{2}\alpha_{cc}c_i \tag{6-22}$$

$$b_e = b - \sum_{i=1}^{2}\alpha_{cc}c_i \tag{6-23}$$

式中，h_e，b_e 分别为截面等效高度和宽度；c_i，α_{cc}分别为某侧的保护层厚度及相应的保护层损伤系数。

α_{cc}按以下方法计算：

a. 对小偏心受压构件：

$$\alpha_{cc} = \begin{cases} 0.25w & w \leqslant 2 \\ 0.25w + (1-0.25w)(w-2) & 2 < w \leqslant 3 \end{cases} \tag{6-24}$$

b. 对大偏心受压构件：

受压区：按小偏心受压构件取用。

受拉区：$\alpha_{cc}=0$。

式中，w 为锈胀裂缝宽度，mm；当 $w>3$ 时取 $w=3$。

另外，对于I形截面构件，CECS 220：2007 未作截面损伤规定，这里建议其截面高度 h 和翼缘高度 h_f(或 h'_f)均应考虑截面损伤，并都按式(6-22)计算各自的有效高度 h_e、h_{fe}及 h'_{fe}，其中在计算 h_{fe}和 h'_{fe}时，公式右边的 h 对应地变为 h_f 和 h'_f；同样的，截面翼缘宽度 b_f(或 b'_f)也应考虑截面损伤，并都按式(6-23)计算各自的有效宽度 b_{fe}及 b'_{fe}，且将公式右边的 b 对应地变为 b_f 和 b'_f。然而，由于截面宽度 b 实际上为腹板宽度，而腹板上往往配置的纵筋较少，因此这里建议不予考虑其截面损伤。

(2) 压弯承载力计算模型

① 静力平衡方程

对于矩形截面普通混凝土偏心受压构件，其正截面压弯承载力极限状态时的静力平衡方程为：

$$N_{up,c} = \alpha_1 f_{cp} b_e x_p + A'_s f'_{yp,c} - A_s \alpha_c \sigma_{sp,c} \tag{6-25}$$

$$N_{up,c} e = \alpha_1 f_{cp} b_e x_p \left(h_{0e} - \frac{x_p}{2}\right) + A'_s f'_{yp,c} (h_{0e} - a'_s) \tag{6-26}$$

对于I形截面普通混凝土偏心受压构件，其正截面压弯承载力极限状态时的静力平衡方程为：

a. 当受压区高度 $x_p \leqslant h'_{fe}$ 时，应按宽度为受压翼缘有效计算宽度 b'_{fe} 的矩形截面计算。

b. 当受压区高度 $x_p > h'_{fe}$ 时，

$$N_{up,c} = \alpha_1 f_{cp} [b x_p + (b'_{fe} - b) h'_{fe}] + A'_s f'_{yp,c} - A_s \alpha_c \sigma_{sp,c} \tag{6-27}$$

$$N_{up,c} e = \alpha_1 f_{cp} b x_p \left(h_{0e} - \frac{x_p}{2}\right) + \alpha_1 f_{cp} (b'_{fe} - b) h'_f \left(h_{0e} - \frac{h'_{fe}}{2}\right) + A'_s f'_{yp,c} (h_{0e} - a'_s) \tag{6-28}$$

式中，$N_{up,c}$ 为锈蚀混凝土构件正截面压弯承载力概率取值；e 为轴向压力作用点至纵向受拉普通钢筋合力点的距离；α_c 为锈蚀钢筋强度利用系数，对小偏心受压破坏取为零，对大偏心受压破坏按 6.2.2 节的方法计算；$\sigma_{sp,c}$ 为受拉普通钢筋(即远离轴向力一侧的普通钢筋)的应力概率取值，对大偏心受压破坏取为 $f_{yp,c}$，对小偏心受压破坏按下式计算：

$$\sigma_{sp,c} = \frac{f_{yp,c}}{\xi_{bsp} - \beta_1} \left(\frac{x_p}{h_{0e}} - \beta_1\right) \tag{6-29}$$

该式计算结果应满足下式条件：

$$-f'_{yp,c} \leqslant \sigma_{sp,c} \leqslant f_{yp,c} \tag{6-30}$$

上述静力平衡方程在求解时有两个基本未知量，即 $N_{up,c}$ 和 x_p，其他量均应事先已知，这需要首先确定破坏形态类型。然而，确切的破坏形态类型又需要由 x_p 来判断，即当 $x_p \leqslant \xi_{bsp} \cdot h_{0e}$ 时为大偏心受压破坏，否则为小偏心受压破坏。为此，可以事先假定为大偏心受压破坏，并求出此假定下的 x_p，若该 x_p 满足 $x_p \leqslant \xi_{bsp} \cdot h_{0e}$，则假定正确，求得的 x_p 也正确，可以往下进一步求出 $N_{up,c}$；若大偏心受压破坏假定下求得的 x_p 不满足 $x_p \leqslant \xi_{bsp} \cdot h_{0e}$，则假定错误，由此可以确定实际为小偏心受压破坏，刚求得的 x_p 也就是假的，应该按小偏心受压重新求解 x_p，并进一步求解 $N_{up,c}$。

② 模型应用

上述静力平衡方程给出了锈蚀普通混凝土构件压弯承载力的实用概率极限状态计算模型，其中锈蚀普通受拉钢筋(即远离轴向力一侧的普通钢筋)和锈蚀普通受压钢筋的名义计算强度(应力)概率取值 $\sigma_{sp,c}$ 和 $f'_{yp,c}$ 可根据不同的计算或验算要求取各自的标准值($\sigma_{sk,c}$、$f'_{yk,c}$)或设计值($\sigma_{s,c}$、$f'_{y,c}$)；受压混凝土的轴心抗压强度概率取值 f_{cp} 也对应的根据不同的计算或验算要求取其标准值(f_{ck})或设计值(f_c)；各已知几何参数也可按确定性变量考虑，根据其设计公称尺寸取值。

于是，根据上述静力平衡方程可求解出基于材料强度标准值或设计值的锈蚀普通混凝土构件压弯承载力预计结果(即 $N_{uk,c}$、$N_{u,c}$)。

第7章 混凝土结构耐久性的工程设计

7.1 混凝土结构耐久性设计原则

7.1.1 工程结构设计使用年限与设计基准期

传统的工程结构设计主要考虑工程结构上的荷载作用对结构安全性和适用性的影响，较少考虑使用环境因素对工程结构长期性能的影响。但随着工程结构耐久性研究的深入，工程结构的耐久性问题越来越受到人们的重视。我国现行的《建筑结构可靠度设计统一标准》(GB 50068—2001)和《工程结构可靠性设计统一标准》(GB 50153—2008)的总则中，都明确指出结构在规定的设计使用年限内应具有足够的耐久性。

从结构耐久性的要求中，可以看出耐久性是和时间有关的概念，这一时间段就是结构的设计使用年限。根据《建筑结构可靠度设计统一标准》(GB 50068—2001)，结构的设计使用年限是指"设计规定的结构或结构构件不需进行大修即可按其预定目的使用的时期"，详细一点说就是结构或结构构件在正常设计、正常施工、正常使用和维护下，完成预定的功能应达到的使用年限。实际工程结构由于建造目的和重要程度不同，其所要求的使用年限也是不同的。《工程结构可靠性设计统一标准》(GB 50153—2008)根据结构的用途规定了不同结构的使用年限，就房屋建筑结构而言，其设计使用年限分为4类，分别为5年、25年、50年和100年，如表7-1所列。对于有特殊要求的建筑，建设单位还可以在此规定的基础上提高结构设计使用年限的要求。

表7-1　房屋建筑结构的设计使用年限

类别	设计使用年限/a	示　例
1	5	临时性结构
2	25	易于替换的结构构件
3	50	普通房屋和构筑物
4	100	纪念性建筑和特别重要的建筑结构

对于公路桥涵和城市桥梁结构，《工程结构可靠性设计统一标准》(GB 50153—2008)和《城市桥梁设计规范》(CJJ 11—2011)都规定了其设计使用年限，如表7-2所列。

对于铁路桥涵结构，《工程结构可靠性设计统一标准》(GB 50153—2008)和《铁路混凝土结构耐久性设计规范》(TB 10005—2010)规定了其设计使用年限，如表7-3所列。

表 7-2 城市桥梁、公路桥涵结构的设计使用年限

类别	设计使用年限/a	示　　例
1	30	小桥、涵洞
2	50	中桥、重要小桥
3	100	特大桥、大桥、重要中桥

表 7-3 铁路桥涵结构的设计使用年限

类别	设计使用年限/a	示　　例
一	100	桥梁、涵洞、隧道等主体结构，路基支挡及承载结构，无砟轨道道床板、底座板
二	60	路基防护结构，200 km/h 及以上铁路路基排水结构，接触网支柱等
三	30	其他铁路路基排水结构，电缆沟槽、防护砌块、栏杆等可替换小型构件

由于港口工程结构其使用环境相对恶劣，氯盐的存在使混凝土结构内钢筋锈蚀的风险相对增大，因此对于港口工程结构，其设计使用年限一般相较于桥梁等工程结构短一些。《工程结构可靠性设计统一标准》(GB 50153—2008)和《港口工程结构可靠性设计统一标准》(GB 50158—2010)规定了其设计使用年限，如表 7-4 所列。

表 7-4 港口工程结构的设计使用年限

类别	设计使用年限/a	示　　例
1	5～10	临时性港口建筑物
2	50	永久性港口建筑

对于水利工程结构，其设计使用年限是由《水利水电工程结构可靠性设计统一标准》(GB 50199—2013)规定的：1～3 级主要建筑物结构的设计使用年限应采用 100 年，其他永久性建筑物结构应采用 50 年。临时建筑物结构的设计使用年限应根据预定的使用年限和可能滞后的时间采用 5～15 年。

江苏省地方标准《水利工程混凝土耐久性技术规范》(DB32/T 2333—2013)中也规定水利混凝土结构的使用年限，如表 7-5 所列。扩建、改建、加固的水利混凝土结构设计使用年限宜选择 30 年或 50 年。

表 7-5 水利混凝土结构的设计使用年限

使用年限级别	设计使用年限/a	工程规模
1	100	大型工程
2	50	中型工程
3	30	小型工程

从表 7-1 可以看出，对于我们身边常见的建筑，大都属于“普通房屋和构筑物”这一类，因此其设计使用年限要求为 50 年，就是说，经过正规的设计、正常的施工、正常的使用和维

护，在50年的时间内，其预定的功能（安全性、适用性、耐久性及整体稳定性等）应该能够保证实现。

为了保证结构达到预定的设计使用年限，在结构的设计中就要采用合理的设计方法来进行结构设计，就目前各国现行的结构设计规范来看，极限概率设计方法是较多采用的设计方法。我国现行《混凝土结构设计规范》(GB 50010—2010)也是采用以概率理论为基础的极限状态设计方法，设计中以可靠指标度量结构构件的可靠度，采用分项系数的设计表达式进行设计。设计中关键的环节就是确定结构上的作用和结构抗力，而这两方面也是随时间不断发生变化的，从保证结构安全和简化计算方面考虑，设计中一般采用一定时期内的作用（或抗力）的代表值来代替实际的作用（或抗力），因此设计中又引入另一个时间概念——设计基准期。设计基准期是指为确定可变作用及与时间有关的材料性能等取值而选用的时间参数。设计基准期不等同于结构的设计使用年限，当然也不等同于建筑结构的寿命。我国一般房屋建筑结构设计基准期为50年，一般铁路、公路桥梁结构设计基准期为100年，即设计时所考虑荷载和作用的统计参数均是按此基准期确定的。设计基准期是设计的一个基准参数，它的确定不仅涉及可变作用（荷载），还涉及材料性能，是在对大量实测数据进行统计的基础上提出来的，一般情况下不能随意更改。

7.1.2 混凝土结构耐久性设计基本原则

随着对混凝土结构耐久性的重视，我国于2008年11月颁布了《混凝土结构耐久性设计规范》(GB/T 50476—2008)，规范针对常见环境作用下房屋建筑、城市桥梁、隧道等市政基础设施以及一般构筑物中普通混凝土结构及其构件，制定了混凝土结构的耐久性应根据结构的设计使用年限、结构所处的环境类别及作用等级进行设计的基本原则，同时规定了混凝土结构耐久性设计的内容应包括：

(1) 结构的设计使用年限、环境类别及其作用等级；

(2) 有利于减轻环境作用的结构形式、布置和构造；

(3) 混凝土结构材料的耐久性质量要求；

(4) 钢筋的混凝土保护层厚度；

(5) 混凝土裂缝控制要求；

(6) 防水、排水等构造措施；

(7) 严重环境作用下合理采取防腐蚀附加措施或多重防护策略；

(8) 耐久性所需的施工养护制度与保护层厚度的施工质量验收要求；

(9) 结构使用阶段的维护、修理与检测要求。

从上述规定可以看出，钢筋混凝土结构耐久性设计的首要工作是在确定结构使用年限的基础上，根据结构所处实际环境确定其环境类别和作用等级，在方案设计阶段选用有利于减轻环境作用的结构类结构布置方式及构造要求。对于工程结构中的某一具体构件应根据其所处环境类别和作用等级，对其所用混凝土及钢筋提出具体的耐久性质量要求和具体混凝土保护层厚度，同时还应具体提出混凝土裂缝的控制要求和适当的防排水构造措施。

在严重环境作用下，仅靠提高混凝土材料质量和保护层厚度仍不能保证结构有足够的耐久性，这时还应采取合理的防止结构构件腐蚀的附加措施或多重防护策略。混凝土施工质量对其耐久性影响巨大，因此耐久性设计中应明确提出保证混凝土耐久性所需的施工养护制度和混凝土保护层厚度的施工质量验收要求。

混凝土结构在使用年限内有足够的耐久性是建立在预定的使用条件和必要的维修保养条件下的，因此，做耐久性设计时需明确结构使用阶段的维护、检测要求，包括设置必要的检测通道，预留检测维修空间和装置，对于重要工程，还需预先设置必要的耐久性检测和预警设备和装置。

另外，该规范明确指出：本规范规定的耐久性设计要求，应为结构达到设计使用年限并具有必要保证率的最低要求。在实际工程的设计中可根据工程具体特点、当地的环境条件与实践经验，以及具体的施工条件等适当提高要求。

7.2　现行规范关于混凝土结构耐久性设计的基本规定

7.2.1　环境类别及作用等级

混凝土耐久性的研究及工程实践证明，混凝土结构耐久性的退化是由其所处环境中多种因素共同作用的结果，不同环境下混凝土耐久性退化机理和退化的速率是不同的，因此针对一般混凝土结构常见的几种环境情况，《混凝土结构耐久性设计规范》(GB/T 50476—2008)划分了 5 种环境类别，如表 7-6 所列。

表 7-6　环境类别

环境类别	名　称	腐蚀机理
Ⅰ	一般环境	保护层混凝土碳化引起钢筋锈蚀
Ⅱ	冻融环境	反复冻融导致混凝土损伤
Ⅲ	海洋氯化物环境	氯盐引起钢筋锈蚀
Ⅳ	除冰盐等其他氯化物环境	氯盐引起钢筋锈蚀
Ⅴ	化学腐蚀环境	硫酸盐等化学物质对混凝土的腐蚀

根据环境对混凝土结构性能影响程度的不同，环境对配筋混凝土结构的作用程度可以采用环境作用等级来表达，并符合表 7-7 的规定。

表 7-7　环境作用等级

环境作用等级 环境类别	A 轻微	B 轻度	C 中度	D 严重	E 非常严重	F 极端严重
一般环境	Ⅰ-A	Ⅰ-B	Ⅰ-C	—	—	—
冻融环境	—	—	Ⅱ-C	Ⅱ-D	Ⅱ-E	—
海洋氯化物环境	—	—	Ⅲ-C	Ⅲ-D	Ⅲ-E	Ⅲ-F
除冰盐等其他氯化物环境	—	—	Ⅳ-C	Ⅳ-D	Ⅳ-E	—
化学腐蚀环境	—	—	Ⅴ-C	Ⅴ-D	Ⅴ-E	—

对于每一环境作用等级的具体环境情况，规范也做了详细规定，如一般环境下，工程实际构件的环境作用等级，可按表 7-8 所列的具体情况确定。

表 7-8　　一般环境对配筋混凝土结构的环境作用等级

环境作用等级	环境条件	结构构件示例
Ⅰ-A	室内干燥环境	常年干燥、低湿度环境中的室内构件； 所有表面均永久处于静水下的构件
	永久的静水浸没环境	
Ⅰ-B	非干湿交替的室内潮湿环境	中、高湿度环境中的室内构件； 不接触或偶尔接触雨水的室外构件； 长期与水或湿润土体接触的构件
	非干湿交替的露天环境	
	长期湿润环境	
Ⅰ-C	干湿交替环境	与冷凝水、露水或与蒸汽频繁接触的室内构件； 地下室顶板构件； 表面频繁淋雨或频繁与水接触的室外构件； 处于地下水位变动区的构件

在《混凝土结构耐久性设计规范》(GB/T 50476—2008)的基础上，2010 年修订的《混凝土结构设计规范》(GB 50010—2010)对混凝土结构暴露的环境类别做了更详细的划分，具体内容如表 7-9 所列。

表 7-9　　混凝土结构的环境类别

环境类别	条　　件
一	室内干燥环境； 无侵蚀性静水浸没环境
二[a]	室内潮湿环境； 非严寒和非寒冷地区的露天环境； 非严寒和非寒冷地区与无侵蚀性的水或土壤直接接触的环境； 严寒和寒冷地区的冰冻线以下与无侵蚀性的水或土壤直接接触的环境
二[b]	干湿交替环境； 水位频繁变动环境； 严寒和寒冷地区的露天环境； 严寒和寒冷地区冰冻线以上与无侵蚀性的水或土壤直接接触的环境
三[a]	严寒和寒冷地区冬季水位变动区环境； 受除冰盐影响环境； 海风环境
三[b]	盐渍土环境； 受除冰盐作用环境； 海岸环境
四	海水环境
五	受人为或自然的侵蚀性物质影响的环境

注：1. 室内潮湿环境是指构件表面经常处于结露或湿润状态的环境；
2. 严寒和寒冷地区的划分应符合现行国家标准《民用建筑热工设计规范》(GB 50176)的有关规定；
3. 海岸环境和海风环境宜根据当地情况，考虑主导风向及结构所处迎风、背风部位等因素的影响，由调查研究和工程经验确定；
4. 受除冰盐影响环境是指受到除冰盐盐雾影响的环境，受除冰盐作用环境是指除冰盐溶液溅射环境以及使用除冰盐地区的洗车库、停车场等建筑；
5. 暴露的环境是指混凝土结构的表面所处的环境。

《工业建筑防腐蚀设计规范》(GB 50046—2008)中将腐蚀性介质按存在形态分为气态介质、液态介质和固态介质；各种介质对建筑材料长期作用下的腐蚀性，又可分为强腐蚀、中腐蚀、弱腐蚀和微腐蚀 4 个等级。同一形态的多种介质同时作用于同一部位时，腐蚀性等级应取最高者。常温下，气态介质和液态介质对建筑材料的腐蚀性等级应按表 7-10 和表 7-11 确定。

表 7-10　　气态介质对建筑材料的腐蚀等级

介质类别	介质名称	介质含量/(mg/m^3)	环境相对湿度/%	钢筋混凝土、预应力混凝土	水泥砂浆、素混凝土	普通碳钢	烧结砖砌体	木	铝
Q1	氯	1.00～5.00	＞75	强	弱	强	弱	弱	强
			60～75	中	弱	中	弱	微	中
			＜60	弱	微	中	微	微	中
Q2		0.10～1.00	＞75	中	微	中	微	微	中
			60～75	弱	微	中	微	微	中
			＜60	微	微	弱	微	微	弱

注：表中的环境相对湿度应采用构配件所处部位的实际相对湿度；生产条件对环境相对湿度影响较小时，可采用工程所在地区的年平均相对湿度；经常处于潮湿状态或不可避免结露的部位，环境相对湿度应取大于 75%。

表 7-11　　液态介质对建筑材料的腐蚀等级

介质类别	介质名称		pH 值或浓度	钢筋混凝土、预应力混凝土	水泥砂浆、素混凝土	烧结砖砌体
Y1	无机酸	硫酸、盐酸、硝酸、铬酸、磷酸、各种酸洗液、电镀液、电解液、酸性水(pH 值)	＜4.0	强	强	强
Y2			4.0～4.5	中	中	中
Y3			5.0～6.5	弱	弱	弱
Y4		氢氟酸浓度/%	≥2	强	强	强

《公路混凝土结构防腐蚀技术规范》(JTG/T B07—01—2006)根据公路桥梁等工程结构所处的环境，将环境类别划分成一般环境、一般冻融环境、除冰盐环境、近海或海洋环境以及盐结晶、大气污染等环境类别，并给出了各个环境类别下环境作用的等级，具体如表7-12所列。

表 7-12　　公路工程结构环境分类及作用等级

环境类别	环境条件	作用等级	示　例
一般环境(无冻融、盐、酸、碱等作用)	永久湿润环境	A	永久处于静止水中的构件
	非永久湿润和干湿交替的室外环境	B	不受雨淋或渗漏水作用的桥梁构件，埋于土中、温湿度相对稳定的基础构件
	干湿交替环境	C	表面频繁淋雨、结露或频繁与水接触的干湿交替构件，处于水位变动区的构件，靠近地表、湿度受地下水位影响的构件

续表 7-12

环境类别	环境条件	作用等级	示　例
一般冻融环境（无盐、酸、碱等作用）	微冻地区，混凝土中度水饱和	C	受雨淋构件的竖向表面
	微冻地区，混凝土高度水饱和	D	水位变动区的构件，频繁淋雨的构件水平表面
	严寒和寒冷地区，混凝土中度水饱和	D	受雨淋构件的竖向表面
	严寒和寒冷地区，混凝土高度水饱和	E	水位变动区的构件，频繁淋雨的构件水平表面
除冰盐（氯盐）环境	混凝土中度水饱和（偶受除冰盐轻度作用时按 D 级）	E	受除冰盐溅射的构件竖向表面
	混凝土高度水饱和	F	直接接触除冰盐的构件水平表面
近海或海洋环境	大气区：轻度盐雾区，离平均水位 15 m 以上的海上大气区，离涨潮岸线 100～200 m 内陆上环境	D	靠海的陆上结构，桥梁上部结构
	大气区：重度盐雾区，离平均水位 15 m 以下的海上大气区，离涨潮岸线 100 m 内陆上环境	E	
	土中区	D	近海土中或海底的桥墩基础
	水下区	D	长期浸没于水中的桥墩和桩
	潮汐区和浪溅区，非炎热地区	E	平均低潮位以下 1 m 上方的水位变动区与受浪溅的桥墩、承台等构件
	潮汐区和浪溅区，南方炎热地区	F	
盐结晶环境	日温差小、有干湿交替作用的盐土环境（含盐量较低时按 D 级）	E	与含盐土壤接触的墩柱等构件露出地面以上的“吸附区”
	日温差大、干湿交替作用频繁的高含盐量盐土环境	F	
大气污染环境	汽车或其他机车废气	C	受废气直射的构件，处于有限封闭空间内受废气作用的混凝土构件
	酸雨（酸雨 pH 值＜4 时按 E 级）	D^-	受酸雨频繁作用的混凝土构件
	盐土地区含盐分的大气及雨水作用	D	盐土地区受雨淋的露天构件

《铁路混凝土结构耐久性设计规范》（TB 10005—2010）将铁路混凝土结构所处环境类别分为碳化环境、氯盐环境、化学侵蚀环境、盐类结晶破坏环境、冻融破坏环境和磨蚀环境。不同类别环境的作用等级可按表 7-13～表 7-18 所列环境条件特征进行划分，其中环境作用等级为 L3、H3、H4、D3、D4、M3 级的环境为严重腐蚀环境。

表 7-13　碳化环境的作用等级

环境作用等级	环境条件特征
T1	年平均相对湿度＜60％
	长期在水下（不包括海水）或土中
T2	年平均相对湿度≥60％
T3	水位变动区
	干湿交替

注：当钢筋混凝土薄型结构的一侧干燥而另一侧湿润或饱水时，其干燥一侧混凝土的碳化锈蚀作用等级应按 T3 级考虑。

表 7-14　　　　　　　　　　氯盐环境的作用等级

环境作用等级	环境条件特征
L1	长期在海水水下区
	离平均水位 15 m 以上的海上大气区
	离涨潮岸线 100～300 m 的陆上近海区
	水中氯离子浓度≥100 mg/L 且≤500 mg/L,并有干湿交替
	土中氯离子浓度≥150 mg/kg 且≤750 mg/kg,并有干湿交替
L2	离平均水位 15 m 以内(含 15 m)的海上大气区
	离涨潮岸线 100 m 以内(含 100 m)的陆上近海区
	海水潮汐区或浪溅区(非炎热地区)
	水中氯离子浓度≥500 mg/L 且≤5 000 mg/L,并有干湿交替
	土中氯离子浓度≥750 mg/kg 且≤7 500 mg/kg,并有干湿交替
L3	海水潮汐区或浪溅区(南方炎热地区)
	盐渍土地区露出地表的毛细吸附区
	水中氯离子浓度≥5 000 mg/L,并有干湿交替
	土中氯离子浓度≥7 500 mg/kg,并有干湿交替

表 7-15　　　　　　　　　　化学侵蚀环境的作用等级

环境作用等级	环境条件					
	水中 SO_4^{2-} 浓度 /(mg/L)	强透水性土中 SO_4^{2-} 浓度（水溶值）/(mg/kg)	弱透水性土中 SO_4^{2-} 浓度（水溶值）/(mg/kg)	酸性水（pH 值）	水中侵蚀性 CO_2 含量/(mg/L)	水中 Mg^{2+} 含量 /(mg/L)
H1	≥200 ≤1 000	≥300 ≤1 500	≥1 500 ≤6 000	≤6.5 ≥5.5	≥15 ≤40	≥300 ≤1 000
H2	>1 000 ≤4 000	>1 500 ≤6 000	>6 000 ≤15 000	<5.5 ≥4.5	>40 ≤100	>1 000 ≤3 000
H3	>4 000 ≤10 000	>6 000 ≤15 000	>15 000	<4.5 ≥4.0	>100	>3 000
H4	>10 000 ≤20 000	>15 000 ≤30 000	—	—	—	—

注:1. 对于盐渍土地区的混凝土结构,埋入土中的混凝土遭受化学侵蚀;当环境多风干燥时,露出地表的毛细吸附区内的混凝土遭受盐类结晶型侵蚀。

2. 对于一面接触含盐环境水(或土)而另一面临空且处于干燥或多风环境中的薄壁混凝土,接触含盐环境水(或土)的混凝土遭受化学侵蚀,临空面的混凝土遭受盐类结晶侵蚀。

3. 当环境中存在酸雨时,按酸性环境考虑,但相应作用等级可降一级。

表 7-16　　盐类结晶破坏环境的作用等级

环境作用等级	环境条件	
	水中 SO_4^{2-} 浓度/(mg/L)	土中 SO_4^{2-} 浓度(水溶值)/(mg/kg)
Y1	≥200,≤500	≥300,≤750
Y2	>500,≤2 000	>750,≤3 000
Y3	>2 000,≤5 000	>3 000,≤7 500
Y4	>5 000,≤10 000	>7 500,≤15 000

表 7-17　　冻融破坏环境的作用等级

环境作用等级	环境条件
D1	微冻条件,且混凝土频繁接触水
D2	微冻条件,且混凝土处于水位变动区
	严寒和寒冷条件,且混凝土频繁接触水
	微冻条件,且混凝土频繁接触含氯盐水体
D3	严寒和寒冷条件,且混凝土处于水位变动区
	微冻条件,且混凝土处于含氯盐水体的水位变动区
	严寒和寒冷条件,且混凝土频繁接触含氯盐水体
D4	严寒和寒冷条件,且混凝土处于含氯盐水体的水位变动区

注:严寒地区、寒冷地区和微冻地区是根据其最冷月的平均气温划分的。严寒地区、寒冷地区和微冻地区最冷月的平均气温 t 分别为:$t \leqslant -8$ ℃, -8 ℃$<t<-3$ ℃和-3 ℃$\leqslant t \leqslant 2.5$ ℃。

表 7-18　　磨蚀环境的作用等级

环境作用等级	环境条件
M1	风力等级≥7 级,且年累计刮风天数大于 90 d 的风沙地区
M2	风力等级≥9 级,且年累计刮风天数大于 90 d 的风沙地区
	被强烈流冰撞击的河道(冰层水位下 0.5 m～冰层水位上 1.0 m)
	汛期含沙量为 200～1 000 kg/m³ 的河道
M3	风力等级≥11 级,且年累计刮风天数大于 90 d 的风沙地区
	汛期含沙量大于 1 000 kg/m³ 的河道
	西北戈壁荒漠区洪水期间夹杂大量粗颗粒沙石的河道

对于水利工程结构,《水工混凝土结构设计规范》(DL/T 5057—2009)将环境类别主要划分为 5 类,而《水利工程混凝土耐久性技术规范》(DB32/T 2333—2013)将混凝土结构所处环境划分为Ⅰ(碳化环境)、Ⅱ(冻融环境)、Ⅲ(氯化物环境)和Ⅳ(化学侵蚀环境)4 类。

7.2.2　混凝土结构耐久性设计的材料使用要求

耐久性的研究成果表明,在很多情况下,混凝土的设计强度等级并不是荷载作用控制,而是由环境作用所决定。混凝土结构设计时应根据结构所处的环境类别、作用等级和结构设计使用年限,按同时满足混凝土最低强度等级、最大水胶比和混凝土原材料组成的要求来选用混凝土材料。《混凝土结构耐久性设计规范》(GB/T 50476—2008)规定配筋混凝土结构满足耐久性要求的混凝土最低强度等级应符合表 7-19 的规定，另外，对于预应力混凝土构件的混凝土最低强度等级不应低于 C40，素混凝土结构满足耐久性要求的混凝土最低强度等级，一般环境不应低于 C15。对于重要工程或大型工程，除满足表 7-19 的要求外，还应针对具体的环境类别和作用等级，分别提出抗冻耐久性指数、氯离子在混凝土中的扩散系数等具体量化耐久性指标。

表 7-19　　满足耐久性要求的混凝土最低强度要求

环境类别与作用等级	设计使用年限		
	100 年	50 年	30 年
Ⅰ-A	C30	C25	C25
Ⅰ-B	C35	C30	C25
Ⅰ-C	C40	C35	C30
Ⅱ-C	C35,C45	C30,C45	C30,C40
Ⅱ-D	C40	C35	C35
Ⅱ-E	C45	C40	C40
Ⅲ-C,Ⅳ-C,Ⅴ-C,Ⅲ-D,Ⅳ-D	C45	C40	C40
Ⅴ-D,Ⅲ-E,Ⅳ-E	C50	C45	C45
Ⅴ-E,Ⅲ-F	C55	C50	C50

《公路混凝土结构防腐蚀技术规范》(JTG/T B07—01—2006)规定了钢筋混凝土结构的最低混凝土强度等级、最大水胶比和单方混凝土中的胶凝材料最小用量，详见表 7-20。

表 7-20　公路工程耐久性设计要求混凝土的最低强度等级、最大水胶比和胶凝材料最小用量

设计基准期 / 环境作用等级	100 年			50 年		
	最低强度等级	最大水胶比	最小胶凝材料用量/(kg/m³)	最低强度等级	最大水胶比	最小胶凝材料用量/(kg/m³)
A	C30	0.55	280	C25	0.60	260
B	C35	0.50	300	C30	0.55	280
C	C40	0.45	320	C35	0.50	300
D	C45	0.40	340	C40	0.45	320
E	C50	0.36	360	C45	0.40	340
F	C50	0.32	380	C50	0.36	360

对于不同强度等级混凝土的胶凝材料总用量要求为：C40 以下不宜大于 400 kg/m^3，C40～C50 不宜大于 450 kg/m^3，C60 及以上不宜大于 500 kg/m^3(非泵送混凝土)和 530 kg/m^3(泵送混凝土)。

《铁路混凝土结构耐久性设计规范》(TB 10005—2010)对混凝土材料要求是根据不同环境类别分别来要求的，对于碳化环境下的钢筋混凝土结构和预应力混凝土结构，其混凝土配合比参数应满足表7-21的要求。素混凝土结构的混凝土最大水胶比不应超过0.60，最小胶凝材料用量不应低于260 kg/m³。

表7-21　碳化环境下钢筋混凝土结构和预应力混凝土结构的混凝土配合比参数限值

环境作用等级	100年		50年		30年	
	最大水胶比	最小胶凝材料用量/(kg/m³)	最大水胶比	最小胶凝材料用量/(kg/m³)	最大水胶比	最小胶凝材料用量/(kg/m³)
T1	0.55	280	0.60	260	0.60	260
T2	0.50	300	0.55	280	0.55	280
T3	0.45	320	0.50	300	0.50	300

《水工混凝土结构设计规范》(DL/T 5057—2009)从水灰比等方面对混凝土材料也作了要求，其规定钢筋混凝土和预应力混凝土结构的混凝土水灰比不宜大于表7-22所列数值。对于素混凝土的最大水灰比可按表7-22所列数值增大0.05。

表7-22　水工钢筋混凝土结构和预应力混凝土结构的混凝土最大水灰比

环境类别	一	二	三	四	五
最大水灰比	0.60	0.55	0.50	0.45	0.40

注：1. 结构类型为薄壁或薄腹构件时，最大水灰比适当减小。
2. 处于三、四、五类环境条件又受冻严重或受冲刷严重的结构，最大水灰比应按照DL/T 5082的规定执行。
3. 承受水力梯度较大的结构，最大水灰比宜适当减少。

可以看出，尽管不同工程类别对混凝土的最大水胶比、最低强度等级和最少胶凝材料用量等的规定略有差别，但总体规律是一致的。总体表现为：环境类别越严酷、作用等级越高和预期使用寿命越长，则混凝土的最大水胶比限值越低、最低强度等级和最少胶凝材料用量越高。上述规定的目的在于针对不同的使用环境和使用年限要求，规定混凝土自身的最低耐久性抗力。

7.2.3　混凝土保护层厚度要求

混凝土保护层是钢筋混凝土结构特有的保护内部钢筋避免锈蚀必不可少的手段。一般来说，混凝土保护层厚度越大，则对混凝土内钢筋的保护作用越强。因此，对不同使用环境类别的混凝土结构规定最小的混凝土保护层厚度是必要的。但是，混凝土的保护层厚度也不宜过大。因为，随着混凝土保护层厚度尺寸的增大，由于混凝土自身的收缩、徐变或载荷等原因而使得混凝土保护层开裂的风险急剧增大。一旦混凝土保护层开裂，则侵蚀性介质可以通过裂缝轻易地进入钢筋表面，从而混凝土保护层就失去了对钢筋保护的作用。

《混凝土结构耐久性设计规范》(GB/T 50476—2008)规定不同环境作用下钢筋主筋、箍筋和分布筋，其混凝土保护层厚度应满足钢筋防锈、耐火以及与混凝土之间黏结力传递的要求，且混凝土保护层厚度设计值不得小于钢筋的公称直径。工厂预制的混凝土构件，其普通钢筋和预应力钢筋的混凝土保护层厚度可比现浇构件减少5 mm。《混凝土结构设计规范》[GB 50010—2010(2015年版)]除规定构件中受力钢筋的保护层厚度不应小于钢筋的公称直径外，还对设计使用年限为 50 年的普通钢筋及预应力筋结构，最外层钢筋的保护层厚度做出具体要求，如表 7-23 所列。对于设计使用年限为 100 年的混凝土结构，最外层钢筋的保护层厚度不应小于表 7-23 中数值的 1.4 倍。

表 7-23　　混凝土保护层的最小厚度　　(mm)

环境类别	板、墙、壳	梁、柱、杆
一	15	20
二a	20	25
二b	25	35
三a	30	40
三b	40	50

注：a. 混凝土强度等级不大于 C25 时，表中保护层厚度数值应增加 5 mm；

b. 钢筋混凝土基础宜设置混凝土垫层，基础中钢筋的混凝土保护层厚度应从垫层顶面算起，且不应小于 40 mm。

实际工程设计时，当有充分依据并采取下列措施时，可适当减小混凝土保护层的厚度，具体措施分为：① 构件表面有可靠的防护层；② 采用工厂化生产的预制构件；③ 在混凝土中掺加阻锈剂或采用阴极保护处理等防锈措施；④ 当对地下室墙体采取可靠的建筑防水做法或防护措施时，与土层接触一侧钢筋的保护层厚度可适当减少，但不应小于 25 mm。

当梁、柱、墙中纵向受力钢筋的保护层厚度大于 50 mm 时，宜对保护层采取有效的构造措施。当在保护层内配置防裂、防剥落的钢筋网片时，网片钢筋的保护层厚度不应小于 25 mm。

《工业建筑防腐蚀设计规范》(GB 50046—2008)规定钢筋的混凝土保护层最小厚度，应符合表 7-24 的规定。

表 7-24　　工业建筑混凝土保护层的最小厚度　　(mm)

构件类型	强腐蚀	中、弱腐蚀
板、墙等面形构件	35	30
梁、柱等条形构件	40	35
基础	50	50
地下室外墙及底板	50	50

《铁路混凝土结构耐久性设计规范》(TB 10005—2010)规定铁路桥涵混凝土结构的钢筋保护层厚度应符合表 7-25 的规定。

表 7-25　　桥涵混凝土结构钢筋的混凝土保护层的最小厚度　　(mm)

环境类型	作用等级	保护层最小厚度
碳化环境	T1	35
	T2	35
	T3	45

续表 7-25

环境类型	作用等级	保护层最小厚度
氯盐环境	L1	45
	L2	50
	L3	60
化学侵蚀环境	H1	40
	H2	45
	H3	50
	H4	60
盐类结晶破坏环境	Y1	40
	Y2	45
	Y3	50
	Y4	60
冻融破坏环境	D1	40
	D2	45
	D3	50
	D4	60
腐蚀环境	M1	35
	M2	40
	M3	45

注：1. 设有防水层和防护层的顶面钢筋的混凝土保护层最小厚度可适当减小，但不得小于 30 mm。
2. 当条件许可时，盐类结晶破坏环境和严重腐蚀环境下，桥涵混凝土结构的混凝土保护层最小厚度应适当增加。
3. 桩基础钢筋的混凝土保护层最小厚度应在上表的基础上增加 30 mm。
4. 先张法预应力筋的混凝土保护层最小厚度应比普通钢筋至少大 10 mm。
5. 具有连续密封套管的后张预应力钢筋的混凝土保护层最小厚度应与普通钢筋相同，且不应小于孔道直径的 1/2，无密封套管（或导管、孔道管）的后张预应力钢筋的混凝土保护层最小厚度应比普通钢筋大 10 mm。
6. 后张预应力金属管外缘至混凝土表面的距离不应小于 1 倍管道直径（在结构的顶面和侧面）或 60 mm（在结构底面）。

《海港混凝土结构防腐蚀技术规范》(JTJ 275—2000)把建筑物所在地区分为南方和北方，又根据构件所处的水位情况，规定钢筋混凝土保护层最小厚度，如表 7-26 所列。

表 7-26　钢筋混凝土保护层的最小厚度　(mm)

建筑物所处地区	大气区	浪溅区	水位变动区	水下区
北方	50	50	50	30
南方	50	65	50	30

注：1. 混凝土保护层厚度系指主筋表面与混凝土的最小距离；
2. 表中数值系箍筋直径为 6 mm 时主钢筋的保护层厚度，当箍筋直径超过 6 mm 时，保护层厚度应按表中规定增加 5 mm；
3. 位于浪溅区的码头面板、桩等细薄构件的混凝土保护层厚度可取 50 mm；
4. 南方地区系指历年月平均气温大于 0 ℃的地区。

综上可以看出，不同的混凝土构件其需要的最小混凝土保护层厚度分别不同。一般来说，板、墙、壳等面型构件的混凝土保护层厚度小于梁、柱、杆等条形构件，而梁、柱、杆等构件的保护层厚度小于基础、地下室构件的混凝土保护层厚度。同时，对同一类型的构件随环境类别的增大其需要的保护层厚度不断增大。

7.2.4　混凝土裂缝宽度要求

混凝土是一种脆性材料，其抗压强度相对较高而抗拉强度很低，因此在外部环境以及载荷的作用下非常容易出现裂缝，而裂缝的出现往往会对混凝土结构的耐久性劣化起到至关重要的影响。

《混凝土结构耐久性设计规范》(GB/T 50476—2008)规定在荷载作用下配筋混凝土构件的表面裂缝最大宽度计算值不应超过表 7-27 中的限值。对裂缝宽度无特殊外观要求的，当保护层设计厚度超过 30 mm 时，可将厚度取为 30 mm 计算裂缝的最大宽度。

表 7-27　表面裂缝计算宽度限值　(mm)

环境作用等级	钢筋混凝土构件	有黏结预应力混凝土构件
A	0.40	0.20
B	0.30	0.20(0.15)
C	0.20	0.10
D	0.20	按二级裂缝控制或按部分预应力 A 类构件控制
E、F	0.15	按一级裂缝控制或按全预应力类构件控制

注：括号中的宽度适用于采用钢丝或钢绞线的先张预应力构件。

另外，结构如果设置施工缝、伸缩缝等连接缝时，缝的设置宜避开局部环境作用不利的部位，否则应采取有效的防护措施。

《混凝土结构设计规范》[GB 50010—2010(2015 年版)]将结构构件正截面的受力裂缝控制等级分为三级，等级划分及要求为：

一级——严格要求不出现裂缝的构件，按荷载标准组合计算时，构件受拉边缘混凝土不应产生拉应力。

二级——一般要求不出现裂缝的构件，按荷载标准组合计算时，构件受拉边缘混凝土拉应力不应大于混凝土抗拉强度的标准值。

三级——允许出现裂缝的构件。对钢筋混凝土构件，按荷载准永久组合并考虑长期作用影响计算时，构件的最大裂缝宽度不应超过本规范规定的最大裂缝宽度限值(见表 7-28)。

表 7-28　结构构件的裂缝控制等级及最大裂缝宽度的限值　(mm)

<table>
<tr><th rowspan="2">环境类别</th><th colspan="2">钢筋混凝土构件</th><th colspan="2">预应力混凝土构件</th></tr>
<tr><th>裂缝控制等级</th><th>w_{lim}</th><th>裂缝控制等级</th><th>w_{lim}</th></tr>
<tr><td>一</td><td rowspan="4">三级</td><td>0.30(0.40)</td><td rowspan="2">三级</td><td>0.20</td></tr>
<tr><td>二a</td><td rowspan="3">0.20</td><td>0.10</td></tr>
<tr><td>二b</td><td>二级</td><td>—</td></tr>
<tr><td>三a、三b</td><td>一级</td><td>—</td></tr>
</table>

另外，在一类环境下，对钢筋混凝土屋架、托架及需做疲劳验算的吊车梁，其最大裂缝宽度限值应取为 0.20 mm；对钢筋混凝土屋面梁和托梁，其最大裂缝宽度限值应取为 0.30 mm；对预应力混凝土屋架、托架及双向板体系，应按二级裂缝控制等级进行验算；对一类环境下的预应力混凝土屋面梁、托梁、单向板，应按表中二^{a}类环境的要求进行验算；在一类和二^{a}类环境下需做疲劳验算的预应力混凝土吊车梁，应按裂缝控制等级不低于二级的构件进行验算。表 7-28 中规定的预应力混凝土构件的裂缝控制等级和最大裂缝宽度限值仅适用于正截面的验算，斜截面裂缝控制验算应符合 GB 50010 正常使用极限状态验算的有关规定；对于处于四、五类环境下的结构构件，其裂缝控制要求应符合专门标准的有关规定。

《公路混凝土结构防腐蚀技术规范》(JTG/T B07—01—2006)对于混凝土构件表面裂缝宽度规定如表 7-29 所列。

表 7-29　结构构件的混凝土表面裂缝计算宽度的允许值　(mm)

环境作用等级		钢筋混凝土构件	有黏结预应力混凝土构件
一般环境，非干湿交替		0.30	0.2
一般环境，干湿交替		0.25	0.1
冻融、氯盐及化学腐蚀环境	D 级	0.20	按部分预应力 A 类构件控制
	E 级	0.15	按全预应力类构件控制
	F 级	0.10	按全预应力类构件控制

注：有自防水要求的混凝土横向弯曲裂缝，表面裂缝的宽度不宜超过 0.25 mm。

《铁路混凝土结构耐久性设计规范》(TB 10005—2010)规定铁路钢筋混凝土结构表面裂缝宽度除应遵守现行铁路工程有关专业设计规范的相关要求外，还应符合表 7-30 的要求。

表 7-30　铁路钢筋混凝土结构表面裂缝计算宽度限值　(mm)

环境类别	钢筋混凝土构件	有黏结预应力混凝土构件
碳化环境	T1	0.20
	T2	0.2
	T3	0.2
氯盐环境	L1	0.20
	L2	0.2
	L3	0.15
化学侵蚀环境	H1	0.20
	H2	0.20
	H3	0.15
	H4	0.15

续表 7-30

环境类别	钢筋混凝土构件	有黏结预应力混凝土构件
盐类结晶破坏环境	Y1	0.20
	Y2	0.20
	Y3	0.15
	Y4	0.15
冻融破坏环境	D1	0.20
	D2	0.20
	D3	0.15
	D4	0.15
腐蚀环境	M1	0.20
	M2	0.20
	M3	0.15

7.2.5　混凝土施工质量的附加要求

《混凝土结构耐久性设计规范》(GB/T 50476—2008)根据结构所处的环境类别与作用等级,混凝土耐久性所需的施工养护应符合表 7-31 的规定。

表 7-31　施工养护制度要求

环境作用等级	混凝土类型	养护制度
Ⅰ-A	一般混凝土	至少养护 1 d
	大掺量矿物掺合料混凝土	浇筑后立即覆盖并加湿养护,至少养护 3 d
Ⅰ-B、Ⅰ-C,Ⅱ-C,Ⅲ-C、Ⅳ-C,Ⅴ-C,Ⅱ-D,Ⅴ-D,Ⅱ-E,Ⅴ-E	一般混凝土	养护至现场混凝土的强度不低于 28 d 标准强度的 50%,且不少于 3 d
	大掺量矿物掺合料混凝土	浇筑后立即覆盖并加湿养护,养护至现场混凝土的强度不低于 28 d 标准强度的 50%,且不少于 7 d
Ⅲ-D,Ⅳ-D,Ⅲ-E,Ⅳ-E,Ⅲ-F	大掺量矿物掺合料混凝土	浇筑后立即覆盖并加湿养护,养护至现场混凝土的强度不低于 28 d 标准强度的 50%,且不少于 7 d。加湿养护结束后应继续用养护喷涂或覆盖保湿、防风一段时间至现场混凝土的强度不低于 28 d 标准强度的 70%

注:1. 表中要求适用于混凝土表面大气温度不低于 10 ℃的情况,否则应延长养护时间;
2. 有盐的冻融环境中混凝土施工养护应按Ⅲ、Ⅳ类环境的规定执行;
3. 大掺量矿物掺合料混凝土在Ⅰ-A 环境中用于永久浸没于水中的构件。

处于Ⅰ-A、Ⅰ-B 环境下的混凝土结构构件,其保护层厚度的施工质量验收要求按照现行国家标准《混凝土结构工程施工质量验收规范》(GB 50204—2015)的规定执行。处于环境作用等级为 C、D、E、F 的混凝土结构构件,应按下列要求进行保护层厚度的施工质量验收:

① 对选定的每一配筋构件,选择有代表性的最外侧钢筋 8～16 根进行混凝土保护层厚度的无破损检测;对每根钢筋,应选取 3 个代表性部位测量。

② 对同一构件所有的测点，如有 95%或以上的实测保护层厚度 c_1 满足以下要求，则认为合格：

$$c_1 \geqslant c - \Delta \tag{7-1}$$

式中，c 为保护层设计厚度；Δ 为保护层施工允许负偏差的绝对值，对梁柱等条形构件取 10 mm，板墙等面形构件取 5 mm。

③ 当不能满足第②款的要求时，可增加同样数量的测点进行检测，按两次测点的全部数据进行统计，如仍不能满足第②款的要求，则判定为不合格，并要求采取相应的补救措施。

《公路混凝土结构防腐蚀技术规范》(JTG/T B07—01—2006)所规定的混凝土养护期限如表 7-32 所列。

表 7-32　　施工养护制度要求

混凝土类型	水胶比	大气湿度 50%＜RH＜75%，无风，无阳光直射		大气湿度 RH＜50%，有风，或阳光直射	
		日平均气温/℃	养护期限/d	日平均气温/℃	养护期限/d
胶凝材料中掺有粉煤灰(＞15%)或矿渣(＞30%)	0.45	5	14	5	21
		10	10	10	14
		≥20	7	≥20	7
	＜0.45	5	10	5	14
		10	7	10	10
		≥20	5	≥20	7
胶凝材料主要为硅酸盐或普通硅酸盐水泥	≥0.45	5	10	5	14
		10	7	10	10
		≥20	5	≥20	7
	＜0.45	5	7	5	10
		10	5	10	7
		≥20	3	≥20	5

注：当有实测混凝土保护层温度数据时，表中气温用实测温度代替。所指的混凝土保护层温度是用埋设在钢筋表面的温度传感器实测的混凝土温度。

《铁路混凝土结构耐久性设计规范》(TB 10005—2010)规定在混凝土自然养护期间，混凝土浇筑完毕后的保温保湿养护最短时间应满足表 7-33 的要求。

表 7-33　　铁路工程混凝土保温保湿养护最短时间

水胶比	大气潮湿(RH≥50%)，无风，无阳光直射		大气干燥(20%≤RH＜50%)，有风，或阳光直射		大气极端干燥(RH＜20%)，大风，大温差	
	日平均气温 T/℃	养护时间/d	日平均气温 T/℃	养护时间/d	日平均气温 T/℃	养护时间/d
＞0.45	5≤T＜10	21	5≤T＜10	28	5≤T＜10	56
	10≤T＜20	14	10≤T＜20	21	10≤T＜20	45
	T≥20	10	T≥20	14	T≥20	35

续表 7-33

水胶比	大气潮湿($RH\geqslant50\%$)，无风，无阳光直射		大气干燥($20\%\leqslant RH<50\%$)，有风，或阳光直射		大气极端干燥($RH<20\%$)，大风，大温差	
	日平均气温 T/℃	养护时间/d	日平均气温 T/℃	养护时间/d	日平均气温 T/℃	养护时间/d
≤0.45	$5\leqslant T<10$	14	$5\leqslant T<10$	21	$5\leqslant T<10$	45
	$10\leqslant T<20$	10	$10\leqslant T<20$	14	$10\leqslant T<20$	35
	$T\geqslant20$	7	$T\geqslant20$	10	$T\geqslant20$	28

7.3　基于可靠性的混凝土结构耐久性设计

结构的可靠性是指结构在规定的时间(设计使用年限)内，在规定的条件下(正常设计、正常施工、正常使用)，完成预定功能的能力。建筑结构的可靠性包括安全性、适用性和耐久性三项要求。结构可靠度是结构可靠性的概率度量，其定义是：结构在规定的时间内，在规定的条件下，完成预定功能的概率，称为结构可靠度。结构可靠度是以正常设计、正常施工、正常使用为条件的，不考虑人为过失的影响。影响结构可靠度的因素主要有：荷载、荷载效应、材料强度、施工误差和抗力分析五种，这些因素一般都是随机的，因此，为了保证结构具有应有的可靠度，仅仅在设计上加以控制是远远不够的，必须同时加强管理，对材料和构件的生产质量进行控制和验收，保持正常的结构使用条件等都是结构可靠度的有机组成部分。为了照顾传统习惯和实用上的方便，结构设计时不直接按可靠指标 β，而是根据两种极限状态的设计要求，采用以荷载代表值、材料设计强度(设计强度等于标准强度除以材料分项系数)、几何参数标准值以及各种分项系数表达的实用表达式进行设计，其中分项系数反映了以 β 为标志的结构可靠水平。

结构可靠度分析建立的结构可靠与不可靠的界限，称为极限状态。我国目前将极限状态分为承载能力极限状态(包括条件极限状态)和正常使用极限状态两大类，但在混凝土结构耐久性设计时，需要明确耐久性极限状态。

要进行耐久性的定量设计，首先应该确定结构耐久性极限状态，《混凝土结构耐久性设计规范》(GB/T 50476—2008)在附录中指出了耐久性极限状态应按正常使用下的适用性极限状态考虑，且不应损害到结构的承载能力和可修复性要求。对于钢筋混凝土结构构件的耐久性极限状态可分为以下三种：① 钢筋开始发生锈蚀的极限状态；② 钢筋发生适量锈蚀的极限状态；③ 混凝土表面发生轻微损伤的极限状态。

钢筋开始发生锈蚀的极限状态应为混凝土碳化发展到钢筋表面，或氯离子侵入混凝土内部并在钢筋表面积累的浓度达到临界浓度，即钢筋开始锈蚀的临界状态。对锈蚀敏感的预应力钢筋、冷加工钢筋或直径不大于 6 mm 的普通热轧钢筋作为受力主筋时，应以钢筋开始发生锈蚀状态作为极限状态。此类钢筋本身延性差，破坏呈脆性，而且一旦开始锈蚀，锈蚀发展速度很快，所以宜从偏于安全的角度出发，以钢筋开始发生锈蚀作为耐久性极限状态。

钢筋发生适量锈蚀的极限状态应为钢筋锈蚀发展导致混凝土构件表面开始出现顺筋裂

缝，或钢筋截面的径向锈蚀深度达到0.1 mm。普通热轧钢筋（直径小于或等于6 mm的细钢筋除外）可按发生适量锈蚀状态作为极限状态。适量锈蚀到开始出现顺筋开裂尚不会损害钢筋的承载能力，钢筋锈蚀深度达到0.1 mm也不至于明显影响钢筋混凝土构件的承载力。

混凝土表面发生轻微损伤的极限状态应为不影响结构外观、不明显损害构件的承载力和表层混凝土对钢筋的保护。冻融环境和化学腐蚀环境中的混凝土构件可按表面轻微损伤极限状态考虑。

与一般荷载作用下结构承载力极限状态和正常使用极限状态设计一样，混凝土结构耐久性设计也必须要有相应的保证率和安全裕度。国内外已有研究资料表明：如果以适用性失效作为使用年限的终结界限，这时的寿命安全系数一般在1.8～2，即如果设计使用年限定为50年，则达到适用性失效时的群体平均寿命应为90～100年；如果用可靠度的概念，则到达设计使用年限时的适用性失效概率为5%～10%，或可靠指标为1.5左右。如果使用年限结束时处于承载力失效的极限状态，则寿命安全系数应大于3。寿命安全系数在数值上要比构件强度设计的安全系数大得多，这是因为与耐久性有关的各种参数具有大得多的变异性。

《混凝土结构耐久性设计规范》(GB/T 50476—2008)指出：对于考虑耐久性要求的混凝土结构，与耐久性极限状态相对应的结构设计使用年限应具有规定的保证率，并应满足正常使用下适用性极限状态的可靠度要求。规范规定：根据适用性极限状态失效后果的严重程度，保证率宜为90%～95%，相应的失效概率宜为5%～10%，相应的可靠性指标应不低于1.5。

当前关于混凝土结构耐久性课题的研究虽然已有一定的成果，部分学者也给出了混凝土耐久性计算的数学模型，但鉴于混凝土结构耐久性问题的复杂性，目前混凝土结构耐久性的设计还远远没有达到定量化设计的水平。就现行规范而言，大都如前所述的环境类别划分、原材料要求、保护层厚度及施工质量要求等方面的规定。今后随着混凝土结构耐久性研究的深入，混凝土结构耐久性设计的定量化、科学化必将有进一步的发展。

第8章　混凝土原材料及硬化混凝土耐久性检测

8.1　混凝土原材料的质量要求

水泥、矿物掺合料、砂、石子、水和外加剂等是生产现代混凝土的基本原材料，原材料的品质和有害物质的含量等不仅决定着混凝土的力学性能，对混凝土的长期耐久性性能也具有重要影响。

8.1.1　水泥基胶凝材料

水泥和具有一定活性的矿物掺合料共同构成混凝土的胶凝材料，它是混凝土硬化成型并具有强度的基础，并对混凝土的长期耐久性性能起着决定性的作用。

混凝土工程常用的水泥为硅酸盐系列水泥，具体又分为硅酸盐水泥、普通硅酸盐水泥、矿渣硅酸盐水泥、粉煤灰硅酸盐水泥、火山灰硅酸盐水泥和复合硅酸盐水泥等六大类水泥。除此之外还有铝酸盐水泥、硫铝酸盐类水泥和磷酸盐类水泥等。不同的水泥具有不同的水化特性，对应不同的使用环境，不仅应根据混凝土的设计标号选择合适的水泥标号，还应选择适合的水泥品种以保证混凝土的长期耐久性性能。比如对可能遭受硫酸盐侵蚀的盐渍土环境，宜选择复合硅酸盐水泥以及专门的抗硫酸盐水泥等。

水泥的质量指标分物理指标和化学指标。物理指标主要包括初凝时间、终凝时间、细度、安定性和强度等，分别如表8-1和表8-2所列。化学指标包括不溶物、烧失量、三氧化硫、氧化镁和氯离子含量等。常用水泥的化学指标限值应符合表8-3的规定。

水泥中的碱含量为选择性指标，用 $c_{Na_2O}+0.658c_{K_2O}$ 计算值表示。若混凝土使用活性骨料，用户要求提供低碱水泥时，水泥中的碱含量应不大于0.60%或由买卖双方协商确定。

表8-1　　通用硅酸盐水泥物理指标

项　目		硅酸盐水泥	普通硅酸盐水泥	矿渣硅酸盐水泥、火山灰硅酸盐水泥、粉煤灰硅酸盐水泥、复合硅酸盐水泥
细度		比表面积≥300 m^2/kg		80 μm 方孔筛筛余量≤10% 或 45 μm 方孔筛筛余量≤30%
凝结时间	初凝	≥45 min		
	终凝	≤390 min	≤600 min	
体积安定性		沸煮法必须合格（若试饼法和雷氏法两者有争议，以雷氏法为准）		

表 8-2　　通用硅酸盐水泥强度指标

品种	强度等级	抗压强度/MPa		抗折强度/MPa	
		3 d	28 d	3 d	28 d
硅酸盐水泥	42.5	≥17.0	≥42.5	≥3.5	≥6.5
	42.5R	≥22.0		≥4.0	
	52.5	≥23.0	≥52.5	≥4.0	≥7.0
	52.5R	≥27.0		≥5.0	
	62.5	≥28.0	≥62.5	≥5.0	≥8.0
	62.5R	≥32.0		≥5.5	
普通硅酸盐水泥	42.5	≥17.0	≥42.5	≥3.5	≥6.5
	42.5R	≥22.0		≥4.0	
	52.5	≥23.0	≥52.5	≥4.0	≥7.0
	52.5R	≥27.0		≥5.0	
矿渣硅酸盐水泥、火山灰硅酸盐水泥、粉煤灰硅酸盐水泥、复合硅酸盐水泥	32.5	≥10.0	≥32.5	≥2.5	≥5.5
	32.5R	≥15.0		≥3.5	
	42.5	≥15.0	≥42.5	≥3.5	≥6.5
	42.5R	≥19.0		≥4.0	
	52.5	≥21.0	≥52.5	≥4.0	≥7.0
	52.5R	≥23.0		≥4.5	

表 8-3　　水泥化学成分限值表　　(%)

品种	代号	不溶物（质量分数）	烧失量（质量分数）	三氧化硫（质量分数）	氧化镁（质量分数）	氯离子（质量分数）
硅酸盐水泥	P·Ⅰ	≤0.75	≤3.0	≤3.5	≤5.0[a]	≤0.06[c]
	P·Ⅱ	≤1.50	≤3.5			
普通硅酸盐水泥	P·O	—	≤5.0		≤6.0[b]	
矿渣硅酸盐水泥	P·S·A	—	—	≤4.0	—	
	P·S·B	—	—		≤6.0[b]	
火山灰硅酸盐水泥	P·P	—	—	≤3.5		
粉煤灰硅酸盐水泥	P·F	—	—			
复合硅酸盐水泥	P·C	—	—			

注：[a]如果水泥压蒸试验合格，则水泥中氧化镁的含量（质量分数）允许放宽至 6.0%。

[b]如果水泥中氧化镁的含量（质量分数）大于 6.0%时，需进行水泥压蒸安定性试验并合格。

[c]当有更低要求时，该指标由买卖双方协商确定。

混凝土中常用的矿物掺合料（亦称“矿物外加剂”）有粉煤灰、高炉矿渣、磨细天然沸石和硅灰等，在具体使用过程中也应满足相应的规范或标准要求，具体如表 8-4、表 8-5 和表 8-6 所列。

表 8-4　　拌制混凝土和砂浆用粉煤灰技术要求

项目			技术要求		
			Ⅰ级	Ⅱ级	Ⅲ级
细度(45 μm 方孔筛筛余)/%	≤	F 类粉煤灰	12.0	25.0	45.0
		C 类粉煤灰			
需水量比/%	≤	F 类粉煤灰	95	105	115
		C 类粉煤灰			
烧失量/%	≤	F 类粉煤灰	5.0	8.0	15.0
		C 类粉煤灰			
含水量/%	≤	F 类粉煤灰	1.0		
		C 类粉煤灰			
三氧化硫/%	≤	F 类粉煤灰	3.0		
		C 类粉煤灰			
游离氧化钙/%	≤	F 类粉煤灰	1.0		
		C 类粉煤灰	4.0		
安定性（雷氏夹沸煮后增加距离)/mm	≤	C 类粉煤灰	5.0		

表 8-5　　拌制混凝土和砂浆用粒化高炉矿渣粉技术指标

项目			级别		
			S105	S95	S75
密度/(g/cm³)	≥		2.8		
比表面积/(m²/kg)	≥		500	400	300
活性指数/%	≥	7 d	95	75	55
		28 d	105	95	75
流动度比/%	≥		95		
含水量(质量分数)/%	≤		1.0		
三氧化硫(质量分数)/%	≤		4.0		
氯离子(质量分数)/%	≤		0.06		
烧失量(质量分数)/%	≤		3.0		
玻璃体含量(质量分数)/%	≥		85		
放射性			合格		

表 8-6　　磨细天然沸石和硅灰的技术指标

试验项目				指标		
				磨细天然沸石		硅灰
				Ⅰ	Ⅱ	
化学性能	氧化镁/%		≤	—	—	—
	三氧化硫/%		≤	—	—	—
	烧失量/%		≤	—	—	6
	氯离子/%		≤	0.02		0.02
	二氧化硅/%		≥	—	—	85
	吸铵值/(mmol/100 g)		≥	130	100	—
物理性能	比表面积/(m^2/kg)		≥	700	500	15 000
	含水率/%		≤	—	—	3.0
胶砂性能	需水量比/%		≤	110	115	125
	活性指数/%	3 d	≥	—	—	—
		7 d	≥	—	—	—
		28 d	≥	90	85	85

8.1.2　混凝土粗、细骨料

混凝土骨料虽然并不参与混凝土中胶凝材料的水化化学反应，但它是构成硬化后混凝土骨架基本尺寸的重要保证。混凝土的骨料按颗粒大小可分为细骨料（粒径小于 4.75 mm）和粗骨料（粒径大于 4.75 mm），按来源不同可分为天然骨料（天然砂、卵石等）和人工骨料（人工砂、碎石等）。由于混凝土骨料来源和产地的不同，骨料自身的质量以及所含杂质对所配制混凝土的质量具有重要影响。

天然骨料中凡公称粒径小于 80 μm 的颗粒统称为泥，人工砂中公称粒径小于 80 μm 且矿物组成和化学成分与原被加工母岩相同的颗粒称为石粉。凡砂中公称粒径大于 1.25 mm 经水洗、手捏后变成小于 630 μm 的颗粒，石中公称粒径大于 5.0 mm 经水洗、手捏后变成小于 2.5 mm 的颗粒统称为泥块。由于泥、泥块和石粉的吸水率较大，不仅影响新拌混凝土的和易性，还会增大硬化后混凝土的吸水性，且泥或石粉覆盖在骨料表面还会影响骨料与胶凝材料之间的黏结力，最终降低混凝土的强度和耐久性。因此，需要对骨料中的泥、泥块和石粉含量等指标进行限制。天然骨料中含泥量和泥块含量限值如表 8-7 所列。

表 8-7　　天然骨料中含泥量和泥块含量限值　　（%）

混凝土强度等级		≥C60	C55～C30	≤C25
天然砂	含泥量（按质量计）	≤2.0	≤3.0	≤5.0
	泥块含量（按质量计）	≤0.5	≤1.0	≤2.0
碎石或卵石	含泥量（按质量计）	≤0.5	≤1.0	≤2.0
	泥块含量（按质量计）	≤0.2	≤0.5	≤0.7

人工砂或混合砂中的石粉含量采用“亚甲蓝法”测试，其限值如表8-8所列。

表8-8　人工砂或混合砂中石粉含量　（%）

混凝土强度等级		≥C60	C55～C30	≤C25
石粉含量	*MB*<1.4（合格）	≤5.0	≤7.0	≤10.0
	MB≥1.4（不合格）	≤2.0	≤3.0	≤5.0

*MB*为亚甲蓝值，表示每千克0～2.36 mm粒级人工砂或混合砂试样所消耗的亚甲蓝克数。当*MB*值<1.4时，则判定是以石粉为主；当*MB*值≥1.4时，则判定是以泥粉为主的石粉。

对于有抗冻、抗渗或其他特殊要求的强度等级小于或等于C25的混凝土所用砂，其含泥量不应大于3.0%，泥块含量不应大于1.0%。对于有抗冻、抗渗或其他特殊要求的强度等级小于或等于C25的混凝土，其所用碎石或卵石中含泥量不应大于1.0%，泥块含量不应大于0.5%。

骨料的坚固性是反映骨料在气候、环境变化或其他物理因素作用下抵抗破裂的能力。骨料的坚固性对混凝土的力学性能和长期耐久性性能均具有重要影响。砂、石骨料的坚固性应采用硫酸钠溶液检验，5次循环后的质量损失应满足表8-9的要求。而压碎指标值则是检验人工砂坚固性及耐久性的一项指标，人工砂的压碎指标应小于30%。

表8-9　骨料的坚固性指标

混凝土所处的环境条件及其性能要求	5次循环后的质量损失/%	
	砂	碎石或卵石
在严寒及寒冷地区室外使用并经常处于潮湿或干湿交替状态下的混凝土； 对于有抗疲劳、耐磨、抗冲击要求的混凝土； 有腐蚀介质作用或经常处于水位变化区的地下结构混凝土	≤8	≤8
其他条件下使用的混凝土	≤10	≤12

天然砂和碎石、卵石中除了泥和泥块之外还经常含有云母、有机物、硫化物及硫酸盐和氯盐等有害杂质。云母呈薄片状，表面光滑，容易沿解理面裂开，与水泥黏结不牢，会降低混凝土强度；硫酸盐、硫化物将对硬化的水泥凝胶体产生腐蚀；有机物通常是植物的腐烂产物，会妨碍和延缓水泥的正常水化，降低混凝土强度；氯盐则会引起混凝土中钢筋的锈蚀，破坏钢筋与混凝土的黏结，使混凝土保护层开裂。混凝土骨料中的有害物质含量限值如表8-10所列。

表8-10　骨料有害物质含量

项　　目			质量要求（按质量计）/%
砂	云母含量		≤2.0
	轻物质含量		≤1.0
	氯离子含量	钢筋混凝土	≤0.06
		预应力混凝土	≤0.02

续表 8-10

项目		质量要求(按质量计)/%
砂、碎石或卵石	硫化物及硫酸盐含(折算成 SO_3)	≤1.0
	有机物含量(用比色法试验)	颜色应不深于标准色。当颜色深于标准色时,应配制成混凝土进行强度对比试验,抗压强度比应不低于 0.95

注:对于有抗冻、抗渗要求的混凝土用砂,其云母含量不应大于 1.0%。

对于长期处于潮湿环境的重要结构混凝土,其所用的碎石或卵石应进行碱活性检验。当判定骨料存在潜在碱-碳酸盐反应危害时,不宜用作混凝土骨料。

8.1.3 混凝土拌合与养护用水

混凝土拌合用水为混凝土必不可少的基本原材料之一,在与胶凝材料发生水化反应之后直接构成混凝土的基体。混凝土养护用水是为了维持混凝土正常水化、强度增长而提供必要湿度的保证,混凝土养护用水并不参与混凝土中胶凝材料的水化反应,但对表层混凝土的质量具有重要影响。城市自来水、河流湖泊中的地表水、地下水、再生水及混凝土设备洗刷水和经过处理达到要求的海水等均可以用作混凝土拌合与养护用水。对符合国家现行标准的饮用水可不经检验直接作为混凝土拌合和养护用水,反之则需要进行一定的检验,并满足要求后方可使用。混凝土拌合用水水质要求应符合表 8-11 的规定。

表 8-11　混凝土拌合用水水质要求

项目	预应力混凝土	钢筋混凝土	素混凝土
pH 值	≥5.0	≥4.5	≥4.5
不溶物含量/(mg/L)	≤2 000	≤2 000	≤5 000
可溶物含量/(mg/L)	≤2 000	≤5 000	≤10 000
Cl^- 含量/(mg/L)	≤500	≤1 000	≤3 500
SO_4^{2-} 含量/(mg/L)	≤600	≤2 000	≤2 700
碱含量/(mg/L)	≤1 500	≤1 500	≤1 500

注:碱含量按 $c_{Na_2O}+0.658c_{K_2O}$ 计算值来表示。采用非碱活性骨料时,可不检验碱含量。

对于设计使用年限为 100 年的混凝土结构,水中氯离子含量不得超过 500 mg/L,对使用钢丝或经热处理钢筋的预应力混凝土结构,氯离子含量不得超过 350 mg/L。地表水、地下水和再生水的放射性应符合现行国家标准《生活饮用水卫生标准》(GB 5749—2006)的规定。

被检验水样应与饮用水样进行水泥凝结时间对比试验。对比试验的水泥初凝时间差及终凝时间差均不应大于 30 min;同时,初凝和终凝时间应符合现行国家标准的规定。被检验水样应与饮用水样进行水泥胶砂强度对比试验,被检验水样配制的水泥胶砂 3 d 和 28 d 强度不应低于饮用水配制的水泥胶砂 3 d 和 28 d 强度的 90%。混凝土拌合用水不应有漂浮明显的油脂和泡沫,不应有明显的颜色和异味。混凝土企业设备洗刷水不宜用于预应力混凝土、装饰混凝土、加气混凝土和暴露于腐蚀环境的混凝土,不得用于使用碱活性或潜在碱活性骨料的混凝土。未经处理的海水严禁用于钢筋混凝土和预应力混凝土工程。在无法获得水源的情况下，海水可用于素混凝土，但不宜用于装饰混凝土。

混凝土养护用水的水质要求可不检验不溶物和可溶物，同时，也不需要检验水泥凝结时间和水泥胶砂强度，其他检验项目同混凝土拌合用水。

8.1.4　混凝土外加剂

在混凝土工程中常用的外加剂包括普通减水剂、高效减水剂、引气剂、引气减水剂、缓凝剂、缓凝减水剂、缓凝高效减水剂、早强剂、早强减水剂、防冻剂、膨胀剂、泵送剂、防水剂及速凝剂等 14 种。

由于混凝土中外加剂的掺量在混凝土的组分中往往很少，因此对外加剂中有害杂质的含量没有严格的要求，一般满足生产厂家的规定即可(表 8-12)。

表 8-12　　混凝土外加剂匀质性指标

项　目	指　标
氯离子含量/%	不超过生产厂控制值
总碱量/%	不超过生产厂控制值
含固量/%	$S>25\%$时，应控制在 $0.95S\sim1.05S$； $S\leqslant25\%$时，应控制在 $0.90S\sim1.10S$
含水率/%	$W>5\%$时，应控制在 $0.90W\sim1.10W$； $W\leqslant5\%$时，应控制在 $0.80W\sim1.20W$
密度/(g/cm³)	$D>1.1$ 时，应控制在 $D\pm0.03$； $D\leqslant1.1$ 时，应控制在 $D\pm0.02$
细度	应在生产厂控制范围内
pH 值	应在生产厂控制范围内
硫酸钠含量/%	应在生产厂控制范围内

注：1. 生产厂应在相关的技术资料中明示产品匀质性指标的控制值；
2. 对相同和不同批次之间的匀质性和等效性的其他要求，可由供需双方商定；
3. 表中的 S、W 和 D 分别为含固量、含水率和密度的生产厂控制值。

由于外加剂虽然掺量很少但是对于新拌混凝土的物理力学性能以及长期耐久性能均具有极重要的影响。因此，在混凝土外加剂的使用中，应根据工程的使用要求选择适合的外加剂，并应根据工程使用的原材料进行试配，检测其所拌制混凝土能否达到规定的性能指标要求(表 8-13)，满足要求的方可使用。同时还要注意的是严禁使用对人体可能产生危害、对环境可能产生污染的外加剂。

不同品种的外加剂复合使用时，应注意不同外加剂之间的相容性及对混凝土性能的影响，使用前应进行混凝土的试配和性能试验，满足要求后方可使用。

表 8-13 受检掺外加剂混凝土性能指标

项目		外加剂品种												
		高性能减水剂 HPWR			高效减水剂 HWR		普通减水剂 WR			引气减水剂 AEWR	泵送剂 PA	早强剂 Ac	缓凝剂 Re	引气剂 AE
		早强型 HPWR-A	标准型 HPWR-S	缓凝型 HPWR-R	标准型 HWR-S	缓凝型 HWR-R	早强型 WR-A	标准型 WR-S	缓凝型 WR-R					
减水率(不小于)/%		25	25	25	14	14	8	8	8	10	12	—	—	6
泌水率比(不大于)/%		50	60	70	90	100	95	100	100	70	70	100	100	70
含气量/%		≤6.0	≤6.0	≤6.0	≤3.0	≤4.5	≤4.0	≤4.0	≤5.5	≥3.0	≤5.5	—	—	≥3.0
凝结时间之差/min	初凝	−90～+90	−90～+120	>+90	−90～+120	>+90	−90～+90	−90～+120	>+90	−90～+120	—	−90～+90	>+90	−90～+120
	终凝			—		—			—			—	—	
1 h 经时变化量	坍落度/mm	—	≤80	≤60	—	—	—	—	—	—	≤80	—	—	—
	含气量/%	—	—	—						−1.5～+1.5	—			−1.5～+1.5
抗压强度比(不小于)/%	1 d	180	170	—	140	—	135	—	—	—	—	135	—	—
	3 d	170	160	—	130	—	130	115	—	115	—	130	—	95
	7 d	145	150	140	125	125	110	115	110	110	115	110	100	95
	28 d	130	140	130	120	120	100	110	110	100	110	100	100	90
收缩率比(不大于)/%	28 d	110	110	110	135	135	135	135	135	135	135	135	135	135
相对耐久性(200 次)(不小于)/%		—	—	—	—	—	—	—	—	80	—	—	—	80

注:1. 表中抗压强度比、收缩率比、相对耐久性为强制性指标,其余为推荐性指标。
2. 除含气量和相对耐久性外,表中所列数据为掺外加剂混凝土与基准混凝土的差值或比值。
3. 凝结时间之差性能指标中的“−”表示提前,“+”表示延缓。
4. 相对耐久性(200 次)性能指标中的“≥80”表示将 28 d 龄期的受检混凝土试件快速冻融循环 200 次后,动弹性模量保留值≥80%。
5. 1 h 含气量经时变化量指标中的“−”号表示含气量增加,“+”表示含气量减少。
6. 其他品种的外加剂是否需要测定相对耐久性指标,由供需双方协商确定。
7. 当用户对泵送剂等产品有特殊要求时,需要进行的补充试验项目、试验方法及指标,由供需双方协商决定。

8.2　混凝土原材料常用质量指标检测方法

用以检测和评定混凝土中各种原材料的质量指标有很多，与之相对应的检测方法也有很多。其中，一些指标为常用指标，比如细度、含水率的测定等，很多书籍均有介绍，这里不再赘述。而另一些指标则使用量很少，比如硅粉的吸铵值，这里也不进行介绍。下面仅对部分相对比较重要的质量指标的检测方法进行简要介绍。

8.2.1　烧失量

烧失量是评价水泥及各种矿物掺合料化学成分的重要指标。烧失量的测定采用"灼烧差减法"。其基本原理为：将试样在(950±25) ℃的高温炉中灼烧 15～20 min，以驱除二氧化碳和水分，同时将存在的易氧化的元素氧化，然后冷却至室温，称量其质量。经反复灼烧，直至试样的质量不再发生变化。用试样经灼烧减少的质量除以原试样的质量即为烧失量(质量分数)。如果需要测定的是矿渣硅酸盐水泥的烧失量，应对由硫化物的氧化引起的烧失量误差进行校正，而其他元素的氧化引起的误差一般可忽略不计。

8.2.2　不溶物

水泥中不溶物含量的测定通常采用"盐酸-氢氧化钠处理法"。其基本原理为：先将试样加水溶解，然后再用盐酸溶液进行处理以将试样中可溶解于酸的物质溶解掉，接着用中速定量滤纸过滤，将滤出的不溶渣再以氢氧化钠溶液进行处理，进一步溶解可能已沉淀的痕量二氧化硅，再以盐酸中和，用中速定量滤纸过滤，残渣经灼烧、冷却后称量，经反复灼烧，直至恒量即获得灼烧后不溶物的质量。

8.2.3　氯离子含量

氯离子含量是混凝土原材料化学成分检测中的非常重要的有害物质含量指标。水泥及矿物掺合料中氯离子含量的测定采用"硫氰酸铵容量法"为基准方法，以"磷酸蒸馏-汞盐滴定法"为代用方法。砂中氯离子含量的测定采用"硝酸银容量法"。

"硫氰酸铵容量法"的基本过程为：先用硝酸将试样进行分解，同时消除硫化物的干扰；然后加入已知量的硝酸银标准溶液使氯离子以氯化银的形式沉淀；接着进行煮沸和过滤，将滤液和洗涤液冷却至 25 ℃以下，以硫酸铁铵为指示剂，再用硫氰酸铵标准滴定液滴定过量的硝酸银，至产生的红棕色在摇动下不消失为止。根据所用硫氰酸铵标准滴定液的体积、空白试验所用硫氰酸铵标准滴定液体积和试样质量即可计算出氯离子的含量(质量分数)。

"磷酸蒸馏-汞盐滴定法"的基本过程如下：用规定的蒸馏装置在 250～260 ℃温度条件下，以过氧化氢和磷酸分解试样，以净化空气做载体，进行蒸馏分离氯离子，用稀硝酸作吸收液，蒸馏 10～15 min 后，用乙醇吹洗冷凝管及其下端，乙醇的加入量占 75%(体积分数)以上。在 pH 值 3.5 左右，以二苯偶氮碳酰肼为指示剂，用硝酸汞标准滴定液进行滴定至樱桃红色出现。根据所用硝酸汞标准滴定液体积、空白试验所用硝酸汞标准滴定液体积和试样质量即可计算出氯离子的含量(质量分数)。

"硝酸银容量法"的基本原理是利用 5%浓度的铬酸钾溶液为指示剂，再以 0.01 mol/L 的硝酸银标准滴定液进行滴定。根据所消耗硝酸银标准滴定液体积、空白试验所消耗的硝酸银标准滴定液体积和试样质量即可计算砂中氯离子含量。

8.2.4 三氧化硫含量

水泥、矿物掺合料、砂、石子中三氧化硫含量的测定均可以采用“硫酸钡重量法”。

“硫酸钡重量法”的基本原理是利用可溶性的氯化钡和待检测试样中的三氧化硫生成不溶性的硫酸钡沉淀从而确定待检测试样中的三氧化硫含量。基本过程为:先将试样置于盐酸溶液中,加热煮沸并保持微沸(5±0.5) min,然后用中速滤纸过滤,收取滤液并稀释至约250 mL,再对滤液加热煮沸,在微沸下加入氯化钡溶液,生成沉淀,接着在常温下静置12~24 h,用慢速定量滤纸过滤。将沉淀及滤纸灰化后放入高温炉中灼烧30 min,冷却、称量。经反复灼烧,直至恒量即可获得硫酸钡沉淀的质量。由硫酸钡对三氧化硫的换算系数0.343、灼烧后沉淀的质量和试样的质量即可计算出三氧化硫的含量(质量分数)。与水泥、矿物掺合料等粉末状原材料三氧化硫含量测定方法略有不同的是,对砂子试样需要预先磨细并通过80 μm方孔筛,对石子试样也需要预先磨细并通过630 μm的方孔筛。

8.2.5 需水量比和活性指数

需水量比是指掺有活性矿物掺合料的受检胶砂达到与基准胶砂相同的流动度时二者所需要的用水量比值。活性指数是指受检胶砂和基准胶砂在标准条件下养护至相同规定龄期的抗压强度之比,用百分数表示,是衡量矿物掺合料活性的重要指标。

需水量比和活性指数试验基本过程如下:首先按表8-14所示的配合比配制基准胶砂和受检胶砂,并分别测定其流动度;若受检胶砂的流动度不满足基准胶砂流动度值±5 mm,则调节受检胶砂配合比中的用水量,重新配制受检胶砂并测定其流动度,检测其是否满足要求直至受检胶砂的流动度满足基准胶砂流动度值±5 mm范围之内;对流动度满足要求的受检胶砂制作40 mm×40 mm×160 mm试件,并按照国家水泥胶砂强度检验标准养护至规定龄期并进行抗折和抗压强度试验。

表8-14　　胶砂配比表　　(g)

材 料	基准胶砂	受检胶砂			
		磨细矿渣	磨细粉煤灰	磨细天然沸石	硅灰
水泥	450±2	225±1	315±1	405±1	405±1
矿物外加剂	—	225±1	135±1	45±1	45±1
ISO砂	1 350±5	1 350±5	1 350±5	1 350±5	1 350±5
水	225±1	使受检胶砂流动度达基准胶砂流动度值±5 mm			

矿物掺合料的需水量比根据测得的受检胶砂需水量除以基准胶砂的用水量(225 g)即可算得。在测得相应龄期基准胶砂和受检胶砂抗压强度后,受检胶砂的强度除以基准胶砂的强度即获得矿物外加剂的活性指数。

8.3 硬化混凝土常用耐久性指标与检测方法

不同的使用环境条件对混凝土结构的耐久性性能要求是不同的。常见硬化混凝土的耐久性性能主要有抗水渗透性能、抗CO_2碳化性能、抗氯离子(Cl^-)扩散渗透性能、抗冻性能、抗硫酸盐侵蚀性能和抗碱-骨料反应性能等，对应的评价指标有渗水高度、抗渗等级、28 d 碳化深度、电通量、氯离子迁移系数、抗冻等级、抗冻标号、抗硫酸盐等级和碱-骨料反应膨胀值等。这些耐久性性能指标是定量衡量混凝土耐久性性能的重要参数，并可以通过一定的试验方法来测定。

混凝土的耐久性性能试验与力学性能试验对混凝土试件制作与养护的要求基本相同，但要注意的是已有研究表明，制作试件时用机油(尤其黏度大的机油)或者其他憎水性脱模剂，对混凝土长期性能和耐久性能试验结果有明显影响，尤其是对抗冻、收缩、抗硫酸盐侵蚀等与水分交换过程有关的试验结果影响比较显著。对于这类试件的制作，一般选用水性脱模剂或者采用塑料薄膜等代替脱模剂。

8.3.1　混凝土的抗渗性

因为混凝土本身就是一种多孔介质，从而可以使得液体(含水分)得以从其内部通过。同时水分也是导致混凝土多种耐久性性能发生劣化的重要原因之一，因而控制混凝土的抗渗性能对于保障混凝土结构的耐久性具有重要意义。

混凝土抗渗试验所采用的试件为底径 185 mm、顶径 175 mm 和高 150 mm 的圆台试件，6 块试件为一组。试件拆模后，应用钢丝刷刷去两端面的水泥浆膜，然后放入标准养护室养护。抗水渗透试验的龄期宜为 28 d，在达到试验龄期的前一天，将试件取出，待表面晾干后，采用一定的方法对试件侧面涂抹密封材料后装入试模以进行密封。密封的材料可以采用内加少量松香的石蜡，或者采用水泥加黄油，也可以采用其他更可靠的密封方式。如果试件在试验过程中出现沿圆周侧面渗水的现象，应将该试件取下重新密封后再继续进行试验。试件准备好之后，装入专门的混凝土抗渗仪中即可进行抗渗试验。测试混凝土抗渗性能的试验方法有“渗水高度法”和“逐级加压法”。

“渗水高度法”的基本原理是测定在恒定压力(1.2 MPa±0.05 MPa)作用下 24 h 六个试件纵断面的平均渗水高度来表示混凝土抗水渗透性能的方法。其评价指标是混凝土试件 24 h 的平均渗水高度 h，取 6 个试件的渗水高度平均值。试件的平均渗水高度 h 越高，则表明混凝土的抗渗能力越低；反之，则表明混凝土的抗渗能力越高。通过混凝土的平均渗水高度还可以进一步利用达西定律计算混凝土的渗透系数。这种方法所需的试验时间较短，一般适用于测试抗渗等级较高的混凝土。

“逐级加压法”是以通过对试件逐级施加水压力来测定混凝土抗渗等级来表示混凝土抗水渗透性能的方法。试验时最低水压从 0.1 MPa 开始，每隔 8 h 增加 0.1 MPa，并应随时观察试件端面的渗水情况。当 6 个试件中的 3 个表面出现渗水或已加至规定压力时，可停止试验，记录此时的水压力 H。其评价指标混凝土的抗渗等级 P 可以通过下式计算获得：

$$P = 10H - 1 \tag{8-1}$$

式中，P 为混凝土抗渗等级；H 为 6 个试件中有 3 个试件渗水时的水压力(MPa)。

混凝土的抗渗等级越高表明混凝土的抗渗能力越强，反之，则表明混凝土的抗渗能力越弱。“逐级加压法”一般需要的试验时间较长，尤其适用于抗渗等级较低的混凝土。防水混凝土的设计抗渗等级应根据工程的抗渗要求来选用，具体可参照表 8-15 进行。

表 8-15　　防水混凝土设计抗渗等级

工程埋置深度 h/m	设计抗渗等级
$h<10$	P6
$10\leqslant h<20$	P8
$20\leqslant h<30$	P10
$h\geqslant 30$	P12

8.3.2　混凝土的抗碳化性能

混凝土的碳化是导致混凝土中钢筋锈蚀的重要原因之一，因此测定混凝土的抗碳化性能对于评价大气条件下混凝土对钢筋的保护作用有重要意义。混凝土抗碳化性能的测定可以采用实验室标准加速碳化试验法进行。其基本原理是以高浓度的 CO_2[浓度(20±3)%]对混凝土试件进行加速碳化，然后测定其 28 d 的平均碳化深度来反映混凝土的抗碳化性能。混凝土在(20±3)%的 CO_2 浓度下碳化 28 d，大致相当于在自然环境中 50 年的碳化深度。

混凝土碳化试验试件宜采用棱柱体试件，3 块为一组。试件宜在 28 d 龄期进行碳化试验，掺有矿物掺合料的混凝土可以根据其特性决定碳化前的养护龄期。碳化试验试件宜采用标准养护，在试验前 2 d 从标准养护室取出，然后在 60 ℃下烘 48 h。经烘干处理后的试件，除应留下一个或相对的两个侧面外，其余表面应采用加热的石蜡予以密封。处理好的试件放入混凝土碳化试验箱内的支架上，各试件之间的间距不应小于 50 mm。

在整个碳化期间，碳化箱内环境条件应保持在二氧化碳浓度(20±3)%、温度(20±2)℃、相对湿度(70±5)%范围内。试件碳化到了 3 d、7 d、14 d 和 28 d 时，分别取出。棱柱体试件可通过在压力试验机上的劈裂法或干锯法从一端开始破型，立方体试件应从试件中部劈开。随后刷去试件断面上的粉尘，喷上 1%的酚酞乙醇溶液。约经 30 s 后，按预先划好的每 10 mm 一个测量点，根据试件断面变色分界线用钢尺测出各点的碳化深度，然后取平均值即可得到该试件的平均碳化深度。一组 3 个试件 28 d 碳化深度算术平均值作为该组混凝土试件的碳化深度测定值。

8.3.3　混凝土的抗氯离子侵蚀性能

混凝土的抗氯离子侵蚀性能反映了混凝土抵抗氯离子在其内部扩散的能力，对于氯盐环境条件下混凝土中钢筋的保护具有重要意义。

测定混凝土抗氯离子扩散性能的方法主要有两种，一种是“快速氯离子迁移系数法”(又称“RCM 法”)，它是以测定氯离子在混凝土中非稳态迁移的迁移系数 D_{RCM} 来表达混凝土的抗氯离子渗透性能。混凝土的非稳态氯离子迁移系数 D_{RCM} 越大表明混凝土的抗氯离子扩散性能越低，反之则表明混凝土抗氯离子扩散性能越高；另一种是“电通量法”，以测定混凝土试件的电通量 Q 为指标来确定混凝土的抗氯离子渗透性能。混凝土的电通量 Q 值越大，表明混凝土的抗氯离子扩散性能越低，反之，则表明混凝土的抗氯离子扩散性能越高。

RCM 试验用试件采用直径为(100±1) mm，高度为(50±2) mm 的圆柱体试件。在标准养护室水池中养护 28 d，也可根据设计要求选用 56 d 或 84 d 龄期。正式试验开始之前，试件还应置于真空容器中进行真空饱水处理，然后放入专门的 RCM 试验装置中进行试验。

根据试验结果，混凝土的非稳态氯离子迁移系数按下式进行计算：

$$D_{RCM}=\frac{0.0239\times(273+T)L}{(U-2)t}\left(X_d-0.0238\sqrt{\frac{(273+T)LX_d}{U-2}}\right)\tag{8-2}$$

式中，D_{RCM}为混凝土的非稳态氯离子迁移系数，精确到 $0.1\times10^{-12}\ m^2/s$；U 为所用电压的绝对值(V)；T 为阳极溶液的初始温度和结束温度的平均值(℃)；L 为试件厚度(mm)，精确到 0.1 mm；X_d为氯离子渗透深度的平均值(mm)，精确到 0.1 mm；t 为试验持续时间(h)。

电通量法所用试件同“RCM 法”，同样也需要进行真空饱水处理，然后放入专门的试验装置中去。试验结束后，应绘制电流与时间的平滑曲线关系图，并对该曲线作面积积分或按梯形法进行面积积分，即得到试验 6 h 通过的电通量 C。也可以采用下列简化公式计算：

$$Q=900(I_0+2I_{30}+2I_{60}+\cdots+2I_t+\cdots+2I_{300}+2I_{330}+I_{360})\tag{8-3}$$

式中，Q 为通过试件的总电通量(C)；I_0为初始电流(A)，精确到 0.001 A；I_t为在时间 t(min)的电流(A)，精确到 0.001 A。

需要注意的是，标准建立时是以直径为 95 mm 的试件为标准试件的，所有电通量数据必须换算成直径为 95 mm 的标准试件的电通量数据才能进行相互比较。因此，计算得到的通过试件的总电通量还应按式(8-4)换算成直径为 95 mm 试件的电通量值。

$$Q_{95}=Q_x\times(95/x)^2\tag{8-4}$$

式中，Q_{95}为通过直径为 95 mm 的试件的电通量(C)；Q_x为通过直径为 x(mm)的试件的电通量(C)；x 为试件的实际直径(mm)。

8.3.4　混凝土的抗冻(盐冻)性能

混凝土结构在不同的使用环境条件下可能产生的受冻方式与冻害机理是不同的，因此所产生的混凝土的抗冻性能也就存在着差异。与此相对应，测试混凝土抗冻性能的试验方法主要有“慢冻法”、“快冻法”和“单面冻融法”三种。

(1) 慢冻法

“慢冻法”的基本原理是以试件在空气中受冻、在水中融解即“气冻水融”条件下试件所经受的冻融循环次数来表示的混凝土抗冻性能。该方法的优点是试验条件与并非长期和水接触或者不直接浸泡在水中的工业与民用建筑工程的实际使用条件比较相符，但该方法主要的缺点就是所需要的试验周期长，劳动强度大。目前已有自动冻融循环设备，可以实现电脑自动控制、冻融自动循环、数据曲线实时显示等功能，从而使得“慢冻法”试验过程更科学、工作量大大减少，试验结果更可靠。

慢冻法试件采用 100 mm×100 mm×100 mm 立方体试块，3 块为一组，对应不同的设计抗冻标号，所需的试件组数分别不同，一般需要 3～5 组。具体试验步骤如下：标准养护或同条件养护的试件在养护龄期 24 d 时提前取出，放入(20±2) ℃水中浸泡 4 d，然后开始冻融试验。冷冻时冻融箱内温度应保持在－20～－18 ℃，融化时冻融箱内水温应保持在 18～20 ℃，每次冻融循环试件的冷冻时间和融化时间均不应小于 4 h。融化结束视为该次冻融循环结束，可进入下一次冻融循环。每 25 次循环宜对冻融试件进行一次外观检查。当试件出现严重破坏时，应立即称重。

混凝土的强度损失率按式(8-5)计算：

$$\Delta f_c=\frac{f_{c0}-f_{cn}}{f_{c0}}\times100\tag{8-5}$$

式中，Δf_c为 n 次冻融循环后的混凝土抗压强度损失率(%)，精确至 0.1；f_{c0}为对比用的一组混凝土试件的抗压强度测定值(MPa)，精确至 0.1 MPa；f_{cn}为经 n 次冻融循环后的一组混凝土试件抗压强度测定值(MPa)，精确至 0.1 MPa。

单个混凝土试件的质量损失率按式(8-6)计算，一组试件的质量损失率 ΔW_n由一组 3 个试件的质量损失率取平均计算。

$$\Delta W_{ni} = \frac{W_{0i} - W_{ni}}{W_{0i}} \times 100 \tag{8-6}$$

式中，ΔW_{ni}为 n 次冻融循环后第 i 个混凝土试件的质量损失率(%)，精确至 0.01；W_{0i}为冻融循环试验前第 i 个混凝土试件的质量(g)；W_{ni}为 n 次冻融循环后第 i 个混凝土试件的质量(g)。

当冻融循环出现下列三种情况之一时，可停止试验：① 已达到规定的循环次数；② 抗压强度损失率 Δf_c 已达到 25%；③ 质量损失率 ΔW_n已达到 5%。混凝土的抗冻标号即以试件的抗压强度损失率 Δf_c 不超过 25%或质量损失率 ΔW_n不超过 5%时的最大冻融循环次数 n 来表示。比如，试件在冻融循环 150 次结束时，抗压强度损失不超过 25%，质量损失不超过 5%，在冻融循环 175 次结束时，抗压强度损失不超过 25%，质量损失已超过 5%，那么，此时冻融循环试验可以结束，混凝土的抗冻标号为 D150。

(2) 快冻法

“快冻法”是通过测定混凝土试件在水冻水融条件下所经受的快速冻融循环次数来表示混凝土的抗冻性能。“快冻法”采用的是水冻水融的试验方法，这与“慢冻法”的气冻水融方法有显著区别，主要的优点就是试验周期较短(速度快)，节省人力、物力，是目前测试混凝土抗冻性能最主要的试验方法。

“快冻法”采用 100 mm×100 mm×400 mm 棱柱体试件，每组试件 3 块。具体步骤如下：标准养护或同条件养护的试件在养护龄期 24 d 时提前取出，放入(20±2) ℃水中浸泡 4 d，然后开始冻融试验。试件放入冻融循环试验箱内的专用试件盒中，试件盒中注入清水。每次冻融循环应在 2～4 h 内完成，且用于融化的时间不得少于整个冻融循环时间的 1/4。在冷冻和融化过程中，试件中心最低和最高温度应分别控制在(−18±2) ℃和(5±2) ℃内。在任意时刻，试件中心温度不得高于 7 ℃，且不得低于−20 ℃。每 25 次冻融循环宜测量试件的横向基频，并检查试件的外部损伤和称量试件的质量。

单个试件的相对动弹性模量按式(8-7)计算，一组 3 个试件的相对动弹性模量算术平均值即为混凝土的相对动弹性模量 P。混凝土的质量损失率计算方法同慢冻法。

$$P_i = \frac{f_{ni}^2}{f_{0i}^2} \times 100 \tag{8-7}$$

式中，P_i为 n 次冻融循环后第 i 个混凝土试件的相对动弹性模量(%)，精确至 0.1；f_{0i}为冻融循环试验前第 i 个混凝土试件的横向基频初始值(Hz)；f_{ni}为经 n 次冻融循环后第 i 个混凝土试件的横向基频(Hz)。

当冻融循环出现下列情况之一时，可停止试验：① 达到规定的冻融循环次数；② 试件的相对动弹性模量 P 下降到 60%；③ 试件的质量损失率 ΔW_n达 5%。混凝土抗冻等级以相对动弹性模量 P 下降至不低于 60%或者质量损失率 ΔW_n不超过 5%时的最大冻融循环次数 n 来表示，符号为 F。比如，某组试件在快冻法冻融循环 175 次时，其质量损失率 ΔW_n

超过了5%，则该混凝土的抗冻等级为F150。

实践表明，成型试件时采用机油等憎水性脱模剂，会显著影响试件的抗冻性能，试验结果会过高估计混凝土的抗冻性。为消除此影响，成型试件时，不得采用憎水性脱模剂。

(3) 单面冻融法

"单面冻融法"(或称"盐冻法")是通过测定混凝土试件在大气环境中且与盐接触的条件下，以能够经受的冻融循环次数或者表面剥落质量或超声波相对动弹性模量来表示的混凝土抗冻性能。

试件采用150 mm×150 mm×150 mm立方体试模，并在模具中间插入一片聚四氟乙烯片，使试模均分为两部分，聚四氟乙烯片不得涂抹任何脱模剂。试件成型后，应先在空气中带模养护(24±2) h，然后在(20±2) ℃水中养护至7 d龄期取出，对试件进行切割。首先将成型面切去，使得试件高度为110 mm，然后将试件从中间的聚四氟乙烯片处分开成为两个试件，每个试件的尺寸为150 mm×110 mm×70 mm，偏差±2 mm。每组试件数量不应少于5个，且总的测试面积不得少于0.08 m^2。达到规定养护龄期的试件放在温度为(20±2) ℃、相对湿度为(65±5)%的实验室中干燥至28 d龄期。在试件干燥至28 d龄期前的2～4 d，采用环氧树脂或其他符合标准的密封材料对除测试面与相对顶面的其他侧面进行密封。密封好的试件放入专门的试件盒中，加入由97%蒸馏水和3% NaCl配制而成的盐溶液，液面高度(10±1) mm，试件预吸水时间持续7 d后，测定试件的超声传播时间初始值。预处理完毕后的试件被装入试件盒然后放置在单面冻融试验箱的托架上，即可进行冻融循环试验。

单面冻融法的冻融循环制度具体如下：从20 ℃开始，以(10±1) ℃/h的速度均匀地降至(−20±1) ℃并维持3 h；然后再以(10±1) ℃/h的速度均匀地升至(20±1) ℃并维持1 h，合计12 h构成一个循环。每4个冻融循环对试件的剥落物、吸水率、超声波相对传播时间和超声波相对动弹性模量进行一次测量。

单面冻融法混凝土的抗冻性能以试件所经受的冻融循环次数或者单位表面面积剥落物总质量或超声波相对冻弹性模量来表示。当冻融循环出现下列情况之一时，可停止试验：① 达到28次冻融循环；② 试件单位表面面积剥落物总质量大于1 500 g/m^2时；③ 试件的超声波相对动弹性模量降低到80%时。

8.3.5　混凝土的抗硫酸盐腐蚀性能

混凝土的抗硫酸盐侵蚀性能可以通过抗硫酸盐侵蚀试验来测定，该方法是通过测定混凝土试件在干湿交替环境中所能够经受的最大干湿循环次数来表示混凝土的抗硫酸盐侵蚀性能。硫酸盐溶液浸泡和干湿循环耦合能够加速混凝土的硫酸盐侵蚀破坏，因此采用这种方法可以加快试验速度。其评价指标为抗硫酸盐等级(最大干湿循环次数)，用符号KS表示，比如KS90、KS120。混凝土的抗硫酸盐等级越高，则表示混凝土的抗硫酸盐侵蚀性能越强；反之，则表示混凝土的抗硫酸盐侵蚀性能越弱。

混凝土抗硫酸盐侵蚀试验试件采用100 mm×100 mm×100 mm的立方体试件，每组3块。根据设计抗硫酸盐等级，所需的试件组数分别不同，一般至少需要3～5组。试件在养护至28 d龄期的前2 d取出放入(80±5) ℃烘箱中烘48 h。试件烘干并冷却后，即可放入装有5% Na_2SO_4溶液的试件盒中开始干湿交替试验。试件放入溶液中的浸泡时间为(15±0.5) h，浸泡结束后，应立即排液，并将试件风干，从溶液开始排出到试件风干的时间为1 h；

风干结束后应立即升温至 80 ℃开始烘干过程,并应维持在(80±5) ℃,从升温开始到开始冷却的时间为 6 h;烘干结束后,应立即对试件进行冷却。从开始冷却至试件盒内试件表面温度冷却到 25~30 ℃的时间应为 2 h。从而构成一个干湿循环,时间合计为(24±2) h。在达到一定的干湿循环次数后,应及时进行抗压强度试验。试验过程中应定期检查和调整溶液的 pH 值,使得溶液的 pH 值维持在 6~8。或者,也可不检测溶液 pH 值,但应每月更换一次试验用溶液。目前已有定型的产品可以实现混凝土硫酸盐侵蚀干湿循环的自动操作和控制。

混凝土抗压强度耐蚀系数应按式(8-8)进行计算:

$$K_{\mathrm{f}} = \frac{f_{cn}}{f_{c0}} \times 100 \tag{8-8}$$

式中,K_{f}为抗压强度耐蚀系数(%);f_{cn}为 n 次干湿循环后受硫酸盐腐蚀的一组混凝土试件的抗压强度测定值(MPa),精确至 0.1 MPa;f_{c0}为与受硫酸盐腐蚀试件同龄期的标准养护的一组对比混凝土试件的抗压强度测定值(MPa),精确至 0.1 MPa。

当干湿循环试验出现下列三种情况之一时,可停止试验:① 当抗压强度耐蚀系数 K_{f}达到 75%;② 干湿循环次数 n 达到 150 次;③ 达到设计抗硫酸盐等级相应的干湿循环次数。抗硫酸盐等级应以混凝土抗压强度耐蚀系数下降到不低于 75%时的最大干湿循环次数来确定,比如 KS150 等级的混凝土,代表混凝土的抗硫酸盐干湿循环最大次数为 150 次。

8.3.6 混凝土的抗碱-骨料反应性能

混凝土中的碱-骨料反应必须要有含有碱活性的骨料才可能发生,因此采用试验的方法提前检验混凝土所用粗、细骨料是否具有碱活性是避免混凝土发生碱-骨料反应的有效手段。混凝土的碱-骨料反应试验采用的是混凝土棱柱体法,其基本原理是采用高碱性水泥和待检测骨料制作成混凝土试件,然后在温度 38 ℃及潮湿养护条件下定期测量试件长度的变化来检测骨料的碱活性程度。该方法适用于碱-骨料反应中的碱-硅酸反应和碱-碳酸盐反应。

为了激发和加速可能的碱-骨料反应,所用混凝土试件应采用硅酸盐水泥,水泥含碱量宜为(0.9±0.1)%(以 Na_2O 当量计,即 $c_{Na_2O}+0.658c_{K_2O}$),并通过外加浓度为 10%的 NaOH 溶液使试验用水泥碱含量达到 1.25%。如果需要评价细骨料的碱活性,则应采用非活性的粗骨料。如果需要评价粗骨料的碱活性,则应采用非活性的细骨料。如果工程所用骨料为同一品种的材料,应用该粗、细骨料来评价活性。每立方米混凝土水泥用量应为(420±10)kg,水灰比 0.42~0.45,粗、细骨料质量比应为 6∶4。试验中除了添加用于控制水泥碱含量的 NaOH 外,不得再使用其他的外加剂。

试件成型前 24 h,应将试验所用所有原材料放入(20±5) ℃的成型室。试件采用 75 mm×75 mm×275 mm 棱柱体,两端安装不锈钢测头。试件成型后带模在标准养护室中养护(24±4)h 后脱模,然后在恒温室(20±2) ℃中测量试件的基准长度。测量基准长度后的试件放入专门的养护盒中,盖严盒盖,然后将养护盒放入(38±2) ℃的养护室或专用养护箱里养护。接下来,在测试龄期为 1 周、2 周、4 周、8 周、13 周、18 周、26 周、39 周和 52 周时对试件的长度进行测量并按式(8-9)计算膨胀率 ε_t,同时尚应观察试件有无裂缝、变形、渗出物及反应产物等。

$$\varepsilon_t = \frac{L_t - L_0}{L_0 - 2\Delta} \times 100 \tag{8-9}$$

式中，ε_t为试件在t(d)龄期的膨胀率(%)，精确至 0.001；L_t为试件在t(d)龄期的长度(mm)；L_0为试件的基准长度(mm)；Δ 为测头的长度(mm)。

由于养护盒的温度与恒温室的温度不同，每次测量时应提前 1 天将养护盒取出放入恒温室中(24±4) h，再进行长度测量。每次测量完毕，应将试件掉头放入养护盒中，以使试件两端都处于基本相同条件。长度测量试验周期全部结束后，对混凝土试件还可以进行岩相分析，以观察凝胶孔中物质、骨料粒子周边的反应环、水泥浆和骨料中微裂缝等，作为判断发生碱-骨料反应的进一步依据。

当混凝土试件在 52 周测试龄期内的膨胀率 ε_t 已超过 0.04%，或者膨胀率 ε_t 虽小于 0.04%，但试验周期已达到 52 周(或一年)，此时碱-骨料反应试验可以结束。当混凝土试件在 52 周(或一年)内的膨胀率 ε_t 超过 0.04%时，则判定该测试骨料为具有潜在碱活性的骨料；否则，判定该测试骨料为非活性的骨料。

第 9 章　劣化混凝土结构的修复与加固

当一个混凝土建筑物或构筑物设计、施工完毕就进入了使用期。尽管混凝土结构相对钢结构、木结构等而言维护较为简单，日常使用过程中基本不需要额外的维护，但就像一个人的生命周期——幼年→青年→中年→老年一样，随着使用时间的推移，混凝土结构仍会出现不可避免的劣化现象，而且劣化程度也会随着时间的推移逐渐加重。对混凝土结构定期的检查和适时、必要的维修加固是混凝土结构永葆青春的关键。对出现劣化迹象的混凝土结构其诊断与修复加固的基本流程如图 9-1 所示。

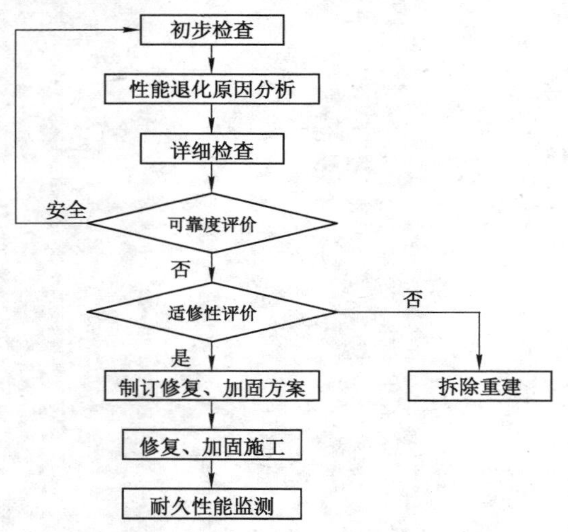

图 9-1　劣化混凝土结构性能检测与修复加固流程图

9.1　混凝土结构耐久性性能劣化的诊断与分析

就像中医诊病的“望、闻、问、切”一样，对出现问题的混凝土结构进行诊断与分析往往是所有工作的第一步。鉴于劣化混凝土结构修复和加固的特殊性，针对出现劣化迹象的混凝土构件进行仔细的调查，判断和确定导致其性能劣化的真正原因就变得至关重要，它也是保障下一步选择正确的修复和加固方案的基础。

混凝土结构的诊断按调查阶段可分为初步调查和详细调查，按调查的性质不同分为外观检查、力学性能检查、混凝土保护层状态检查和钢筋锈蚀状态检查等。

9.1.1　劣化混凝土结构的外观检查

混凝土结构在发生劣化之后，由于劣化原因不同而产生的劣化外在表现和发展历程是不同的。有些劣化比如混凝土表面的磨蚀、冻害、化学侵蚀等对混凝土造成的损伤是由外到内的，混凝土表面一旦遭受损伤总是很容易地观察到，而且损伤的程度也可以清楚地判别。当混凝土发生硫酸盐腐蚀时，混凝土表面会出现明显的白色粉末结晶和保护层开裂现象。另一些劣化比如混凝土的碳化和氯盐的侵蚀等对混凝土本身并不造成直接的损伤，在侵蚀的初期也不会给混凝土结构带来任何危害，在混凝土表面也没有明显的印迹可以判断，其危害主要体现在碳化或氯盐侵蚀抵达钢筋表面进而引起钢筋锈蚀，产生锈蚀产物、外渗、体积膨胀等，这时才会给混凝土的外观带来影响，从而被我们观察到。还有一些劣化比如碱-骨料反应，往往由内而外进行，在其反应的初期混凝土表面也没有任何征兆，等到表面出现可观察到的开裂、凝胶后才能被我们发现，但此时混凝土的劣化往往已经达到比较严重的程度。

尽管外观检查往往并不能非常准确地获得混凝土结构的劣化信息，但外观检查简单、易行，所以仍是混凝土结构最常用的检查方法。它能为我们提供混凝土结构最直观的信息，为进一步混凝土结构的详细调查奠定基础。除了混凝土的碳化和氯盐侵蚀能够直接导致混凝土中钢筋的锈蚀外，混凝土的硫酸盐腐蚀、酸腐蚀以及冻害等发展到混凝土中钢筋位置后均会引起钢筋的锈蚀。所以，由于钢筋的锈蚀导致的混凝土结构劣化在众多混凝土结构劣化现象中占据主要地位，下面即主要介绍发生钢筋锈蚀的混凝土结构外观检查。

混凝土中钢筋的锈蚀具有一定的隐蔽性，在锈蚀的初期一般无法通过常规的外观检查获得钢筋锈蚀的信息，只有在钢筋的锈蚀达到一定程度之后，随着锈蚀产物的增多、外渗，达到混凝土的表面或者引起混凝土保护层起鼓、开裂或者剥落等，才能够被人们所观测到。但往往此时钢筋的锈蚀早已发生，从而不利于人们及早发现和进行防治。

锈蚀后混凝土结构的外在表现主要有以下几种情况：① 锈斑、铁锈渗出；② 混凝土保护层开裂、顺筋裂缝；③ 混凝土保护层起鼓、层裂。可以利用肉眼观测和一些简单的工具比如直尺、游标卡尺、放大镜和读数显微镜等对混凝土的外观进行检测。该方法具有简单易行、成本低廉的优点，但是判断结果的准确性与检测者经验、水平的高低有很重要的关系。

钢铁生锈后生成锈蚀产物(即铁锈)的颜色一般呈棕黄色和棕褐色，缺氧状态下的铁锈呈棕黑色。混凝土内的钢筋生锈后，锈蚀产物会逐步向外扩散。如果锈蚀产物扩散到混凝土外部在混凝土表面形成明显的锈斑(图 9-2)，则可以很容易地判断混凝土内的钢筋已经发生了锈蚀。有时混凝土表面虽然没有锈斑，但是透过混凝土表面的裂缝或者部分混凝土保护层的剥落可以明显发现内部的钢筋已经生锈(图 9-3)，也可以判断出混凝土内的钢筋发生了锈蚀。

混凝土内钢筋的锈蚀总是发生在钢筋的位置，随着锈蚀的进行在混凝土表面形成与混凝土内部钢筋基本平行的顺筋裂缝是混凝土内钢筋锈蚀的另一个重要特征，这也是与结构构件因载荷引起的受力裂缝最明显的一个区别。但有的时候，虽然混凝土构件表面有顺筋裂缝出现但是并没有任何锈蚀产物的痕迹，这究竟是钢筋锈蚀引起的裂缝还是其他原因引起的裂缝？这时可以辅助利用“局部凿开法”做进一步的判断：在混凝土表面局部部位，凿除混凝土保护层，露出里面的钢筋以检查钢筋是否已经生锈，如果已经生锈可以进一步测量剩余钢筋的断面尺寸、钢筋锈蚀率等。

混凝土表面裂缝的数量、状态对于混凝土构件安全性能的评价具有重要作用。混凝土裂缝的检测包括裂缝的数量、分布位置、形态、宽度、深度和稳定性等内容。

裂缝的宽度最初采用裂缝对比卡测量，但由于人的肉眼可辨最小裂缝宽度约为 0.1

图 9-2　混凝土构件因内部钢筋生锈引起的表面锈斑

图 9-3　混凝土构件因内部钢筋生锈引起的保护层起鼓、层裂

mm，裂缝对比卡的观测精度较低。后来则采用光学读数显微镜（图 9-4），它配有刻度和游标的光学透镜，从镜中看到的是放大的裂缝，观测的最小裂缝宽度可达 0.005 mm。目前新型的裂缝读数显微镜连有一个在任何工作条件下都能提供清晰图像的可调光源，通过旋转显微镜侧面的旋钮来调节清晰度。

现在则有电子裂缝测宽仪（图 9-5），其放大倍数达 40 倍，一般可观测 0.01～3 mm 宽度范围的裂缝。电子裂缝测宽仪是通过扫描自动测量裂缝宽度，液晶数字显示。这种带摄像头的电子装置克服了人直接俯在裂缝上进行观测的不便。

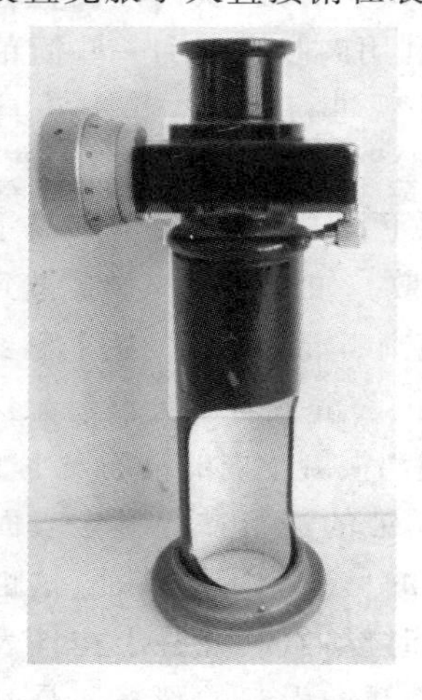

图 9-4　读数显微镜

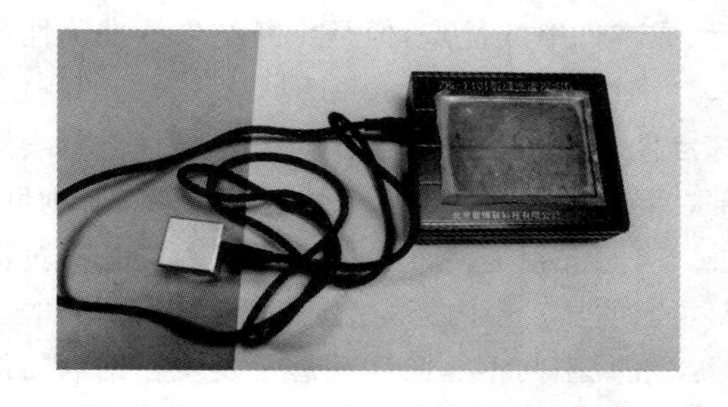

图 9-5　电子裂缝测宽仪

混凝土裂缝的深度可利用超声法进行检测，属于混凝土缺陷检测的一种。对于较浅的裂缝（开裂深度≤500 mm）可采用“单面平测法”和“对穿斜测法”检测。一般工程结构中的梁、柱、板等出现的裂缝，都属于浅裂缝。对于开裂深度在 500 mm 以上的裂缝，可采用“钻孔探测法”。

所谓裂缝的稳定性是指裂缝随时间发展变化的稳定性。温度裂缝、沉降裂缝、锈胀裂缝等都有可能随着时间、季节的推移出现裂缝宽度的变化。裂缝稳定性的判别方法是定期对裂缝宽度、长度进行观测和比较。在裂缝的局部区段及裂缝的顶端贴石膏饼(或高强度砂浆饼)。如果在相当长的时间内石膏饼(或砂浆饼)没有开裂,则说明裂缝已经稳定。

9.1.2　劣化混凝土结构强度的检测

对于发生锈蚀损伤的混凝土结构,混凝土的实测强度、裂缝状态均是进行混凝土结构安全承载能力评估的重要依据。根据检测方法对结构的损伤影响,混凝土强度的检测可分为"非破损检测法"和"半破损检测法"。

(1) 混凝土强度的无损检测

混凝土强度的常用无损检测法有"回弹法"和"超声法"等。这类方法的特点是测试方便、检测费用低、对结构无损伤可重复进行等,但这些方法毕竟都是间接测试方法,其测试结果的可靠性主要取决于被测物理量与混凝土强度之间的相关关系。

"回弹法"是利用专门的混凝土回弹仪通过按压弹击杆(传力杆)驱动重锤弹击混凝土表面,以测出的重锤被反弹回来的距离反映混凝土抗压强度的方法。其原理是利用回弹值与混凝土的表面硬度具有一致的变化关系,所以根据回弹值与混凝土抗压强度校准的相关关系,可以推算出混凝土的极限抗压强度。根据上述原理,世界各国都先后制定了适合本国的回弹测试标准,我国也制定了专门的技术规程《回弹法检测混凝土抗压强度技术规程》(JGJ/T 23—2011)。

"超声法"是利用非金属超声检测仪向待测的结构混凝土发射超声脉冲,使其穿过混凝土,然后接受穿过混凝土后的脉冲信号。根据超声脉冲穿越混凝土的时间计算出声速,然后利用超声声速与混凝土强度的相关关系即可以推算出混凝土的强度。混凝土强度愈高,相应的超声声速也愈大。因此,从理论上讲,超声传播特性是描述混凝土强度的理想参数。但是,由于混凝土的强度是十分复杂的参数,它受许多因素的影响。要想建立混凝土强度与超声传播特性之间的简单关系是困难的。

鉴于"超声法"反映的是混凝土内部构造的信息,而"回弹法"反映的是混凝土表层(约30 mm)状态的信息,将超声和回弹两种方法结合起来则可以更加准确地反映混凝土的强度,目前我国已制定了相应的规范《超声回弹综合法检测混凝土强度技术规程》(CECS 02：2005)可以指导相关方面的工作。

(2) 混凝土强度的半破损检测

半破损法有"取芯法"和"拔出法"。这类方法的特点是以局部破坏性试验获得混凝土结构的实际抵抗破坏的能力,测试结果较为真实易为人们接受,不足之处主要在于会对结构造成一定的损伤,检测后需要修补,检测费用较高且不能重复进行。

"钻芯法"是利用专门的混凝土取芯机从被测的混凝土结构上钻取芯样,然后在万能试验机上测定芯样的抗压强度,以此来推定原结构上混凝土的抗压强度。

"拔出法"是把埋置于混凝土中的一个用金属制作的锚固件从其表面拔出,使混凝土受到拔出力的作用,通过测定拔出力的大小来确定混凝土的强度等级。

9.1.3　混凝土保护层耐久性状态检测

混凝土内钢筋锈蚀的原因主要是混凝土的碳化、氯离子的侵蚀或者二者皆有,对于一个具体的工程是由于哪一方面的原因引起的,除了现场调查和分析之外,还需要对混凝土进行碳化深度和氯离子含量的检测加以确认。

(1) 混凝土碳化深度

对于远离海洋环境并且也没有除冰盐环境的混凝土结构,混凝土的中性化是可能导致混凝土内钢筋锈蚀的最主要原因。碳化后的混凝土孔隙液 pH 值会降到 8.5～9,而钢的钝化膜在 pH 值小于 11.5 时就不稳定了。因此,当混凝土碳化深度达到钢筋表面时,即认为钢筋已经失去了保护,开始进入锈蚀状态。故而现场混凝土结构实际碳化深度的确定对于混凝土内钢筋锈蚀风险的评估具有重要意义,现场混凝土结构碳化深度的测定方法如下:首先选择有代表性的碳化测区,一般应布置在构件的中部,避开较宽的裂缝和较大的孔洞。每个测区应布置 3 个测孔,取 3 个测试数据的平均值作为该测区碳化深度的代表值。其次在选定的检测位置利用冲击钻、电锤或钢钎将混凝土凿孔,测孔直径在 12～25 mm 之间,以能清楚地分辨碳化深度为宜。对孔中的碎屑、粉末,可使用毛刷、压缩空气吹净,不能用水清洗。接着在孔内清扫干净后,向孔内喷洒 1%浓度的乙醇酚酞试液,喷洒量以表面均匀、湿润为宜。喷洒酚酞试液后,应及时进行观测,否则钻孔获得的新鲜混凝土面由于暴露于大气之中未碳化混凝土部分也会很快碳化,从而导致无法测量。未碳化的混凝土由于碱性程度较高遇到酚酞后会变红色,而已碳化的混凝土由于碱性程度较低而不变色,从而在碳化区和未碳化区之间形成一条明显的分界线,如图 9-6 所示。最后利用游标卡尺测量变色混凝土前缘至构件表面的垂直厚度即为碳化深度。

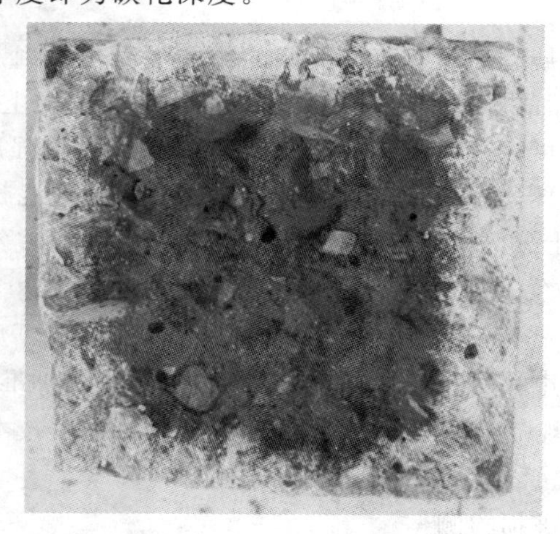

图 9-6　利用酚酞试液检测混凝土碳化深度

(2) 氯离子侵入深度检测

氯离子可以通过两种渠道进入混凝土:一种是在滨海环境、除冰盐环境或者化工环境从外部通过渗透、扩散或毛细作用等方式逐渐进入混凝土中,此种方式下混凝土内最初是没有氯离子或即使有含量也非常低,只是随着时间的推移混凝土内氯离子的含量逐渐增大;另一种是以海砂或含盐外加剂(比如在我国 20 世纪 80 年代及以前早些时候作为混凝土防冻剂使用的 NaCl、$CaCl_2$等)在混凝土中的使用,它们直接在混凝土的制备时就进入混凝土中,此种方式对混凝土中钢筋锈蚀危害的作用更大和更早。因此各国规范对新拌混凝土中氯离子的含量有明确的限制,比如美国混凝土学会颁布的《耐久的混凝土指南》(ACI 201.2R—77)规定对于使用时处于不含氯化物的潮湿环境中的普通钢筋混凝土,水溶性氯离子限值为水泥质量的 0.15%，对使用时处于含氯化物的潮湿环境中的普通钢筋混凝土，此值为0.1%，对预应力混凝土工程则一律为 0.06%；我国对此的规定与美国相似，室内环境为 1.0%，室外环境为 0.3%，除冰盐环境为 0.1%，预应力混凝土工程为 0.06%；日本的规定则相对较为简单，统一为每一立方混凝土中氯离子的含量不超过 1.2 kg。

对于现场混凝土结构氯离子的检测，人们最关心的主要集中于两个方面：一个是氯离子的侵入深度，另一个为从混凝土表面开始不同深度位置处氯离子（自由氯离子和总氯离子）的含量。

① 氯离子侵入深度检测

对于有可能是外渗氯盐引起的混凝土内钢筋锈蚀，检测氯离子的实际侵入深度就变得非常重要。利用 0.1 N 的 $AgNO_3$ 溶液类似酚酞试液的使用可以用来检测混凝土的氯离子侵入深度，其原理是混凝土中已经侵入的 Cl^- 会与 Ag^+ 结合生成白色的沉淀，而 Cl^- 尚未侵入的区域由于 $AgNO_3$ 的分解、Ag^+ 的氧化会呈现棕色，从而形成 Cl^- 侵入区和未侵入区的分界线，如图 9-7 所示。

图 9-7　利用 0.1 N $AgNO_3$ 试液测定混凝土氯离子侵入深度

在图 9-7 颜色变化分界线区域的水溶性氯离子含量约为水泥质量的 0.15%，正好与美国混凝土协会（ACI）规定的混凝土中钢筋锈蚀的临界门槛值接近。所以该方法可以用来检测氯离子的侵入深度并作为混凝土内钢筋锈蚀风险的判别标准，不足之处是分界处的颜色不够鲜明。

② 氯离子含量检测

以上方法只能定性地获得氯离子的侵入深度，要想进一步获得混凝土内部不同深度位置处氯离子的准确含量可以采用钻孔法。具体步骤为：首先在混凝土表面选取有代表性的取样位置，然后利用手持冲击钻（钻头直径≥10 mm）或真空钻按照一定的深度（如 0～10 mm、10～20 mm、20～30 mm 等）钻进，以分别获得不同深度位置处混凝土的粉样。需要注意的是每次钻进前，均应仔细清理干净孔壁，保证每次钻进时所取的粉样不受以前钻进较浅时遗留粉样的影响，以尽量减少误差。接下来即可以利用化学滴定的方法或者专门的氯离子测定仪器（比如丹麦产的 RCT 氯离子快速测定仪、韩国产的 2501B 型氯离子测定仪）来测定氯离子的含量。

a. 滴定法氯离子含量检测

从粉样中提萃氯化物有两种方法，即酸溶法和水溶法。酸溶法是利用 1∶10 的硝酸，水溶法是利用蒸馏水来溶解粉样中的氯化物。一般是先剧烈振荡 1～2 min，然后在常温 20 ℃

条件下浸泡 24 h(或 40 ℃条件浸泡 0.5 h),接下来用定性滤纸过滤获得氯化物的提取液。再接下来即可以利用"沃尔哈德法"来测定提取液中氯离子的含量,从而计算出混凝土中氯离子的含量。

一般来讲"酸溶法"所获得的氯离子含量为总氯离子含量,严格来讲只有用 X 荧光分析(XRF)直接测定混凝土粉样,才能测定混凝土中的氯化物总量。而"水溶法"所获得的为水溶性氯离子含量。根据已有的研究,混凝土内的部分氯离子会与铝酸盐结合生成费氏盐从而对钢筋不再具有危害作用,所以混凝土中水溶性氯离子的含量对于分析混凝土中氯离子含量对钢筋锈蚀的风险具有更重要的意义。

b. 氯离子测定仪测定

该方法混凝土粉样的获得同滴定法,所不同的是粉样获得后处理的方法不同。有专门配制的氯离子萃取液可以用来萃取迁移氯离子,振荡 5 min,然后将标定过的氯电极浸入溶液中,即能测定出酸溶性或水溶性氯离子的含量。该方法的特点是简便、快捷,不足之处是成本较高。

9.1.4 混凝土内钢筋锈蚀状态检测

混凝土内钢筋的锈蚀是一个较为隐蔽的过程,当混凝土构件表面出现明显的锈蚀迹象或者锈蚀裂缝时,内部的钢筋往往已经达到了较为严重的锈蚀程度,具有明显的滞后性。出于对混凝土内钢筋锈蚀初期的检测或者锈蚀原因的进一步分析,往往还需要进行下一步的检测工作。电化学方法是迄今为止最为灵敏和最为精确,并且在混凝土内钢筋锈蚀初期就能检测的方法,它可以获得的钢筋锈蚀状态信息指标有钢筋半电池腐蚀电位、腐蚀电流密度和混凝土电阻率等。

(1) 钢筋半电池腐蚀电位(E_{corr})

测量混凝土内钢筋的半电池腐蚀电位是一种既简单方便、快捷又能反映混凝土内钢筋锈蚀风险的方法,缺点是其仅能定性地描述钢筋的锈蚀风险大小而不能定量地描述钢筋锈蚀速度的高低。

混凝土内钢筋的锈蚀是一种电化学反应,在其正在锈蚀的阳极区和不锈蚀的阴极区之间存在电位差。它使得在钢筋阳极区和阴极区之间有电子流动,而在混凝土中有离子流动。由于混凝土具有一定的电阻,因此在阳极区和阴极区之间总是具有连续的电位变化。这样,就可能在混凝土表面用测量电位的方法来区分其中的钢筋阳极区和阴极区。具体方法是将一只电位已知而且稳定的参比电极放在被测构件的混凝土表面,该参比电极接一只具有高阻抗伏特计的负极,而待测构件中的钢筋接伏特计的正极(图 9-8),通过移动参比电极在混凝土表面的位置,就可以获得钢筋不同位置处的腐蚀电位。

确切地说通过半电池电位法所测得的钢筋腐蚀电位是钢筋宏观腐蚀电偶的阴极区与阳极区电位之间的混合电位。虽然它并不等于该宏观腐蚀电偶的驱动电势,也不能反映钢筋的锈蚀速度,但是在混凝土保护层质量、厚度、湿度大体上比较均匀的同一构件范围内,仍不失为钢筋腐蚀活性的定性反映。电位较负处为正在锈蚀的阳极区(产生并流出大量自由电子又积压一些自由电子),而电位较正处则为接受流来的自由电子而进行阴极反应不能锈蚀的阴极区。按照美国 ASTM C—876 的规定,基于半电池腐蚀电位的混凝土内钢筋锈蚀概率评定如表 9-1 所列。

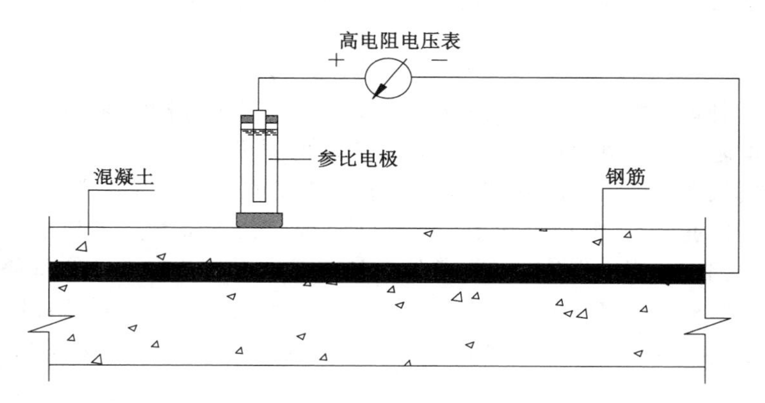

图 9-8　混凝土内钢筋腐蚀电位测量示意图

表 9-1　　**基于半电池腐蚀电位的钢筋锈蚀状况判别标准(20 ℃)**

$Cu/CuSO_4$参比电极/mV	饱和甘汞电极/mV	Ag/AgCl 参比电极/mV	锈蚀的可能性
＞−200	＞−126	＞−119	＞90%无锈蚀
−200～−350	−126～−276	−119～−269	不能确定
＜−350	＜−276	＜−269	＞90%锈蚀

对现场混凝土结构中的钢筋进行腐蚀电位测定时，需要将混凝土构件个别部位凿开露出里面的待测钢筋，并将待测钢筋与高电阻电压表或半电池电位计的正极紧密相连，然后利用参比电极在混凝土构件表面移动即可以获得不同位置处钢筋的半电池腐蚀电位。值得注意的是利用不同的参比电极(比如 $Cu/CuSO_4$、Ag/AgCl 或者甘汞电极)所获得的结果是不同的，同时测定时不同的环境温度条件也会给测定结果带来影响。如果环境温度条件与标准温度条件相差较大，则需要进行温度影响修正。

(2) 钢筋腐蚀电流密度(i_{corr})

金属的锈蚀速度是指一定时间内金属单位表面积上的锈蚀量，它是评价金属锈蚀行为的最直接参数，也是计算金属锈蚀量的重要依据。腐蚀电流密度是钢筋锈蚀速度的电化学表示。通过一些电化学检测技术比如极化电阻法、交流阻抗法等可以获得钢筋的极化电阻，从而计算得出其腐蚀电流密度。通常 0.1 $\mu A/cm^2$ 被采纳为钢筋腐蚀电流密度的门槛值，当混凝土内钢筋的腐蚀电流密度值小于 0.1 $\mu A/cm^2$ 时，一般认为钢筋仍处于钝化状态(无锈蚀)，反之则为活化状态(已锈蚀)。

极化电阻法(也称线性极化法)测定混凝土内钢筋锈蚀速度的原理，是根据在钢筋腐蚀电位 E_{corr} 附近±10 mV 范围钢筋的极化电位同极化电流近似呈线性关系，从而可以获得钢筋极化电阻 R_p($R_p=\Delta E/\Delta I$)，然后根据 Stern-Geary 公式[式(9-1)]即可以计算出钢筋的腐蚀电流 I_{corr}。

$$I_{corr}=\frac{B}{R_p} \tag{9-1}$$

式中，I_{corr} 为待测钢筋腐蚀电流(μA)；B 为 Stern-Geary 常数，对于活化状态的钢筋，B 值一般取 26 mV，而处于钝化状态时取 52 mV；R_p 为钢筋的极化电阻(Ω)。

如果已知钢筋的锈蚀面积则可以进一步获得钢筋的腐蚀电流密度 i_{corr}：

$$i_{corr} = \frac{I_{corr}}{A} \tag{9-2}$$

式中，i_{corr} 为待测钢筋锈蚀电流密度（$\mu A/cm^2$）；A 为待测钢筋的表面面积（cm^2）。

利用极化电阻法对混凝土内钢筋腐蚀电流密度的测量一般采用三电极工作系统（图 9-9），它由工作电极、参比电极、辅助电极和一台恒电位仪或钢筋腐蚀速度测定仪组成。工作电极即为待测的钢筋，参比电极可选用 $Cu\text{-}CuSO_4$、Ag-AgCl 或甘汞参比电极，辅助电极可选用不锈钢板或铜板。要注意的是辅助电极的长度和宽度应能覆盖待测钢筋，以达到对待测钢筋表面的全面极化。目前国内外已有定型的仪器可以选用，比如我国研制的 CS300 型电化学工作站、日本生产的 CT-7 腐蚀速度测定仪和美国生产的 Gecor8 系列腐蚀速度测定仪等。

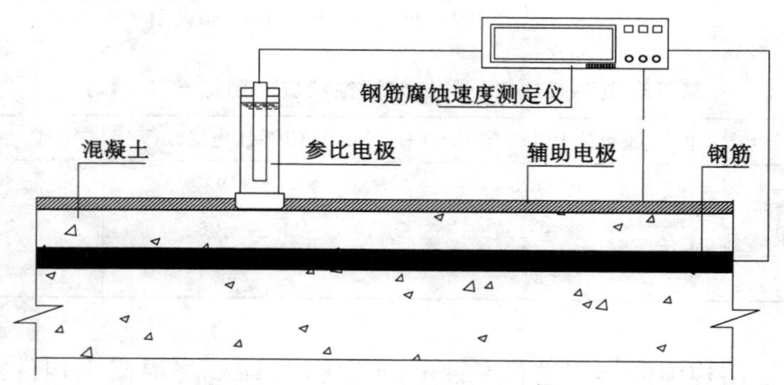

图 9-9　混凝土内钢筋锈蚀速度测定原理示意图

混凝土内钢筋腐蚀电流密度的测定在实验室内相对比较容易，而对于现场的混凝土结构则较为困难。主要是因为实际结构上钢筋的特征是准无限长和不同钢筋之间具有电连通性，而要使结构中所有钢筋都极化又是不可能的。不过目前国外已经开发出专门的仪器可以用来测定现场混凝土结构中钢筋腐蚀电流密度，其原理是通过增加一个护环辅助电极来约束电流，以使得发自中央辅助电极的电流被约束在已知范围的钢筋面积上，从而可以计算出钢筋的腐蚀电流密度。

（3）混凝土电阻率（R_c）

混凝土内钢筋的锈蚀从本质上讲是一个腐蚀电池，而混凝土则是其离子通路的重要组成部分。因此，混凝土电阻率的大小直接影响着钢筋的腐蚀电流密度。如果混凝土的电阻率非常高，则即使钢筋锈蚀的全部条件都满足，那么钢筋的锈蚀速度也会非常低。因此混凝土的电阻率也是反映混凝土内钢筋锈蚀风险的一个重要指标。

混凝土的电阻率首先取决于混凝土毛细孔的含水率，其次取决于混凝土的孔结构、孔隙液溶盐量和温度等。根据已有的大量试验结果，基于混凝土电阻率的钢筋锈蚀风险判断准如表 9-2 所列。

混凝土电阻率的测定国内外已经开发出专门的仪器，比如美国产 TR-CRT-1000、英国产 D-4PRA、韩国产 RT400、瑞士产 RESI、国产 ZX4000 混凝土电阻率测定仪等，可以很方便地使用。

表 9-2　　基于混凝土电阻率的混凝土内钢筋锈蚀判断准则

混凝土电阻率/(kΩ·cm)	钢筋锈蚀危险程度
100～200	即使混凝土已碳化或被盐污染，钢筋锈蚀速度也很低
10～100	钢筋锈蚀速度：中等～高
<10	混凝土电阻率并非钢筋锈蚀速度的控制因素

(4) 局部破型检查

尽管随着混凝土表面锈胀裂缝的出现，钢筋逐步被暴露出来，但是绝大多数的时候，隐藏在混凝土内部钢筋的实际状况肉眼是无法看到的。局部破型检查就是对混凝土结构的局部进行破型，使得内部的钢筋得以暴露出来以便检查。以上几种电化学检测方法尽管比较灵敏但都是间接的方法，有时给出的数据也未必非常正确。如果能够在无损检查的基础上辅助以适量的现场局部破型检查则能获得更为真实和可靠的信息。但是由于破型检查具有破坏性和不可重复性，一般可能会对原有结构带来一定的损伤，所以需要慎重进行。一般可在原有结构锈蚀胀裂、剥落的基础上以不致给原结构带来进一步损伤的基础上进行检查。按照外露钢筋的表面状况对钢筋锈蚀程度的分级如表 9-3 所列。

表 9-3　　钢筋锈蚀程度按表面状况的分级

钢筋锈蚀程度级别	Ⅰ	Ⅱ	Ⅲ	Ⅳ	Ⅴ
钢筋锈蚀后的表面状况	有黑皮，无锈	小面积浮锈斑	薄浮锈扩大到钢筋周围与全长，混凝土上也有锈附着，但钢筋尚未见损失	有膨胀性锈层，钢筋也有锈蚀缺损，但较少	膨胀性锈层显著，钢筋断面锈蚀缺损

9.2　劣化混凝土结构修复加固的方法选择

9.2.1　劣化混凝土结构修复加固处理对策

混凝土结构的耐久性性能(含外观和承载力安全性能)劣化总是随着使用时间的推移一点一点逐步积累和不断发展的，直至结构产生完全破坏。这样一个发展历程总是可以划分为若干不同的时间发展阶段，不同的发展阶段对混凝土结构产生的危害程度和影响分别不同。结合混凝土结构产生劣化的不同原因，对劣化混凝土结构可以采取的维护和处理对策是分别不同的。

混凝土的碳化和氯盐的侵蚀是混凝土结构耐久性性能退化的主要原因之一，其对混凝土结构产生的危害主要是导致混凝土中钢筋的锈蚀。根据混凝土中钢筋锈蚀的发展程度，混凝土中钢筋的锈蚀一般可以划分为潜伏期、发展期、加速期和劣化期。钢筋的不同锈蚀阶段对混凝土结构外观性能和承载能力、刚度退化的影响是不同的，具体发展进程示意图如图 9-10 和图 9-11 所示。

① 潜伏期为侵蚀进程尚未达到使钢筋锈蚀开始的阶段，具体来讲就是对应混凝土保护

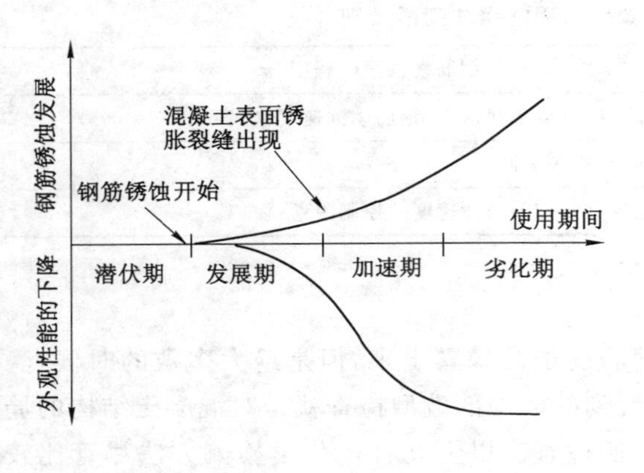

图 9-10　锈蚀混凝土结构外观性能发展示意图

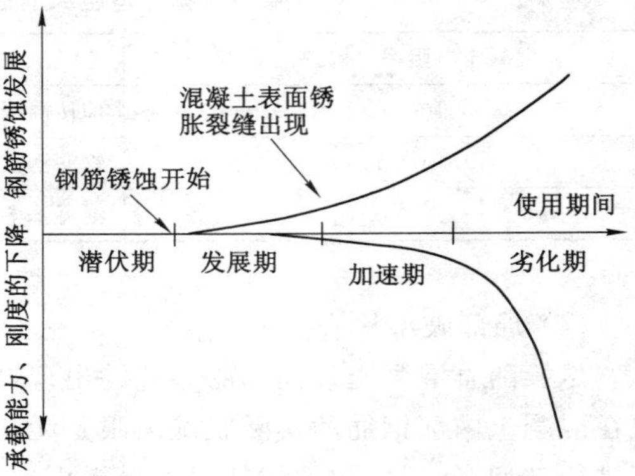

钢筋锈蚀发展
承载能力、刚度的下降
混凝土表面锈
胀裂缝出现
钢筋锈蚀开始
使用期间
潜伏期
发展期
加速期
劣化期

图 9-11　锈蚀混凝土结构承载力、刚度发展示意图

层虽然已经部分碳化但碳化深度尚未抵达钢筋表面或者混凝土保护层已遭受氯盐侵蚀但钢筋表面的氯离子含量尚未达到引发钢筋锈蚀的氯离子门槛值的时间阶段。这一阶段的钢筋处于尚未锈蚀状态，混凝土结构的表面也没有明显的劣化迹象。

② 发展期为混凝土中钢筋开始锈蚀至混凝土表面出现锈胀裂缝的阶段，具体来讲就是混凝土的碳化深度已超过钢筋保护层或者钢筋表面的氯离子含量已超过引发钢筋锈蚀的氯离子门槛值，钢筋开始锈蚀，产生锈蚀产物，体积膨胀，随着锈蚀产物的不断增加，锈胀应力逐步增大，直至超过混凝土的容许抗拉应力，导致混凝土保护层开裂，并有可能伴随着铁锈的渗出。这一时间阶段混凝土中的钢筋已处于锈蚀状态，混凝土结构的表面也没有明显的劣化迹象。当混凝土表面出现锈胀裂缝时已预示着钢筋锈蚀发展期的结束。

③ 加速期为随着混凝土表面锈胀裂缝的出现到钢筋锈蚀速度大幅度增加的阶段，具体来讲由于锈胀裂缝的出现，侵蚀性介质比如水分、氧气、二氧化碳或氯离子等更加容易通过裂缝的通道直达钢筋的表面，使得钢筋的锈蚀速度加快，锈蚀产物急剧增多，锈胀裂缝宽度急剧增大。这一时间阶段混凝土中的钢筋已处于锈蚀状态，混凝土结构已出现明显的锈胀裂缝，但混凝土构件的承载力尚未出现明显退化。

④ 劣化期为随着钢筋锈蚀程度的增加混凝土构件承载力显著下降阶段，具体来讲进入劣化期之后，混凝土保护层开裂、剥落明显，钢筋的锈蚀已达到一定程度，钢筋的截面损失以及钢筋与混凝土黏结力的退化已开始导致混凝土构件承载力的下降。这一时间阶段混凝土中的钢筋已处于严重锈蚀状态，混凝土结构表面出现明显的劣化迹象，比如混凝土保护层开裂、剥落，锈蚀钢筋外露，甚至构件已产生变形和位移等。

类似混凝土的碳化和氯盐侵蚀对混凝土结构耐久性性能产生的退化，混凝土的化学腐蚀（大多数的酸、无机盐、硫化氢、三氧化硫和各种硫酸盐等对混凝土产生的腐蚀）和混凝土的冻害对混凝土结构造成的耐久性性能退化也可以分为潜伏期、发展期、加速期和劣化期，如图 9-12、图 9-13、图 9-14 和图 9-15 所示。

混凝土的化学腐蚀是指侵蚀性介质直接与混凝土发生化学反应，进而导致混凝土的破坏。按照其反应机理可以分为两类：一类是侵蚀性介质和水泥水化产物直接反应生成可溶性物质流失从而引起水泥水化产物的分解；另一类侵蚀性介质和水泥水化产物反应生成膨

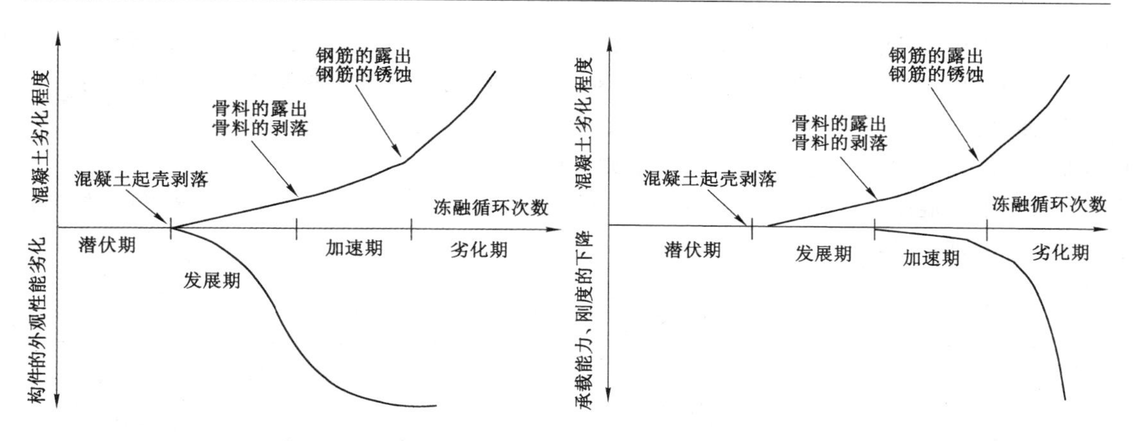

图 9-12　混凝土冻害引起的外观性能劣化

图 9-13　混凝土冻害引起的承载能力、刚度下降

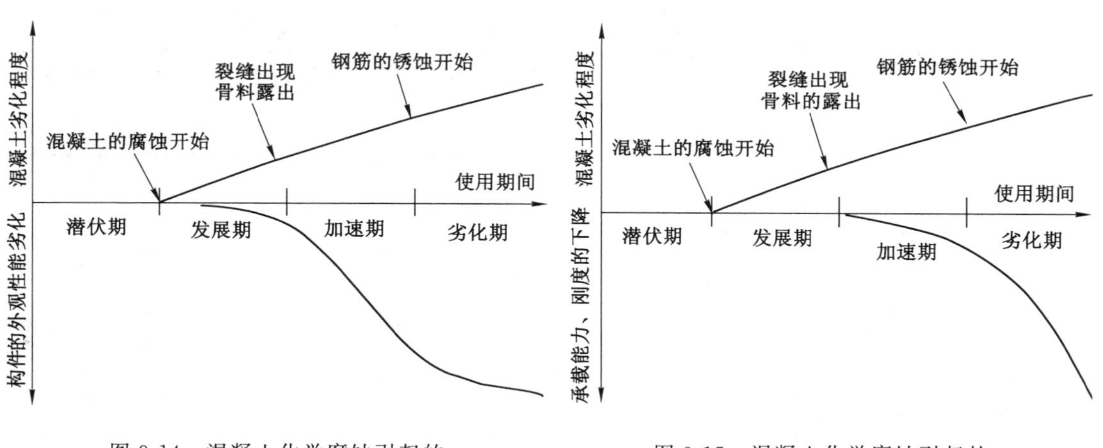

图 9-14　混凝土化学腐蚀引起的外观性能劣化

图 9-15　混凝土化学腐蚀引起的承载能力、刚度下降

胀性物质引起混凝土的破坏。混凝土的化学腐蚀往往较为强烈，单凭混凝土自身材料难以抵挡，需要在混凝土表面涂覆专门的保护涂层。

混凝土化学腐蚀的潜伏期是指从侵蚀性介质侵入混凝土开始至混凝土开始出现变质为止，或者对有防护层的混凝土结构则为从侵蚀性介质透过防护层开始至混凝土开始出现变质为止；发展期是指随着混凝土品质的劣化，混凝土中骨料开始外露，至骨料开始剥落为止；加速期是指随着混凝土侵蚀深度增大，侵蚀性介质已达到钢筋表面，钢筋开始锈蚀为止；劣化期是指随着化学腐蚀的进行，混凝土构件的断面出现缺损，钢筋的截面面积明显减少，构件的承载力已出现明显的退化。

混凝土冻害的潜伏期是指混凝土在冻融循环作用下至混凝土表面出现细微裂缝和鱼鳞状起壳、剥落现象；发展期是指随着混凝土表层起壳、剥落的发展，骨料开始外露直至骨料开始剥落为止的阶段；加速期是指随着混凝土中骨料的剥落直至混凝土中钢筋外露、开始锈蚀为止的阶段；劣化期是指随着钢筋锈蚀的发展，构件的承载能力出现显著下降阶段。

从图 9-10～图 9-15 可以看出，尽管混凝土结构产生耐久性退化的原因各异，但随着各种耐久性破坏的不断发展，混凝土结构的外观性能和力学性能退化发展规律的规律是相似的。一般来讲，在潜伏期无论是混凝土结构的外观性能还是力学性能均还没有出现退化，进入发展期以后，二者逐渐开始出现退化，但是二者的退化发展规律是不同的。在发展期和加速期，混凝土结构外观性能的退化速度明显大于其力学性能，而进入劣化期以后，混凝土结构外观性能的退化趋于稳定，而力学性能则急剧下降。

对应上述混凝土结构劣化发展的不同阶段以及具体产生劣化的原因，可选择的维护和处理措施分别不同，可参照表 9-4 进行选择。

表 9-4　　劣化混凝土结构修复与加固处理措施选择表

序号	劣化发展阶段	劣化原因	可选择措施
1	潜伏期	混凝土碳化	涂刷抗碳化涂料，电化学再碱化处理
		氯离子侵蚀	涂刷抗氯盐侵蚀涂料，电化学脱盐处理
		化学腐蚀	表面处理、洗净，涂刷防护涂料
		冻融破坏	表面防水、排水处理，涂刷抗渗涂料
2	发展期	混凝土碳化	涂刷抗碳化涂料、渗透型钢筋阻锈剂，局部修复，电化学再碱化处理
		氯离子侵蚀	电化学脱盐处理，电化学阴极保护，涂刷渗透型钢筋阻锈剂，涂刷抗氯盐侵蚀涂料，局部修复
		化学腐蚀	表面处理、洗净，局部修复，涂刷防护涂料
		冻融破坏	涂刷抗水渗透涂料
3	加速期	混凝土碳化	涂刷抗碳化涂料、渗透型钢筋阻锈剂，电化学再碱化处理，电化学阴极保护，局部修复
		氯离子侵蚀	电化学脱盐处理，电化学阴极保护，涂刷渗透型钢筋阻锈剂，涂刷抗氯盐侵蚀涂料，局部修复
		化学腐蚀	局部修复，表面处理、洗净，涂刷防护涂料
		冻融破坏	涂刷抗水渗透涂料，裂缝注浆修补，局部修复
4	劣化期	混凝土碳化	增大截面修补，体外预应力补强，粘贴纤维材料补强，使用限制，构件拆除、替换，结构拆除等
		氯离子侵蚀	
		化学腐蚀	粘贴纤维材料，局部修复，增大截面修补，表面处理、洗净，涂刷防护涂料
		冻融破坏	裂缝注浆修补，增大截面修补，构件拆除、替换

9.2.2　混凝土表面耐久性防护涂层

类似于钢结构表面的油漆涂层，锈蚀混凝土结构在进行常规的局部修补之后，一般还需要对结构的外露表面（包括修复区和未修复区）敷设或涂刷一层防护层以增强其对外部侵蚀性介质——水、氯化物、O_2、CO_2 等的抵抗能力，从而进一步巩固和增强其抗侵蚀能力，延长其使用寿命。如果使用得当，混凝土表面耐久性防护涂层是一种既经济、简便又非常有效的辅助性保护措施。对新建混凝土结构或尚未发生锈蚀的混凝土结构，也可以采取这一措施，以增强对混凝土结构的保护作用。

（1）对混凝土表面防护性涂料的基本要求

混凝土是一种复合的人工材料，具有多孔性、显微裂缝结构和粗糙的表面，因此，用于混凝土表面的防护性涂料与用于钢铁表面的防护性涂料的要求不同，有下列特殊要求：

① 耐碱性

混凝土的水泥石中含有水溶性和化学活性化合物，其水溶液呈碱性，其 pH 值在 12～13 之间，因此，混凝土结构物表面的涂层一定要具有耐碱性。乙烯基涂料、氯化涂料和环氧类涂料的耐碱性突出，适合于混凝土构筑物表面的防护。

② 憎水性或具有一定的耐水汽渗透性

混凝土表面涂层的耐水汽渗透性，或者说具有憎水性是保护混凝土构筑物不受水和水溶液侵蚀的有效手段。如果涂膜的耐水汽渗透性差，则外界的水和侵蚀性介质会很快渗透进涂层的内部，而到达混凝土的基底表面，从而使保护件涂膜与混凝土的黏结破坏，造成混凝土表面的保护性涂层作用尽失。

另一方面，在混凝土表面涂装时，混凝土表面也会含有一定的水分，这些水分的存在一定会影响到涂层与混凝土表面的黏接，而涂膜具有的水汽渗透性要能够使存在于涂层基底的水汽渗透出去，且不会让涂膜外面的液态水渗透进涂层内。只有具备该种特性的涂层才适合做混凝土表面的防护件涂层。

③ 渗透性

混凝土表面的涂层应具有较强的渗透性，这是保证混凝土表面的防护性涂层具有良好黏接性能的关键。因为混凝土的表面是一种多孔结构物，涂料具有较强的渗透性就可以保证涂料分子可以迅速地渗透到混凝土表面的微孔内，而加大其涂膜与基材表面的附着力。

低相对分子质量的环氧类涂料常常用来做混凝土表面的封闭性底漆涂料，可以取得满意的黏接效果。

④ 良好的柔韧性和延展性

因为混凝土构筑物在外界环境的作用下有较大的膨胀收缩性，因此，要求混凝土构筑物表面的涂层必须具有优良的韧性，否则会造成涂膜的剥离、开裂，从而造成涂层保护性的失效。从该性能要求来看，聚氨酯类的涂层具有优良的柔韧性，更能适合混凝土构筑物的防护。

⑤ 与混凝土表面的良好附着力

混凝土表面涂层不同于钢结构的区别在于，混凝土有可能面临潮湿的环境，涂膜应能保证在潮湿环境下与混凝土表面的附着。

混凝土涂层一般由底层（亦称“底漆”）、中层和面层（亦称“面漆”）三部分组成。底漆直接与基层接触，是整个保护涂层系统的重要基础。中间层的主要作用是增厚提高屏蔽作用、缓冲冲击力、平整涂层表面。最重要的一点是中间层要与底、面漆结合良好，才能起到承上启下作用。面漆与环境相接触，因此要具有耐环境化学腐蚀性、装饰美观性、标志性、抗紫外线、耐候性等。往往面漆的成膜物含量较高，含有紫外线吸收剂，或铝粉、云母氧化铁等阻隔阳光的颜料，以延长涂膜的寿命。

防腐蚀涂层体系一般采用“多层异类”结构，即根据各种树脂的性能特长，选其作为底、中、面漆，而不在乎成膜物质是否属于同一类型。比如选择附着力指标好而断裂强度和耐蚀性低的涂料作为底漆，选择耐化学介质稳定性、耐候性好的而附着力低的涂料作为面漆组成的涂层体系，可以起到优势互补的作用。

防腐蚀涂层的厚度与防腐蚀效果直接相关，一般来讲防腐蚀涂层厚度越厚，则防腐蚀效果越好。但无论厚薄，涂层体系都是多道涂装，极少是单层漆膜。因为在大面积的施工中，无法获得完全完整无缺的漆膜，在缺损薄弱部位会首先发生破坏。多道涂层的优点是各层之间互相覆盖缺损部位，从而将发生腐蚀、破坏的可能性降到最低，最大地实现整个涂料体系的防蚀功效。但涂层过厚一般会带来较大的内应力，致使涂层在使用过程中，由于外力或温度的变化极易发生开裂。树脂内聚力大，或具有一定的弹性都利于增厚，无机填料、玻璃鳞片的添加起到增强作用，均有利于增加涂膜的内聚力，因此，也有利于增厚。根据混凝土表面防护涂层的用途不同，对涂层厚度的要求如表 9-5 所列。

表 9-5　不同用途涂层所应控制的漆膜厚度

涂层用途	应控制的厚度/μm	涂层用途	应控制的厚度/μm
一般性涂层	80～100	耐磨蚀涂层	250～300
装饰性涂层	100～150	超重防腐蚀涂层	300～500
防腐蚀涂层	150～200	高固体分涂层	700～1 000
重防腐蚀涂层	200～300		

（2）常用混凝土表面防护涂料

目前市场上可用于混凝土表面防护涂层的涂料种类有很多，按照防护目的不同有抗氯化物侵蚀的涂料、抗混凝土碳化的涂料和抗化学侵蚀涂料。抗氯化物侵蚀的涂料可以有效地降低外部环境氯化物向混凝土内部的渗透，具体包括有机硅类硅烷、环氧树脂、不饱和聚酯、有机玻璃、聚氨酯涂料和聚合物水泥基防水涂料等。抗混凝土碳化涂料则可以有效地降低 CO_2 在混凝土中的扩散速度从而降低混凝土的碳化速度，具体包括苯丙乳液、纯丙乳液、叔碳羧酸盐、聚合物水泥基防水涂料等。一般来讲，不同的涂料其适用范围和具体效果是不同的，在选择应用时一定要根据具体工程使用目的不同具体对待。

混凝土表面防护涂料按照组成成分的差异可以分为有机涂料和无机涂料。有机涂料有有机硅类涂料（硅烷和硅氧烷类化合物）和环氧树脂等。有机硅涂料属于浸入憎水型涂料，黏度很低，涂于风干的混凝土表面上，靠毛细孔的表面张力作用吸入深约数毫米的混凝土表层中，与孔壁的 $Ca(OH)_2$ 反应，以非极性基使毛细孔壁憎水化，或者部分填充于毛细孔中使孔细化。浸入型涂料不能在混凝土表面成膜形成隔离层，也不能完全充满混凝土的毛细孔隙，所以对混凝土的透气性、透水性影响不大，但是它可以显著地降低混凝土的吸水性。比如将分子尺寸与水接近的纯异丁烯烷基烷氧基硅烷单体涂布于水灰比为 0.55 的混凝土表面，混凝土的吸水率可以降低 93%，从而使得只有溶解于水中才能被毛细管吸收作用吸进去的氯化物难以吸进混凝土中，而混凝土中的自由水分可以化为水蒸气自由地蒸发出去，使混凝土保持干燥，从而显著地提高混凝土的护筋性。环氧树脂黏度很高，对混凝土表面有着很好的附着力，能够在混凝土表面形成一层致密的不透水、不透气薄膜，并且耐化学腐蚀品质优良，液态树脂和液态固化剂配置的环氧树脂可以深深地渗透进混凝土表层，增强混凝土表面的强度和密度，从而大大提高混凝土的耐久性。对于饱水状态混凝土的抗氯离子渗透方面：环氧树脂＞聚合物水泥基防水涂料＞有机硅，而对于干湿循环条件混凝土抗氯离子传输方面：有机硅＞环氧树脂＞聚合物水泥基防水涂料。

几种常用有机涂层和无涂层混凝土的抗氯离子渗透实验结果表明：无涂层、丙烯酸涂层、聚合物乳液涂层、环氧树脂涂层、聚氨酯涂层和氯化橡胶涂层混凝土的电通量分别为975.47 C、69.71～163.67 C、514.67～703.4 C、7.32～159.93 C、6.36～39.09 C和38.7～49.83 C，对氯离子的扩散系数(单位10^{-8} cm^2/s)分别为19.18、2.08～3.49、8.40～15.94、2.59～7.67、0.70～1.83和8.40～9.56。从中可以看出，聚亚安酯涂层和丙烯酸涂层抗氯离子侵蚀效果最优，环氧树脂涂层、氯化橡胶涂层次之，聚合物乳液涂层较差。

无机涂料通常是以水泥基材为主，加入一些添加剂制成。这些产品可与基材中的湿气和游离石灰产生结晶，具有强渗透性和锚固基材本身，并填补孔洞和堵塞毛细孔而起到防水作用。有学者采用硅酸钙混合物为主要成分的无机涂层对混凝土的抗氯离子侵蚀和抗碳化性能进行了实验研究，与无涂层混凝土相比，由于无机涂层主要成分硅酸钙同混凝土、砂浆表面组分的水反应生成了不溶性的硅酸盐，使得混凝土、砂浆表面形成更加致密的微观结构，进而使得混凝土、砂浆抗氯离子侵蚀和抗碳化能力均有了明显的改善。

单一的涂料涂层往往具有某种局限性，而将两种或两种以上的单一涂层组合在一起所形成的复合涂层可以起到取长补短的作用，因而总体效果优于单一涂层。选用憎水性优异的底面处理剂SSD-320、SSD-310硅树脂作底涂，配以封闭性好的、憎水性优良的高弹性外墙乳胶漆SSD-121构成涂层系统，与未涂涂料的空白混凝土相比其抗氯离子渗透性能力分别提高了98%和99%。

对涂层混凝土所做的28 d标准加速碳化研究结果表明：无涂层、有机硅涂层、叔碳羧酸盐乳液、纯丙乳液和苯丙乳液涂层混凝土的碳化深度分别为24.7 mm、34.9 mm、5.9 mm、2.7 mm和0.7 mm。可以看出，除了有机硅涂层之外，其余几种涂料均有较好的抗碳化效果，其中又以苯丙乳液效果最佳。同时对苯丙乳液涂层厚度的研究结果表明：碳化深度随涂层厚度的增加而明显减小。

我国水利水电研究院对混凝土涂料所进行的20%CO_2浓度(温度26 ℃±1 ℃、湿度70%～80%条件下)28 d加速碳化实验结果表明：未涂的基底混凝土碳化深度19.7 mm，水泥基涂层、丙烯酸酯涂层、氯磺化聚乙烯涂层的混凝土碳化深度分别为1.9 mm、1.7 mm和0.5 mm，而涂585号不饱和聚酯、呋喃树脂和ES丙烯酸共聚乳液三种涂层的混凝土都完全没有碳化。

根据以上研究结果可以看出，有机涂料主要以短期的、物理的作用提高了混凝土的抗碳化能力，而无机涂料主要以长期的、化学的作用提高混凝土的抗碳化能力。增加涂层厚度对于有机涂料的效果是很明显的，可以大大增加混凝土的抗碳化能力，而无机涂料对涂层厚度增加的反应则不明显。

需要注意的是，即使是同一种类的涂层产品由于生产厂家、来源渠道的不同其品质也有可能发生较大的变异，因此对选定的涂层产品在正式使用之前进一步的检验是很有必要的。

(3) 混凝土表面防护涂料的施工

涂刷前混凝土基层的处理也是关系最终防护质量重要的一环，一般在使用混凝土涂料喷涂之前必须先清洁混凝土表面，除去灰尘、油脂、污物等阻碍产品渗入的外层物质，同时清除混凝土分层、松散、剥落的混凝土。混凝土基层的表面处理程序为：

① 喷砂处理以除去低强度的弱界面层，对于高滑面产生必要的粗糙度。

② 高压清水冲洗以除去可溶性无机盐。如果机加工车间地坪吸附机油，先用热碱-表面活性剂除油后再用水彻底清洗。

③ 酸侵蚀。作用与喷砂相同，但一定要在酸洗后用清水彻底清洗，以免留下渗透压起泡的隐患。

④ 填平补齐。即用水泥砂浆或各种腻子抹平孔洞，再用磨平机打磨至平。

⑤ 涂封闭底漆。采用耐碱、耐湿性好的底漆封闭混凝土表面。涂环氧砂浆中间补强层，以及配套的各种面漆。特别要注意的是混凝土底材固有的多孔性、吸湿性、高碱性及含有可溶性无机盐等特点，如果不加以适当处理和封闭，往往造成涂层剥离、起泡。

9.2.3 混凝土表面渗透型钢筋阻锈剂

钢筋阻锈剂是指以一定量加入混凝土后，能够阻止或延缓混凝土中钢筋的锈蚀，并对混凝土的其他性能无不良影响的外加剂。钢筋阻锈剂有多种分类方式，如按作用机理可分为阳极作用型、阴极作用型和混合作用型；按化学成分可分为无机、有机和复合型三类；按使用方式可分为掺入型和渗透（迁移）型。对于新建混凝土结构而言使用掺入型阻锈剂较为方便，而对于已建混凝土结构中钢筋锈蚀的预防和抑制则只能使用渗透（迁移）型阻锈剂了。相对其他多种钢筋混凝土耐久性防护措施，采用钢筋阻锈剂的方法花费少，使用简便和经济有效，目前已成为防止钢筋锈蚀的主要技术措施之一。

$NaNO_2$、$Ca(NO_2)_2$是最早使用的阳极型钢筋阻锈剂，它通过与金属发生反应，使钢筋表面被氧化生成一层致密的保护膜。一般认为，当亚硝酸盐与氯盐之比大于1∶1时，能够有效阻止钢筋的锈蚀。但是有研究表明，当$Ca(NO_2)_2$作为表面渗透阻锈剂使用时，对较低氯离子浓度的混凝土中轻微预蚀的钢筋具有一定的阻锈作用，对具有高氯离子浓度的混凝土中的钢筋阻锈作用不明显。此外，亚硝酸盐类阻锈剂属于氧化型缓蚀剂，只有在用量足够时才具有缓蚀效果，否则会引起严重的局部腐蚀。同时随着人们环保意识的增强，亚硝酸盐的致癌性引起了人们高度重视。20世纪80年代末加拿大学者研究发现了在混凝土表面涂覆单氟磷酸钠（MFP）水溶液，风干浓缩后再涂，使它靠内外浓差向内扩散，如此反复多次，直到它渗透到钢筋表面，可以显著地抑制或降低钢筋的锈蚀速度。但也有研究表明单氟磷酸钠在混凝土中不能很好地扩散，因而用于混凝土结构修复时对钢筋锈蚀的抑制没有很好的效果。

由于亚硝酸盐阻锈剂存在诸多负面效应和环保方面的影响，近年来有机阻锈剂得到了蓬勃的发展，其中尤其是可用于混凝土表面涂刷的钢筋阻锈剂市面上已经有了很多成熟产品。比如国内产品有中国建筑科学研究院开发的MS-601型钢筋阻锈剂、中冶集团建筑研究总院开发的JG-900环保型钢筋阻锈剂、武汉道尔化工有限公司生产的DH-1烷氧基钢筋混凝土阻锈剂、北京中冶欧德建筑技术有限公司生产的D-1506S迁移型钢筋阻锈剂和北京建工华创科技发展股份有限公司生产的MCI-2020渗透迁移型钢筋阻锈剂等，国外产品有瑞士Sika公司所生产的西卡-901、903等。该类有机阻锈剂工作原理基本相似，都是通过对混凝土的快速渗透和对钢筋表面极强的吸附能力，在钢筋表面形成一层保护膜从而防止钢筋生锈，使结构物的寿命大大延长。

迁移渗透型钢筋阻锈剂的使用方法基本相似，一般均要求剔除混凝土表面空鼓、开裂、松动、剥落部分，并使用水泥砂浆进行修补；清洁混凝土表面，保持混凝土表面清洁干燥；将阻锈剂刷涂、滚涂或者喷涂在混凝土表面；第一遍喷涂2～5 h待表面混凝土干燥后涂刷第二遍，视混凝土的渗透性能累计涂刷 3～5 遍即可。

采用外部渗透型有机钢筋阻锈剂的优点是能够对各种氯离子浓度条件下的钢筋混凝土提供腐蚀保护；既能对钢筋腐蚀阴极电化学过程起抑制作用，又能对阳极腐蚀电化学过程起抑制作用；绿色环保、无毒，对环境安全性好；不改变混凝土原有外观，有些还能显著提高混凝土抗压强度和抗渗性能。

采用有机阻锈剂对混凝土结构表面涂刷的方法可以大大减轻锈蚀混凝土结构的修补工作量，且大大提高传统修补方法的护筋效果，同时即使与电化学修复方法相比操作也更加简单，成本更低，无需电源，因此具有更广阔的应用前景。但是目前市场上产品鱼龙混杂，其真实有效性需要认真辨别，同时有机阻锈剂的长期有效性也还需要进一步的研究验证。

9.2.4　电化学处理技术

(1) 阴极保护法

阴极保护法(cathodic protection，简称“CP”)是金属腐蚀和防护方法中被发明最早和应用技术目前最成熟的一种。从 19 世纪 20 年代起，人们就开始研究防止金属腐蚀的阴极保护法。到了 20 世纪 30 年代，阴极保护法开始被应用到某些工业领域，现已被广泛地用于化工、建筑、机械、交通等工业设施及民用设施中金属结构件或钢筋混凝土结构的腐蚀防护工程中。

“阴极保护法”具体又可以分为两类：一类是外加电源的阴极保护法(原理如图 9-17 所示)，是通过利用外加直流电源的负极与被保护的金属相连接，使得被保护的金属发生阴极极化(金属阴极的电位向负方向移动)从而达到保护金属的目的；另一类是牺牲阳极的阴极保护法(原理如图 9-17 所示)，是通过外加牺牲阳极(比被保护金属的电位更负)来使得被保护的金属成为腐蚀电池的阴极从而达到保护金属的目的。

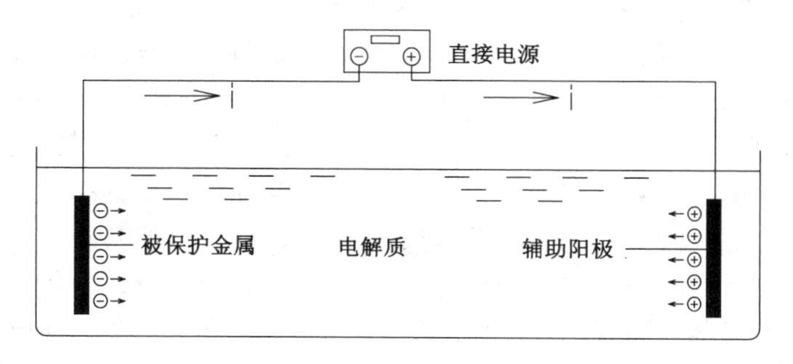

图 9-16　外加电源阴极保护法原理图

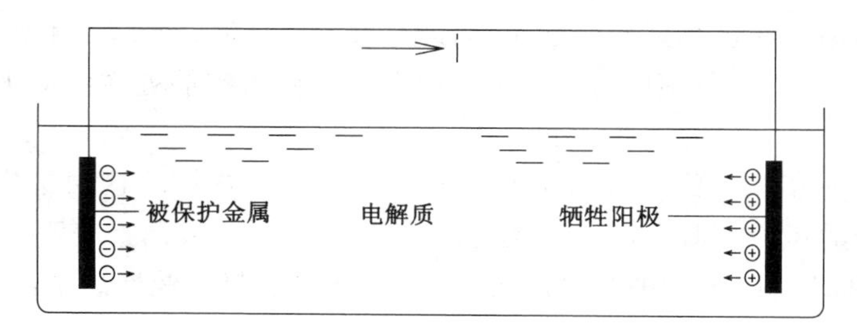

图 9-17　牺牲阳极阴极保护法原理图

无论是外加电源阴极保护法还是牺牲阳极阴极保护法，在腐蚀电池的阳极区、阴极区所发生的电极反应都是相似的。在阴极区首先发生氧的还原反应式(9-3)，随着阴极区 O_2 的耗尽和电流密度的增大，将主要发生水的电解反应式(9-4)。具体反应如下：

阴极反应：

$$2H_2O+O_2+4e \longrightarrow 4OH^- \tag{9-3}$$

$$2H_2O+2e \longrightarrow 2OH^- + H_2\uparrow \tag{9-4}$$

无论是 O_2 的还原反应还是 H_2O 的电解反应，都将在阴极产生 OH^-，从而会使阴极区域碱度提高，对于钢筋表面钝化膜的修复、钢筋的保护有利。

阳极反应：

$$4OH^- \longrightarrow O_2+2H_2O+4e \tag{9-5}$$

$$2H_2O \longrightarrow O_2+4H^+ +4e \tag{9-6}$$

$$Fe \longrightarrow Fe^{2+} +2e \tag{9-7}$$

在阳极，对于惰性电极，比如涂层钛网阳极、铂电极，一般会发生水或氢氧根离子的氧化反应，如式(9-5)和式(9-6)，如采用非惰性金属电极，比如低碳钢丝网阳极，则会发生金属氧化反应，如式(9-7)。

有效阴极保护的含义是，向被保护的金属注入大量的电子，把整个被保护金属的电位降低到其表面(腐蚀微电池)阳极区域的电位以下，以使被保护金属表面(腐蚀微电池)阳极区域与阴极区域之间的腐蚀电流停止流动。

外加电源阴极保护系统的构成包括直流电源、辅助阳极、监测探头和阴极(被保护的钢筋)。辅助阳极和阴极之间要有良好的电解质，以保证离子电流回路的顺畅。

与外加电源阴极保护法相比，牺牲阳极阴极保护法技术更为简单，但是该方法的关键是要有合适的牺牲阳极。牺牲阳极的电极电位要低于被保护的金属，二者之间的电位差越大则阴、阳极之间的驱动电压越大，阳极材料才能更容易地“牺牲”自己保护被保护的金属。当前常用的牺牲阳极有锌及其合金、铝合金和镁及其合金。目前建筑工程中常用的镀锌钢筋就是利用了牺牲阳极阴极保护技术，在已碳化混凝土或氯离子侵蚀混凝土中，覆盖在镀锌钢筋表面的镀锌层优先被腐蚀，起到了牺牲阳极的作用，从而保护了钢筋。

外加电源阴极保护法的主要优点是性能稳定、服役寿命长，但其缺点是系统要求长期保证供电并需定期进行维护。在外加电源阴极保护系统中，如果施加的阴极电位过低，系统中产生的电流过大，有可能会出现阴极过保护现象——“氢脆现象”：阴极反应产生的单原子氢通过扩散进入钢筋，聚集在钢的晶界或其他晶体缺陷中，钢中慢慢积聚的氢原子，会使钢的塑性大大下降，甚至会使钢材的断裂模式由塑性断裂(断口呈现“韧窝”显微形貌)转变为塑性断裂与脆性断裂(解理断裂或晶间断裂)的混合型断裂。氢脆问题对于普通钢筋混凝土来说，一般可以忽略不计，但是预应力混凝土结构由于预应力钢筋处在高应力状态，因而对氢脆问题十分敏感。

在阴阳极电场的作用下，强碱性阳离子 Na^+、K^+ 等会向阴极区域聚集，从而增大混凝土中碱-骨料反应的风险。但是，目前多年阴极保护工程的实践调查表明，尚未发现有碱-骨料反应的事例，估计与阴极保护时电流密度一般较低，引起的碱性离子聚集程度并不严重有关。

牺牲阳极阴极保护技术适用于连续浸湿的环境，以保持电解质(混凝土)具有较低的电阻率水平。对于陆地混凝土结构中钢筋的腐蚀防护，考虑到陆地混凝土的电阻率一般较高而且牺牲阳极的腐蚀产物容易沉积在牺牲阳极表面从而降低保护效能，故一般不采用牺牲阳极式阴极保护系统。

（2）电化学脱盐处理

电化学脱盐技术（electrochemical chloride removal，简称“ECR”）首先是在 20 世纪 70 年代初由美国联邦高速公路局研究出来的，后来用于美国战略公路研究规划，并被欧洲 Norcure 使用。该技术在工程应用上已经取得了良好的脱盐效果。

对于氯盐侵蚀引起的混凝土内钢筋锈蚀，如果能够去除或降低混凝土内的氯离子含量，将钢筋周围的氯离子含量降到可能诱发钢筋锈蚀的氯离子门槛值之下，则是解决混凝土内钢筋锈蚀的一个根本措施，电化学脱盐法正好可以达到这方面的目的。电化学脱盐法的基本原理同阴极保护法（图 9-16）是相同的，是利用了 Cl^- 带负电，在阴、阳极之间电场的驱动下，Cl^- 会向辅助阳极移动，在辅助阳极表面失去电子被氧化形成氯气排放掉[式(9-8)]，从而达到消除或降低钢筋周围氯离子含量的目的。这种处理在驱除钢筋表面氯化物的同时，由于钢筋的阴极反应[式(9-3)和式(9-4)]使钢筋周围混凝土的碱度再度提高，有利于钢筋表面钝化膜的重建。

$$2Cl^- \longrightarrow Cl_2\uparrow + 2e \tag{9-8}$$

电化学脱盐技术同外加电源阴极保护法所需的系统装置是十分相似的，都需要外加直流电源、阴极系统（混凝土内的钢筋）、辅助阳极系统和电解质溶液。二者的不同点在于阴极保护技术所用的辅助阳极系统一般是埋设于混凝土保护层之内，是永久性的，而电化学脱盐技术所用的辅助阳极系统则是临时性的（约 4～6 周），在电化学脱盐处理结束后即可完全拆除。另一方面，电化学脱盐处理过程中所施加的电流密度也远高于阴极保护系统。混凝土结构的电化学脱盐处理装置结构如图 9-18 所示。

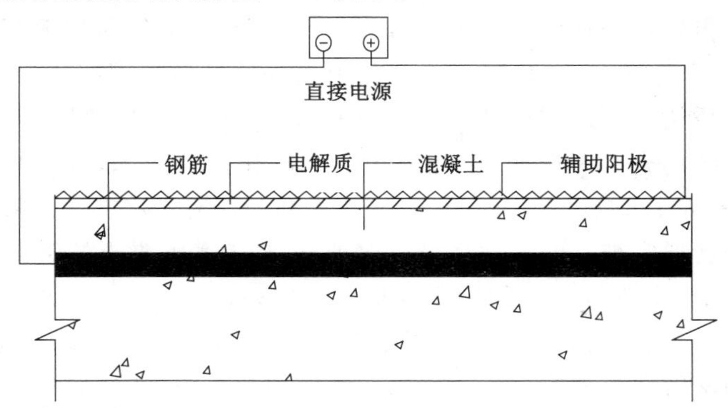

图 9-18　混凝土结构电化学脱盐装置示意图

当前电化学脱盐技术中最常用的临时性辅助阳极是涂层钛网阳极，由于钛金属是一种惰性金属，在处理过程中不会被腐蚀掉，缺点是价格较为昂贵。如果使用普通的低碳钢丝网作为阳极，则很容易在短期内被腐蚀损坏甚至断裂，在脱盐过程中经常需要更换金属网，且容易产生锈蚀产物污染混凝土表面，增加进一步处理的费用。

电解质溶液不仅起到将辅助阳极与混凝土构成回路的作用，而且不同的电解质溶液对最终的电化学脱盐处理效果也会产生不同的作用。理论上普通的自来水溶液就可以作为增强辅助阳极同混凝土表面电接触性所用的电解质溶液,但普通自来水导电性较差,目前最常用的电解质溶液是氢氧化钙和氢氧化锂(或硼酸锂)两种溶液。两种电解质溶液在脱盐效果上并没有明显区别,但是研究表明氢氧化钙溶液有增大碱-骨料反应的风险,氢氧化锂溶液能形成不膨胀的凝胶,不易产生碱-骨料反应,但是成本高于氢氧化钙。

电化学脱盐处理的电流密度在 1～3 A/m^2 时,对电化学脱盐的效率影响不显著。因为电流密度的增大,只是加快了 Cl^- 的迁移速度,缩短了脱盐周期。但是随着电流密度的增大,阴极电极反应主要为析氢反应,容易造成钢筋与混凝土间结合强度的降低,并增大钢筋"氢脆"的风险,故电化学脱盐处理的电流密度通常为 0.5～1 A/m^2。

在电化学脱盐处理之前应该首先确定钢筋周围所允许的 Cl^- 含量作为电化学脱盐处理的标准。由于钢筋的锈蚀不仅与 Cl^- 含量有关还与钢筋周围的 OH^- 浓度有关,一般认为,当$[Cl^-]/[OH^-]$的比值小于 0.6 时,钢筋发生锈蚀的可能性较小。但是对于实际工程现场,测定$[Cl^-]/[OH^-]$的比值较为烦琐,为简化计可以使用水溶性氯离子与水泥含量的比值作为脱盐的终点。按照我国《混凝土结构设计规范》(GB 50010—2010)的规定,对处于三类环境(使用除冰盐的环境、严寒和寒冷地区冬季水位变动的环境、滨海室外环境)结构混凝土最大氯离子含量为水泥质量的 0.1%,此值可以作为电化学脱盐处理的终点。

电化学脱盐的优点是处理时间短、成本低、无破损,处理后无需继续维护;缺点是专业性较强,操作复杂,目前也没有明确的操作技术规程和标准,容易引起"氢脆"和增大混凝土碱-骨料反应的风险。所以对于预应力混凝土结构和采用碱活性较高的集料配制的混凝土结构要慎用。同时有研究表明,混凝土内的氯离子很难被彻底清除,对外渗进去的氯离子清除有些作用,对内掺型氯离子的清除则起不到作用。

(3) 电化学再碱化处理

对于碳化引起的混凝土内钢筋锈蚀重新恢复混凝土的碱度是解决混凝土内钢筋锈蚀的根本措施。电化学再碱化处理(electrochemical realkalisation,简称"ERA")是 1992 年开发出的一种电化学防护新技术,主要用于由碳化引发钢筋锈蚀的混凝土结构的保护,如住宅楼、办公楼和水塔、桥梁等。该方法已在许多国家和地区得到推广使用。如据 1994 年统计,欧洲的混凝土建筑结构先后已有 80 多处采用了再碱化处理技术,被处理的面积达 30 000 m^2,并制定了推荐标准;挪威也在 1995 年将该技术列为混凝土修补的国家标准。

混凝土内的钢筋通常被高的碱性环境所保护,但是随着混凝土的碳化,混凝土孔隙液的 pH 值降低。从外加电源阴极保护的阴极反应[式(9-3)、式(9-4)]可以看出,电极的阴极反应可以生成新的 OH^- 从而使其周围的混凝土碱度上升,所以利用该原理专门来恢复和提高钢筋周围混凝土的碱度使得钢筋重新钝化以达到保护钢筋的目的即为电化学再碱化处理。

电化学再碱化处理同电化学脱盐无论是工作原理还是具体操作系统都非常相似,不同点主要在于处理的对象一个为碳化混凝土结构,一个为氯盐侵蚀的混凝土结构。电化学再碱化处理的阳极类型一般为带涂层的钛网或低碳钢丝网。由于处理的时间较短,低碳钢丝网不会被完全腐蚀而且价格相对较低,因而被广泛采用。

为提高混凝土内的碱度,电化学再碱化所用的电解质溶液经常采用不同浓度的碳酸钠溶液。在电场力作用下,Na^+、CO_3^{2-} 渗透进混凝土并与渗入的 CO_2 发生如式(9-9)的反应:

$$Na_2CO_3 + CO_2 + H_2O \longrightarrow 2NaHCO_3 \tag{9-9}$$

电化学再碱化适宜的电流密度通常选定为 0.8～2 A/m^2，处理时间取决于电解液的浓度，一般为 1～4 周，通过的总电量 70～200 $A \cdot h/m^2$。

确定电化学再碱化终点，通常的做法是根据试剂测定的混凝土碳酸化深度是否已减至零和钢筋周围的 pH 值是否已恢复到 12 以上。由于利用酚酞指示剂来检测混凝土的碳化时，当混凝土的 pH 值上升至 9 左右时酚酞指示剂的颜色即由无色变为粉红色，而此时钢筋仍处于非钝化状态，所以，单纯利用酚酞指示剂的检测结果来确定再碱化处理的终点会产生一定的误差。RI-8000 虹带指示剂可以使混凝土中 pH 值在 11 以上和以下的区域分别显示紫色和红色，其临界点更加接近钢筋去钝化的临界 pH 值，与传统的酚酞指示剂相比具有独特的优势。

大量的实验研究和现场实践已经证实电化学再碱化技术对于恢复钢筋周围混凝土碱性环境以及腐蚀防护是行之有效的。电化学再碱化处理的优点是属于非破损的修复方法，可以在不清理钢筋周围混凝土层或稍加清理情况下，即可对混凝土结构实施无损修复，处理过程中不影响结构的正常使用，处理周期短，操作简单，费用比较低廉，处理后无需维护；缺点是专业性较强，有一定的技术难度，同时也有引发碱-骨料反应、氢脆现象的风险，故对预应力混凝土结构同样不适用。

9.2.5 劣化混凝土构件的断面修复加固技术

(1) 局部修复法

“局部修复法”亦称“补丁修复法”，是仅对原构件局部受损部位的混凝土进行清除，然后再用新的修复材料予以补充和复原的方法(如图 9-19 所示)。该方法多用于原结构具有足够的承载力，受压构件、受弯构件功能均可，并且仅仅是局部损坏，损坏区域相对较小，对结构的承载力影响较小，将损坏部位的表面修复和复原即可。

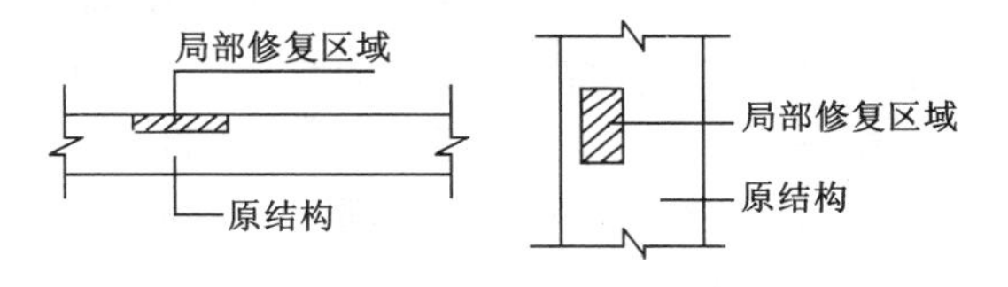

图 9-19 局部修复示意图

该方法的优点是修复工程量较小，工艺较为简单、易行，施工成本较低，修复前后原构件的外观尺寸基本不变，对使用空间无明显影响。对于发生局部损坏的混凝土结构，人们总是倾向于采用局部修复的方法来进行，但是，不当的局部修复会带来很多问题，比如修补区与原混凝土区物理变形性能的不相容性、力学性能的不相容性和钢筋锈蚀的电化学不相容性等，从而容易引起局部修复的失败，同时对由于混凝土中钢筋的锈蚀引起的局部损坏采用局部修复时，更加容易引起修复失败。故当决定采用局部修复时，一定要根据局部损坏的原因、损伤程度慎重地进行，且单纯的局部修复法往往效果不好，应与全断面修复、表面防护涂层、涂刷渗透型钢筋阻锈剂或电化学处理等方法结合进行。

(2) 增大截面修补法

增大截面修补法是对原构件外包混凝土加大截面面积从而起到加强作用的方法，一般可根据需要在增大的混凝土截面中增配纵向受力钢筋和箍筋等。根据增大的截面面积和所配钢筋的多寡，增大截面法可以很大程度地提高原构件的安全承载力。其具体的承载能力设计与计算可参阅相关书籍进行。考虑到充分发挥混凝土抗压强度的特性，该方法尤其适用于混凝土受压构件，比如混凝土柱，也可以用于钢筋混凝土受弯构件，比如混凝土梁和板。具体的修补方法可以采取单面增大、双面增大、三面增大和四面增大等，如图 9-20 所示。

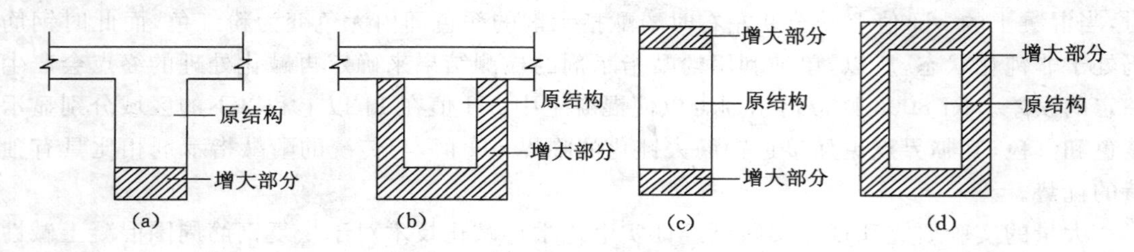

图 9-20　增大截面法修补示意图

(a) 单面增大；(b) 三面增大；(c) 双面增大；(d) 四面增大

该方法具有施工工艺简单、成本较低和效果可靠的特点。对受压构件，它不仅能够大幅度提高承载能力，而且能够降低原受压构件的长细比，提高其刚度和稳定性；对受弯构件，也可以有效地提高承载能力。但值得注意的是，由于新增加部分的初始应力、应变为零，和原结构的应力、应变状态不同，从而容易导致加固后的构件在使用过程中产生过大的挠度变形，且现场施工的湿作业时间长，对生产和生活有一定的影响，同时由于要增大原构件的截面尺寸，对构件的外观和原结构使用空间也会造成一定影响。该方法多用于原构件承载力明显不足，需要补强，且对构件外观和使用空间无严格的要求时。

9.2.6　劣化混凝土结构的加固补强技术

对于承载力发生退化已不能满足使用要求或需要进一步提高承载力的混凝土结构，就需要采取一定的结构补强技术来恢复或提高原结构的承载力，除了上节所述增大截面加固法外还有外包型钢加固法、粘贴钢板加固法、粘贴纤维复合材加固法和外加预应力加固法等。通过改变原有结构的受力体系降低原有结构内部的应力水平也可以起到提高原有构件承载能力的目的，比如增设支点加固法。

(1) 外包型钢加固法

外包型钢加固法是在混凝土构件的四角或两侧包以型钢的一种加固方法。由于型钢具有很高的强度和稳定性，所以该方法对构件截面尺寸增加不多，但对构件的承载力有较大幅度的提高。该方法适用于需要大幅度提高极限承载能力和抗震能力的钢筋混凝土梁、柱构件的加固。

早期的外包型钢加固法使用乳胶水泥为黏结材料，不耐潮湿、低温和老化，不能长期用于户外，已在承重结构的应用中被淘汰。当前的外包型钢是采用改性环氧树脂胶黏剂为黏结材料，并通过压力灌注工艺形成饱满而高强的胶层，所用的型钢主要为角钢和钢带。

(2) 粘贴钢板加固法

粘贴钢板加固法是在混凝土构件的需要部位利用树脂胶粘贴钢板来加固混凝土构件的方法。按其加固的目的可分为抗弯加固和抗剪加固。相对混凝土而言，钢板具有很高的强度和弹性模量，通过粘贴钢板可以非常有效地提高原有构件的承载能力，同时所增加的构件尺寸较少。该方法始于 20 世纪 60 年代，具有简单、快速、不影响结构外形、施工时对生产和生活影响较小的特点。在国际上它是一种适用面较广的加固方法，不仅在建筑结构上使用，而且在公路桥梁上也普遍采用，图 9-21 即为粘贴钢板加固的钢筋混凝土桥板。

图 9-21　粘贴钢板加固的钢筋混凝土桥板

粘贴钢板加固法与其他的加固方法比较，有许多独特的优点，主要体现在以下几方面：

① 坚固耐用：经过多年来的工程实践，已经证明其完全能保证加固工程的质量，结构的强度和刚度都能满足设计的要求。粘钢加固后的结构试验，也证明其强度和刚度的设计方法是正确和可靠的。

② 施工快速：在保证粘钢加固结构质量的前提下，快速完成施工任务，并能根据业务要求，在不停产不影响使用的情况下完成施工。

③ 简洁轻巧：与其他加固方法比较，粘钢加固的施工干净利落，比较简便，现场无湿作业。完成加固后的结构外观不改变，比较轻巧，钢板薄，结构自重增加极微，不会导致建筑物内其他构件的连锁加固。

④ 灵活多样：粘钢加固法的适应性很强，能够解决生产上和生活上各种有关问题。粘贴钢板的方案多种多样，灵活巧妙。

⑤ 经济合理：由于施工快，避免或减少工厂停产时间，节约加固材料，与其他加固方法比较，粘钢加固的费用大为节省，经济效益很高。

由于钢板的受力是通过钢板与混凝土基层之间的结构胶所提供的黏结力来传递的，所以值得注意的是该方法对钢板的厚度有一定的限制，否则容易引起由于黏结力的不足而导致钢板的脱开。如果需要较多的钢板，可以采取较薄的钢板分层粘贴的方法。粘贴钢板或外粘型钢的胶黏剂必须采用专门配制的改性环氧树脂胶黏剂。

尽管粘钢加固法有许多突出的优点，但是由于钢板的重量较大，且加工不便，目前已逐渐被更为方便的粘贴纤维复合材加固法所替代。

(3) 粘贴纤维复合材加固法

粘贴纤维复合材加固法是在混凝土构件的一定部位利用结构胶粘贴纤维复合材料来加固混凝土构件的方法。该方法除具有粘贴钢板相似的优点外，还具有耐腐蚀、耐潮湿、几乎不增加结构自重、耐用和维护费用较低等优点，但需要专门的防火处理，适用于各种受力性质的混凝土构件。

常用的纤维材料主要为玻璃纤维和碳纤维。碳纤维按其主原料分为三类：聚丙烯腈(PAN)基碳纤维、沥青(pitch)基碳纤维和粘胶(rayon)基碳纤维。从结构加固的安全性和耐久性要求考虑，《混凝土结构加固设计规范》(GB 50367—2006)规定必须选用聚丙烯腈基碳纤维，且必须采用 12K 或 12K 以下的小丝束，严禁使用大丝束纤维。承重结构加固用的玻璃纤维，必须选用高强度的 S 玻璃纤维或含碱量低于 0.8% 的 E 玻璃纤维，严禁使用 A 玻璃纤维或 C 玻璃纤维。

考虑到纤维复合材擅长承受拉应力的特点，该方法尤其适用于钢筋混凝土受弯、大偏心受压及受拉构件的加固，粘贴时纤维的受力方式应设计成仅承受拉应力作用。对轴心受压正截面加固和斜截面加固应采用“环向围束法”。图 9-22 所示即为某粘贴碳纤维加固的钢筋混凝土梁，碳纤维布一方面沿大梁纵向直接粘贴于大梁的底部，另一方面采用 U 形方式粘贴于大梁的底面和两侧，从而起到对原大梁抗弯和抗剪承载能力的补强。

图 9-22　粘贴碳纤维布加固的钢筋混凝土梁

浸渍、黏结纤维复合材的胶黏剂必须采用专门配制的改性环氧树脂胶黏剂，且承重结构加固工程中不得使用不饱和聚酯树脂、醇酸树脂等作浸渍、黏结胶黏剂。

用于建筑结构补强加固的碳纤维材料，其强度一般为建筑用钢材的数倍，弹性模量与建筑钢材在同一水平上并略有提高，是一种优良的结构加固用材料。碳纤维材料的这些特点，为建筑结构的补强与加固提供了技术支持。

与常规加固方法相比，碳纤维材料加固技术具有明显的技术优势，主要有以下几点：

① 高强高效：由于碳纤维材料优异的物理力学性能，在对混凝土结构进行加固补强过程中可以充分利用其高强度、高模量的特点来提高结构及构件的承载力和延性，改善其受力性能，达到高效加固的目的。

② 耐腐蚀性能及耐久性：碳纤维材料的化学性质稳定，不与酸碱盐等化学物质发生反应，因而用碳纤维材料加固后的钢筋混凝土构件具有良好的耐腐蚀性及耐久性，解决了其他加固方法所遇到的化学腐蚀问题。

③ 不增加构件的自重及体积：碳纤维布质量轻且厚度薄，经加固修补后的构件，基体上不增加原结构的自重及尺寸，也就不会减少建筑物的使用空间，这在“寸土寸金”的经济社会中无疑是重要的。

④ 适用面广：由于碳纤维布是一种柔性材料，而且可以任意地裁剪，所以这种加固技术可广泛地应用于各种结构类型、各种结构形状和结构中的各种部位，且不改变结构及不影响结构外观。同时，对于其他加固方法无法实施的结构和构件，诸如大型桥梁的桥墩、桥梁和桥板，以及隧道、大型筒体及壳体结构工程等，碳纤维加固技术都能顺利地解决。

值得注意的是任何方法都不是十全十美的，粘贴纤维复合材加固法也不例外。粘贴在混凝土构件表面的纤维复合材，不得直接暴露于阳光或有害介质中，其表面应进行防护处理，长期使用的环境温度不应高于 60 ℃，对于有防火要求的环境还必须做好防火处理。

(4) 外加预应力加固法

“外加预应力加固法”也是混凝土结构常用的一种加固方法，根据所施加预应力方法的不同，包括水平拉杆加固法和下撑拉杆加固法两种。

① 预应力水平拉杆加固法

预应力水平拉杆加固的混凝土受弯构件，由于预应力和新增外部荷载的共同作用，拉杆内产生轴向拉力，该力通过杆端锚固偏心地传递到构件上（当拉杆与梁板底面紧密贴合时，拉杆会与构件共同挠曲，此时尚有一部分压力直接传递给构件底面），在构件中产生偏心受压作用，该作用克服了部分外荷载产生的弯矩，减少了外荷载效应，从而提高了构件的抗弯能力。同时，由于拉杆传给构件的压力作用，构件裂缝发展得以缓解、控制，斜截面抗剪承载力也随之提高。

由于水平拉杆的作用，原构件的截面应力特征由受弯变成了偏心受压，因此加固后构件的承载力主要取决于压弯状态下原构件的承载力。

② 预应力下撑拉杆加固法

钢筋混凝土构件采用预应力下撑式拉杆加固后，形成一个由被加固构件和下撑式拉杆组成的复合超静定结构体系，在外荷载和预应力共同作用下，拉杆中产生轴向力并通过与构件的结合点（下撑点和杆端锚固点）传递给被加固构件，抵消了部分外荷载，改变了原构件截面内力特征，从而提高了构件的承载能力。

这种方法能降低被加固构件的应力水平，不仅加固效果好，而且还能较大幅度地提高结构整体承载力，但加固后对原结构外观有一定影响，适用于大跨度或重型结构的加固以及处于高应力、高应变状态下的混凝土构件的加固，但在无防护的情况下，不能用于温度 600 ℃以上环境中，也不宜用于混凝土收缩徐变大的结构。

外加预应力加固法是一种相对较为复杂的加固方法，适用于下列场合的梁、板、柱和桁架的加固：① 原构件截面偏小或需要增加其使用荷载；② 原构件需要改善其使用性能；③ 原构件处于高应力、应变状态，且难以直接卸除其结构上的荷载。比如图 9-23 所示某钢筋混凝土框架工程由于使用用途的改变需要拆除原框架柱 8-E 与 8-F、8-F 与 8-G 之间的小柱 CQ1 和 CQ2，小柱的拆除将导致原框架梁承载力不足，采取了在原框架梁两侧敷设预应力钢绞线的方法，通过体外预应力的施加提高原框架梁的承载力。

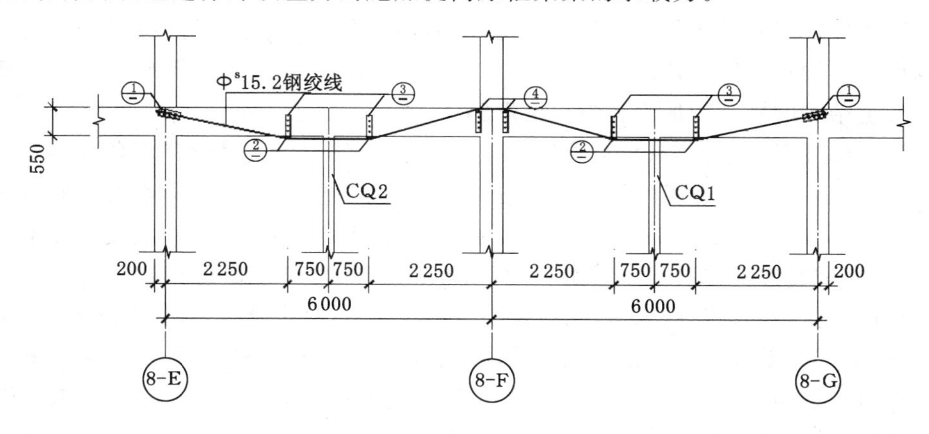

图 9-23　体外预应力加固钢筋混凝土梁

（5）增设支点加固法

“增设支点加固法”是一种传统的加固方法，其原理是通过减小被加固构件的跨度或位移，来改变原构件不利的受力状态，降低原结构内部的最大应力水平，以提高其承载力（图 9-24）。

该方法适用于对外观和使用功能要求不高的梁、板、桁架和网架等的加固，比如可对原有承载能力不足的单跨梁通过增设支承柱变成双跨梁或多跨梁，从而其受力状态发生了根

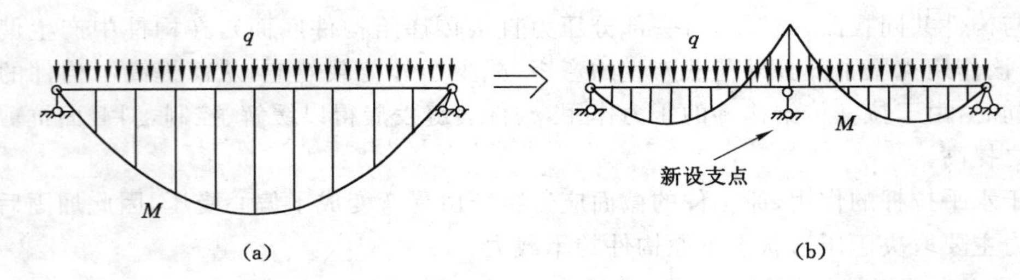

图 9-24　增设支点加固法示意图
(a) 原结构荷载与弯矩图；(b) 增设支点结构荷载与弯矩图

本改变，梁内最大弯矩明显降低，梁的承载能力得到较大提高。但该方法的缺点也是非常明显的，增设的支点（柱）容易损害结构物的原貌和使用功能，并可能减小使用空间，但由于它具有简便、可靠和易拆卸的优点，一直是结构加固不可或缺的手段。

混凝土结构修复、补强各种方法的实施并不是孤立的，有时可能根据需要将多种方法结合起来，以便充分发挥各种修复和加固方法的优点，比如将局部修复法与增大截面法结合起来，或者将局部修复法与外包钢加固法结合起来等以起到更好的效果。

9.3　小结

对于出现耐久性性能劣化的混凝土结构进行修复和加固补强一直是混凝土结构改造和加固工作的重要内容，同时也是一个难点。其关键的问题就在于不仅仅对原结构承载能力简单地恢复和提高，而且要确保修复后结构的长期耐久性问题，从而要把力学性能的恢复和耐久性性能的保证二者结合起来。所幸的是，随着国内外学者、专家的不懈努力，人们对混凝土结构产生各种耐久性退化的机理、特征和发展规律已经有了较为清晰的认识，从而可以为劣化混凝土结构的修复和加固补强提供思路。

针对劣化的混凝土结构工程，不同的劣化发展阶段、不同的侵蚀性环境条件和不同的修复目的要求等均使得可以选择的修复加固方案不同。比如，针对混凝土碳化产生的局部锈蚀混凝土构件，局部修复方案是最为简单和施工成本最低的，但如果单独应用往往不容易达到较好的效果；全面修复方案工作量大，成本也较高，但相对可以取得较好的效果。从根除混凝土中钢筋锈蚀原因的角度来讲，阴极保护、电化学脱盐和电化学再碱化三种电化学方法都是可行的，其中阴极保护和电化学脱盐适用于氯盐引起的钢筋锈蚀，而电化学再碱化则适用于碳化引起的钢筋锈蚀。但是，从电化学方法的本质而言仅仅是抑制混凝土中钢筋的锈蚀并不能恢复或提高原有结构的承载能力，所以针对锈蚀破损严重的混凝土结构还必须结合常规的修复加固方法共同进行。混凝土表面防护涂层和渗透型钢筋阻锈剂作为一种更为简单的混凝土中钢筋锈蚀抑制方法给人们带来了希望，但是该方法的长期有效性还有待进一步证实，目前宜用作各种具体修复方法的辅助手段。

相信随着科学技术的不断进步，还会有更新、更简单和更经济的方法不断出现，从而为保证混凝土结构工程优异的耐久性使用寿命贡献力量。

参考文献

[1] 阿列克谢耶夫.钢筋混凝土结构中钢筋腐蚀与保护[M].黄可信,吴兴祖,蒋仁敏,等译.北京：中国建筑工业出版社,1983.
[2] 杜健民,梁咏宁,张风杰.地下结构混凝土硫酸盐腐蚀机理及性能退化[M].北京:中国铁道出版社,2011.
[3] 樊云昌,曹兴国,陈怀荣.混凝土中钢筋腐蚀的防护与修复[M].北京:中国铁道出版社,2001.
[4] 高瑾,米琪.防腐蚀涂料与涂装[M].北京:中国石化出版社,2007.
[5] 葛燕,朱锡昶,朱雅仙,等.混凝土中钢筋的腐蚀与阴极保护[M].北京:化学工业出版社,2007.
[6] 耿欧.混凝土构件的钢筋锈蚀与退化速率[M].北京:中国铁道出版社,2010.
[7] 古特曼.金属力学化学与腐蚀防护[M].金石,译.北京：科学出版社,1989.
[8] 国家质量技术监督局.水泥胶砂强度检验方法(ISO法):GB/T 17671—1999[S].北京:中国标准出版社,1999.
[9] 洪定海.混凝土中钢筋的腐蚀与保护[M].北京:中国铁道出版社,1998.
[10] 洪乃丰.基础设施腐蚀防护和耐久性问与答[M].北京:化学工业出版社,2003.
[11] 姬永生.钢筋混凝土的全寿命过程与预计[M].北京:中国铁道出版社,2011.
[12] 江苏省质量技术监督局.水利工程混凝土耐久性技术规范:DB32/T 2333—2013[S].2013.
[13] 金伟良,赵羽习.混凝土结构耐久性[M].北京:科学出版社,2002.
[14] 李富民.锈蚀混凝土构件的承载性能评估与设计[M].北京:中国铁道出版社,2011.
[15] 李果.锈蚀混凝土结构的耐久性修复与保护[M].北京:中国铁道出版社,2011.
[16] 刘登良.涂层失效分析的方法和工作程序[M].北京:化学工业出版社,2003.
[17] 吕西林.建筑结构加固设计[M].北京：科学出版社,2001.
[18] 牛荻涛.混凝土结构耐久性与寿命预测[M].北京:科学出版社,2003.
[19] 孙跃,胡津.金属腐蚀与控制[M].哈尔滨：哈尔滨工业大学出版社,2003.
[20] 卫龙武,吕志涛,郭彤.建筑物评估、加固与改造[M].南京:江苏科学技术出版社,2006.
[21] 肖纪美.应力作用下的金属腐蚀:应力腐蚀·氢致开裂·腐蚀疲劳·摩耗腐蚀[M].北京：化学工业出版社,1990.
[22] 袁广林,王来,鲁彩凤.建筑工程事故诊断与分析[M].北京：中国建材工业出版社,2007.
[23] 袁迎曙.钢筋混凝土结构耐久性设计、评估与试验[M].徐州：中国矿业大学出版

社,2013.

[24] 张誉,蒋利学,张伟平,等.混凝土结构耐久性概论[M].上海:上海科学技术出版社,2003.

[25] 赵国藩,金伟良,贡金鑫.结构可靠度理论[M].北京:中国建筑工业出版社,2000.

[26] 中国工程建设标准化协会.超声回弹综合法检测混凝土强度技术规程:CECS 02:2005[S].北京:中国建筑工业出版社,2005.

[27] 中华人民共和国国家发展和改革委员会.水泥原料中氯离子的化学分析方法:JC/T 420—2006[S].北京:中国建材工业出版社,2008.

[28] 中华人民共和国国家能源局.水工混凝土结构设计规范:DL/T 5057—2009 [S].北京:中国电力出版社,2009.

[29] 中华人民共和国国家质量监督检验检疫总局,中国国家标准化管理委员会.高强高性能混凝土用矿物外加剂:GB/T 18736—2002[S].北京:中国标准出版社,2002.

[30] 中华人民共和国国家质量监督检验检疫总局,中国国家标准化管理委员会.水泥化学分析方法:GB/T 176—2008[S].北京:中国标准出版社,2008.

[31] 中华人民共和国国家质量监督检验检疫总局,中国国家标准化管理委员会.通用硅酸盐水泥:GB 175—2007[S].北京:中国标准出版社,2008.

[32] 中华人民共和国国家质量监督检验检疫总局,中国国家标准化管理委员会.用于水泥和混凝土中的粉煤灰:GB/T 1596—2005[S].北京:中国标准出版社,2005.

[33] 中华人民共和国国家质量监督检验检疫总局,中国国家标准化管理委员会.用于水泥和混凝土中的粒化高炉矿渣粉:GB/T 18046—2008[S].北京:中国标准出版社,2008.

[34] 中华人民共和国国家质量监督检验检疫总局,中国国家标准化管理委员会.混凝土外加剂:GB 8076—2008[S].北京:中国标准出版社,2009.

[35] 中华人民共和国建设部,国家质量监督检验检疫总局.建筑结构可靠度设计统一标准:GB 50068—2001[S].北京:中国建筑工业出版社,2002.

[36] 中华人民共和国建设部.工业建筑防腐蚀设计规范:GB 50046—2008[S].北京:中国计划出版社,2008.

[37] 中华人民共和国建设部.混凝土用水标准:JGJ 63—2006[S].北京:中国建筑工业出版社,2006.

[38] 中华人民共和国建设部.普通混凝土用砂、石质量及检验方法标准:JGJ 52—2006[S].北京:中国建筑工业出版社,2007.

[39] 中华人民共和国交通部.公路工程混凝土结构防腐蚀技术规范:JTG/T B07-01—2006[S].北京:人民交通出版社,2006.

[40] 中华人民共和国交通部.海港工程混凝土结构防腐蚀技术规范:JTJ 275—2000[S].2000.

[41] 中华人民共和国水利部.水工混凝土试验规程:SL 352—2006[S].北京:中国水利水电出版社,2006.

[42] 中华人民共和国铁道部.铁路混凝土结构耐久性设计规范:TB 10005—2010[S].北京:中国铁道出版社,2010.

[43] 中华人民共和国住房和城乡建设部.城市桥梁设计规范:CJJ 11—2011[S].北京:中国

建筑工业出版社,2011.
[44] 中华人民共和国住房和城乡建设部. 地下工程防水技术规范:GB 50108—2008[S]. 北京:中国计划出版社,2008.
[45] 中华人民共和国住房和城乡建设部. 港口工程结构可靠性设计统一标准:GB 50158—2010[S]. 北京:中国计划出版社 2010.
[46] 中华人民共和国住房和城乡建设部. 工程结构可靠性设计统一标准:GB 50153—2008[S]. 北京:中国计划出版社,2009.
[47] 中华人民共和国住房和城乡建设部. 回弹法检测混凝土抗压强度技术规程:JGJ/T 23—2011[S]. 北京:中国建筑工业出版社,2011.
[48] 中华人民共和国住房和城乡建设部. 混凝土结构加固设计规范:GB 50367—2006[S]. 北京:中国建筑工业出版社,2006.
[49] 中华人民共和国住房和城乡建设部. 混凝土结构耐久性设计规范:GB/T 50476—2008[S]. 北京:中国建筑工业出版社,2009.
[50] 中华人民共和国住房和城乡建设部. 混凝土结构设计规范(2015 年版):GB 50010—2010[S]. 北京:中国建筑工业出版社,2015.
[51] 中华人民共和国住房和城乡建设部. 混凝土外加剂应用技术规范:GB 50119—2013[S]. 北京:中国建筑工业出版社,2013.
[52] 中华人民共和国住房和城乡建设部. 普通混凝土长期性能和耐久性能试验方法标准:GB/T 50082—2009[S]. 北京:中国建筑工业出版社,2009.
[53] 中华人民共和国住房和城乡建设部. 水利水电工程结构可靠性设计统一标准:GB 50199—2013[S]. 北京:中国计划出版社,2014.
[54] 朱日彰. 金属腐蚀学[M]. 北京:冶金工业出版社,1989.
[55] 左景伊. 应力腐蚀破裂[M]. 西安:西安交通大学出版社,1985.